一流本科专业一流本科课程建设系列教材

电力电子变流器 控制系统

郑常宝　编著

机 械 工 业 出 版 社

电力电子技术的应用主要是电力电子变流器的应用。本书分 3 篇，第 1 篇介绍交直流调速系统，内容包括直流调速系统、交流异步电动机调速系统和永磁同步电动机控制系统；第 2 篇介绍新能源发电变流器控制系统，内容包括并网光伏逆变器控制系统和风电变流器控制系统；第 3 篇介绍柔性输配电变流器控制系统，内容包括并联补偿装置控制系统、动态电压恢复器控制系统、潮流控制器控制系统和柔性直流输电变流器控制系统。除了动态电压恢复器控制系统，本书其他各种控制系统均配有仿真示例。

本书可作为电气工程及其自动化专业高年级本科生、电气工程学科研究生以及控制工程学科研究生的教材，也可作为电力电子应用工程师的参考书。

图书在版编目 (CIP) 数据

电力电子变流器控制系统/郑常宝编著. —北京：机械工业出版社，2024.7
一流本科专业一流本科课程建设系列教材
ISBN 978-7-111-75689-7

Ⅰ．①电… Ⅱ．①郑… Ⅲ．①变流器-控制系统-高等学校-教材
Ⅳ．①TM46

中国国家版本馆 CIP 数据核字 (2024) 第 084381 号

机械工业出版社（北京市百万庄大街 22 号　邮政编码 100037）
策划编辑：王雅新　　　　　　　　　　　责任编辑：王雅新　杨晓花
责任校对：杜丹丹　杨　霞　景　飞　　　封面设计：张　静
责任印制：李　昂
北京捷迅佳彩印刷有限公司印刷
2024 年 9 月第 1 版第 1 次印刷
184mm×260mm · 13 印张 · 320 千字
标准书号：ISBN 978-7-111-75689-7
定价：43.00 元

电话服务　　　　　　　　　　　网络服务
客服电话：010-88361066　　　机 工 官 网：www.cmpbook.com
　　　　　010-88379833　　　机 工 官 博：weibo.com/cmp1952
　　　　　010-68326294　　　金 书 网：www.golden-book.com
封底无防伪标均为盗版　　　　机工教育服务网：www.cmpedu.com

前　言

随着电力电子技术的发展，电力电子技术的应用越来越广泛。电力电子技术的应用主要是电力电子变流器的应用。

电机速度控制是电力电子变流器的传统应用，即利用变流器改变电机的供电参数，以控制电机转速。在 20 世纪 90 年代中期以前，大多数调速系统都采用晶闸管变换器，最典型的是晶闸管-直流电机调速系统。20 世纪 90 年代中期以后，IGBT 在相关功率等级的应用领域取代了晶闸管。电动汽车要求驱动电机和控制器功率密度高、电磁干扰小。其中纯电动汽车具有高性能、零排放的优点，而混合动力汽车把发动机和电驱动系统结合在一起，发挥各自的优点。这两种汽车的能量控制单元都是逆变器和 DC/DC 变流器。

电力系统是电力电子变流器的另一个重要应用领域。美国电力科学研究院于 1986 年提出了灵活交流输电系统（Flexible AC Transmission System，FACTS），并于 1988 年提出了定制电力（Customer Power）技术。灵活交流输电系统利用电力电子变流器，加强了电力系统的可控性，增大了电力传输能力，如高压直流输电（HVDC）、潮流控制技术和柔性直流输电（HVDC-Flexible）技术。定制电力技术将电力电子装置用于配电系统，如静态同步补偿器（STATCOM）、有源电力滤波器（APF）、动态电压恢复器（DVR）等，提高了供电可靠性和电能质量。

在全球气候变暖和石油、煤炭等化石能源日益紧缺的今天，低耗高效和开发新能源是根本出路，电力电子变流器在新能源开发、转换、输送、储存和利用等各方面都发挥着重要作用。太阳能光伏逆变器把太阳能电池板的直流电变换为交流电，或供给交流负载，或馈入市电。风资源的不稳定性决定了风力机的转速是变化的，但并网需要恒频，电力电子变频器能解决这一问题。

本书是为适应新形势、培养电力电子变流器应用人才而编写。全书包含 3 篇，第 1 篇介绍直流调速系统、交流异步电动机调速系统和永磁同步电动机控制系统，第 2 篇介绍并网光伏逆变器控制系统和风电变流器控制系统，第 3 篇介绍柔性输配电变流器控制系统。本书的出版得到安徽大学"2019 年度国家级一流专业建设专项——电气工程及其自动化"的资助。感谢安徽大学电气工程系各位老师对本书出版的帮助。

由于作者水平有限，难免存有错误，恳请批评指正。联系邮箱：2366889315@qq.com。

编　者

目　录

第1篇 交直流调速系统

直流电机起动、制动方便，易于宽范围平滑调速。在 20 世纪 70 年代以前，许多需要调速和（或）快速正反向运行的机械设备广泛采用直流调速系统。随着电力电子技术的发展，高性能的交流调速技术已经成熟，交流调速系统已取代大部分直流调速系统。本书以基于负反馈控制理论的直流调速系统分析作为控制系统分析的基础，将矢量控制技术和直接转矩控制技术应用于异步电动机和同步电机调速、新能源发电、电动汽车等领域。

第1章 直流调速系统

内容提要：三相桥式可控整流器—直流电动机系统与桥式直流 PWM 调速系统的原理、机械特性，两种变流器的数学模型；转速负反馈控制系统的组成，PI 调节器原理；双闭环调速系统的组成、稳态分析、动态分析；调节器的工程设计法及用工程设计法设计双闭环调速系统的两个调节器；基于 Simulink 的双闭环调速系统仿真。

1.1 直流电动机调速电源

1.1.1 他励直流电动机调速方法

图 1-1a 为他励直流电动机电枢回路和励磁回路等效电路，励磁绕组加励磁电压 u_f，产生励磁电流 i_f 和励磁磁通 Φ；图 1-1b 为额定励磁下的电枢回路等效电路（省去励磁绕组）。电枢回路电压源电压为 u_d(V)、内阻为 $R_s(\Omega)$，电枢电阻为 R_a、电感为 L_a，反电动势 $E=K_e\Phi n$，其中 n 为转子的转速(r/min)，K_e 为反电动势系数，可调电阻 R_1 用于调节电枢回路总电阻 R，电枢回路总电感 $L=L_a$，电枢回路总电阻为

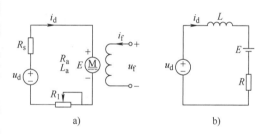

图 1-1 他励直流电动机及额定励磁下的电枢回路等效电路

$$R = R_a + R_1 + R_s \tag{1-1}$$

电枢回路电压方程为

$$u_d = E + i_d R + L\frac{\mathrm{d}i_d}{\mathrm{d}t} \tag{1-2}$$

当电源电压为稳定的直流电压 U_d 时，式（1-2）变为

$$U_d = E + I_d R = K_e\Phi n + I_d R$$

$$n = \frac{U_d}{K_e\Phi} - \frac{RI_d}{K_e\Phi} \tag{1-3}$$

式（1-3）称为直流电动机的机械特性，等号右端第一项称为理想空载转速，第二项称为转速降落，其曲线如图 1-2 所示。电压为正，电动机正转，电压为负，电动机反转，电动机具有可逆运行能力，第一象限为正向电动状态，第二象限为正向制动状态，第三象限为反向电动状态，第四象限为反向制动状态。由式（1-3）可以得到改变直流电动机转速的 3 种方法：①改变电枢电压 U_d；②改变励磁磁通 Φ；③改变电枢回路总电阻 R。受绝缘等级的限制，电枢电压一般小于或等于额定电压，即 $U \leqslant U_N$。额定励磁时，电枢电压在额定电压以下连续变化，

转速在额定转速以下连续变化。为了避免磁路饱和，励磁磁通小于或等于额定磁通，即 $\Phi \leqslant \Phi_N$。减弱磁通，转速上升（弱磁升速），一般配合额定电枢电压，用于扩大调速范围。电枢回路总电阻一般不能连续变化，变电阻调速是有级调速。上述 3 种调速方法中，常用的是变电压调速（额定励磁），需要可控直流电压源。直流调速用可控电压源有晶闸管整流器和直流斩波器。

1.1.2 晶闸管整流器—直流电动机系统

1. 晶闸管可控整流器—直流电动机系统的原理及特性

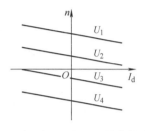

晶闸管整流器将交流电压整流成直流电压，图 1-3a 为晶闸管整流器—电动机系统（V-M 系统）原理图，图 1-3b 为三相桥式可控整流器—电动机系统原理图，GT 为触发电路。晶闸管整流器输出电压为脉动的直流电压，含有纹波电压和直流电压 U_d。输出电流可能连续，也可能断续，一般避免电流断续，电枢回路加平波电抗器 L_1 能避免电枢电流断续，减小电流的脉动性。图 1-3b 中，给定最小电枢电流 I_{dmin}，电流连续所需要的电枢回路电感值满足

图 1-2 直流电动机的机械特性曲线

$$L \geqslant 1.46 \frac{U_2}{I_{dmin}} \tag{1-4}$$

$$L = L_1 + L_a \tag{1-5}$$

式中，I_{dmin} 一般取电动机额定电流的 5%～10%；U_2 为交流电源相电压有效值。当输出电流连续时，有

$$U_d = 2.34 U_2 \cos\alpha \tag{1-6}$$

式中，α 为触发脉冲的相位，控制电压 U_c 控制触发脉冲的相位。整流器的输出电阻（相当于图 1-1 电源内阻）为

$$R_s = \frac{6 X_B}{2\pi} \tag{1-7}$$

式中，X_B 为整流变压器漏阻抗。电枢回路总电阻 R 为平波电抗器 L_1 的电阻 R_1、整流器输出电阻 R_s、电机电枢 R_a 的和，即 $R=R_1+R_s+R_a$。

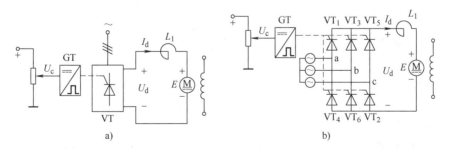

图 1-3 晶闸管整流器—电动机系统及三相桥式可控整流器—电动机系统原理图

将触发电路和晶闸管整流电路作为一个环节，称为触发—整流环节，该环节的输入为 U_c、输出为 U_d，在一定范围内，近似认为是线性环节，稳态时 U_c 与 U_d 呈线性关系，即

$$U_d = K_s U_c \tag{1-8}$$

式中，K_s 为环节的放大系数。将式（1-8）代入式（1-3），V-M 系统的机械特性为

$$n = \frac{K_s U_c}{K_e \Phi} - \frac{I_d R}{K_e \Phi} \tag{1-9}$$

$$n = \frac{2.34 U_2 \cos\alpha}{K_e \Phi} - \frac{I_d R}{K_e \Phi} \tag{1-10}$$

晶闸管具有单向导电性，图 1-3 中 I_d 只能为正。V-M 系统的机械特性曲线如图 1-4 所示。式（1-6）中 $\alpha \leq 90°$ 时，若 $U_d > E > 0$，则整流器工作在整流状态，电动机工作在正向电动状态，

V-M 系统工作在第一象限；当电动机拖动位能性负载，位能性负载向下运行拖动电动机反向运转，电动机反电动势 $E < 0$，$\alpha > 90°$ 时，若 $E < U_d < 0$，则整流器工作在逆变状态，电动机工作在反向回馈制动状态，V-M 系统工作在第四象限。V-M 系统拖动反抗性负载只能运行于第一象限，拖动位能性负载能运行于第一、四象限。V-M 系统的电枢电流可能连续，也可能断续。电流连续时 V-M 系统的机械特性是线性的，电流断续时对应的机械特性是非线性的。每条特性曲线线性段构成连续区，非线性段构成断续区，断续区和连续区的分界点的连线是分界线。断续区的方程和分界点参考文献[2]～[4]。

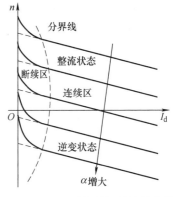

图 1-4 V-M 系统的机械特性曲线

若需要 V-M 系统四象限运行，可以用两组反并联的晶闸管整流器给电动机供电，具体做法可参考文献[2]～[4]。

2. 触发—整流环节的数学模型

应用自动控制理论分析和设计控制系统时，需要求出数学模型。图 1-5 为采用锯齿波触发电路时测出的触发—整流环节的输入—输出特性曲线，具有非线性特性，一定范围可近似看作线性环节。设计时，工作点落在近似线性范围，环节的放大系数取工作范围曲线斜率

$$K_s = \frac{\Delta U_d}{\Delta U_c} \tag{1-11}$$

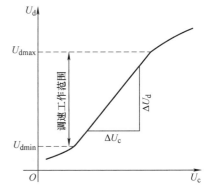

图 1-5 触发—整流环节的输入—输出特性曲线
（锯齿波触发电路）

也可以根据实测数据估算 K_s，如 U_c 的变化范围为 $0 \sim 10$V，U_d 的变换范围为 $0 \sim 220$V，可取 $K_s = 220/10 = 22$。

触发—整流环节的动态数学模型具有滞后特性，晶闸管是半控型器件，一旦导通，门级失去控制作用，靠反向电压关断，U_c 变化引起触发脉冲相位 α 的变化，变化的脉冲相位只能到下一个晶闸管导通才起作用，因此 U_d 的变化滞后 U_c 的变化，滞后的时间称为失控时间 T_s。T_s 不固定，最小失控时间 $T_{smin} = 0$，最大失控时间为一个输出脉波周期，即 $T_{smax} = T/m$（m 为交流电一个周期输出电压的脉波数），一般失控时间取平均失控时间。三相桥式晶闸管整流电路 $m = 6$，则失控时间为

$$T_s = \frac{T_{smax} + T_{smin}}{2} = \frac{0.02}{6 \times 2}\,\text{s} = 1.67\,\text{ms} \tag{1-12}$$

触发—整流环节的时域函数为

$$U_d = K_s U_c \times 1(t - T_s)$$

求上式的拉普拉斯变换，可得触发—整流环节的传递函数为

$$W_s(s) = \frac{U_d(s)}{U_c(s)} = K_s \text{e}^{-T_s s} \tag{1-13}$$

式（1-13）为滞后环节的传递函数，滞后环节是非线性环节。式（1-13）展开为泰勒级数

$$W_s(s) = k_s \text{e}^{-T_s s} = \frac{K_s}{\text{e}^{T_s s}} = \frac{K_s}{1 + T_s s + \dfrac{1}{2!}T_s^2 s^2 + \cdots} \tag{1-14}$$

T_s 很小，工程上近似处理，忽略上式分母中的二次项及二次以上项，近似认为触发—整流环节为惯性环节，惯性环节是线性环节，可以用线性控制理论分析和设计系统，则触发—整流环节的近似传递函数为

$$W_s(s) \approx \frac{K_s}{1 + T_s s} \tag{1-15}$$

1.1.3 直流 PWM 变流器—电动机系统

1. 直流 PWM 变流器—电动机系统的原理及特性

"电力电子技术"课程学过降压斩波电路、电流可逆斩波电路、桥式斩波电路，3 种斩波电路给直流电动机供电的电路分别如图 1-6a～c 所示。斩波电路是单象限变流器，电流可逆斩波电路可工作在第一、二象限，桥式斩波电路能四象限运行。

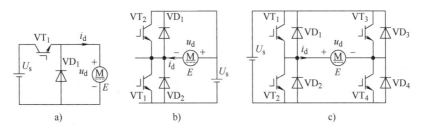

图 1-6　3 种斩波电路给直流电动机供电电路

斩波电路一般用 PWM 脉冲控制，也称作直流 PWM 变流器，能将恒定的直流电压变换为可变的直流电压，其电源电压 U_s 来自二极管整流电路或蓄电池。直流 PWM 变流器—电动机系统简称直流脉宽调速系统或直流 PWM 调速系统。降压斩波电路（见图 1-6a）输出电压 u_d 只能为正、电流 i_d 只能为正，电动机只能运行在第一象限。电流可逆斩波电路（见图 1-6b）输出电压 u_d 只能为正，输出电流 i_d 可正可负，电动机能运行在第一、二象限。

图 1-7 为桥式斩波电路采用双极式控制波形图。PWM 脉冲由 PWM 波发生器产生，控制电压 U_c 与双极性三角波 u_t 比较产生控制脉冲，1、4 桥臂工作状态与 2、3 桥臂工作状态互斥。$U_c \geqslant u_t$ 时，1、4 桥臂加导通信号，2、3 桥臂加关断信号，1、4 桥臂导通，2、3 桥臂关断，

输出电压 $u_d=U_s$；$U_c<u_t$ 时，1、4 桥臂加关断信号，2、3 桥臂加导通信号，1、4 桥臂关断，2、3 桥臂导通，输出电压 $u_d=-U_s$。电枢电压 u_d 的平均电压为

$$U_d = \frac{t_{on}}{T}U_s - \frac{t_{off}}{T}U_s = \left(\frac{2t_{on}}{T}-1\right)U_s = (2\rho-1)U_s = \gamma U_s \tag{1-16}$$

式中，T 为开关周期；t_{on} 为一个开关周期器件的导通时间；t_{off} 为一个开关周期器件的关断时间；ρ 为占空比，$\rho=t_{on}/T$；γ 为电压传输比。$\rho \geq 0.5$ 时，$U_d \geq 0$；$\rho<0.5$ 时，$U_d<0$。桥式斩波电路输出电压 U_d 极性可正可负，输出电流方向 i_d 可正可负。桥式斩波电路是四象限 DC/DC 变流电路，给电动机供电，电动机能四象限运行，电枢电流一定连续。利用相似三角形原理可得

$$\rho = \frac{U_c + U_{tm}}{2U_{tm}} \tag{1-17}$$

将式（1-17）代入式（1-16），可得

$$U_d = \frac{U_s}{U_{tm}}U_c = K_s U_c \tag{1-18}$$

其中，$K_s=U_s/U_{tm}$。将式（1-18）代入式（1-3），得直流 PWM 调速系统的机械特性如式（1-9）。根据 $T_e=K_m \Phi I_d$，式（1-9）可以表示为

$$n = \frac{K_s U_c}{K_e \Phi} - \frac{R}{K_e K_m \Phi^2}T_e = n_0 - \frac{R}{C_e C_m}T_e \tag{1-19}$$

式中，n_0 为理想空载转速；$C_e=K_e\Phi$；$C_m=K_m\Phi$。直流 PWM 调速系统的机械特性曲线如图 1-8 所示。

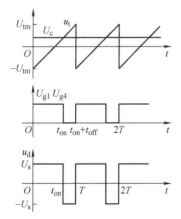

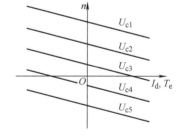

图 1-7 桥式斩波电路采用双极式控制波形图　　　图 1-8 直流 PWM 调速系统的机械特性曲线

2. PWM 波发生器—直流 PWM 变流器的数学模型

PWM 波发生器—直流 PWM 变流器简称脉冲—斩波环节，图 1-9 为其给电动机电枢供电的结构框图。PWM 波发生器由控制电压 U_c 控制输出 PWM 脉冲的占空比 ρ，从而控制直流 PWM 变流器的输出电压 U_d。PWM 波发生器有模拟式和数字式，常用数字式。脉冲—斩波环节具有滞后特性，输出电压变化滞后于控制电压变化，最大滞后时间等于开关周期 T，其传递函数

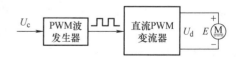

图 1-9 脉冲—斩波环节给电动机供电的结构框图

与触发—整流环节传递函数一致[式（1-13）]，系统分析设计时按线性系统进行，使用式（1-15）的近似传递函数，取最大滞后时间，即 $T_s=T$，若开关频率 $f=10\text{kHz}$，则 $T_s=T=0.1\text{ms}$。

图 1-3 的 V-M 系统和图 1-9 的直流 PWM 调速系统属于开环调速系统，一般很难满足生产机械的要求，根据自动控制理论，控制一个物理量，一般需要这个物理量的负反馈，如控制转速，则需要转速负反馈。脉冲—斩波环节和触发—整流环节有相同的作用，用控制电压 U_c 控制直流电压 U_d，本书统称为 UPE。

1.2 调速要求及转速负反馈调速系统

1.2.1 调速要求和稳态调速指标

1. 调速要求

调速系统为机械设备提高动力的同时，还要满足机械设备加工工艺对调速性能的要求。概括机械设备对调速系统的调速要求，有 3 个方面：

1）调速，在最高转速和最低转速范围内，分档地（有级）或平滑地（无级）调节转速。

2）稳速，以一定的精度在所需转速上稳定运行，在各种干扰下不允许有过大的转速波动，以确保产品质量。

3）加、减速，频繁起动、制动的设备要求加速、减速尽量快，以提高生产率；不宜经受剧烈速度变化的机械设备则要求起动、制动尽量平稳。

2. 稳态调速指标

（1）调速范围

生产机械要求电机提供的最高转速和最低转速之比称为调速范围，用字母 D 表示，即

$$D = \frac{n_{max}}{n_{min}} \tag{1-20}$$

式中，n_{max}、n_{min} 一般指电动机额定负载或实际负载稳定运行时的最高和最低转速，最低转速不能为零。

（2）静差率

电动机在某电压下运行，负载由理想空载增加到额定负载的转速降落 Δn_N 与理想空载转速 n_0 之比，称为静差率，即

$$s = \frac{\Delta n_N}{n_0} \times 100\% \tag{1-21}$$

静差率反映了负载变化时转速的稳定性。调压调速时，不同电压的机械特性曲线平行，如图 1-10 所示，额定负载电流 I_{dN} 的转速降落 Δn_N 相同，理想空载转速不同，静差率不同。转速低时，理想空载转速 n_{0min} 低，静差率大；转速高时，理想空载转速 n_{0max} 高，静差率小。调速指标的静差率是最低转速时的静差率，最低转速满足静差率要求，则高转速肯定满足静差率要求。

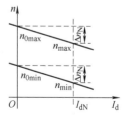

图 1-10 机械特性

3. 调速指标、静差率和额定转速降的关系

受电动机机械强度的限制，电动机的最高转速一般为额定转速，即 $n_{max}=n_N$，静差率是最

低转速时的静差率，即

$$s = \frac{\Delta n_N}{n_{min} + \Delta n_N} \tag{1-22}$$

式（1-20）中，将 n_{max} 换为 n_N，则有

$$D = \frac{n_N}{n_{min}} \tag{1-23}$$

由式（1-23）求出 n_{min}，代入式（1-22），可得

$$D = \frac{n_N s}{\Delta n_N (1-s)} \tag{1-24}$$

式（1-24）中，静差率是最低速静差率，调速系统的调速范围指满足最低速静差率的调速范围。调速系统的 Δn_N 值一定，静差率 s 越小，调速范围 D 也越小，两者矛盾，理想的要求是 s 小、D 大。图 1-3 或图 1-9 的开环系统不能解决静差率与调速范围之间的矛盾，而闭环系统能解决这个问题。

1.2.2 转速负反馈调速系统

1. 转速负反馈调速系统的组成

调速系统的被控制参数是电动机的转速，要求电动机转速跟随给定转速。控制转速，需要转速负反馈，转速负反馈调速系统原理图如图 1-11 所示。图中 UPE 为可控直流电源，U_n^* 为转速给定电压，与电动机同轴相连的测速发电机 TG 和分压电阻 RP_2 构成转速反馈回路，U_n 为转速反馈电压，TG 电枢电压与转速成正比，TG 电枢电压经电阻 RP_2 分压得到 U_n，设 $U_n=\alpha n$，称 α 为转速反馈系数，α 值等于测速发电机电动势系数 C_{etg} 乘以 RP_2 的分压系数。

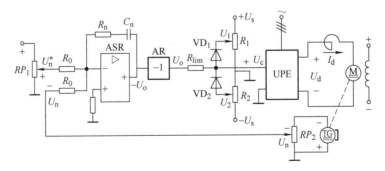

图 1-11　转速负反馈调速系统原理图

2. PI 调节器

转速调节器（ASR）采用运算放大器的模拟 PI 调节器，运算放大器反向输入端电阻为 R_0，反馈支路为 R_n、C_n 支路。电动机正转时，$U_n^*>0$，运放有倒相作用，其输出小于 0，经过反号器 AR，U_o 为正；用 U_n 的极性实现负反馈，$U_n<0$，偏差 $\Delta U_n=U_n^*+U_n=U_n^*-|U_n|>0$。利用放大器的虚短、虚断原理，运放的输出为

$$-U_o(t) = -\left[\frac{R_n}{R_0}\Delta U_n(t) + \frac{1}{R_0 C_n}\int \Delta U_n(t)\mathrm{d}t\right] = -\left[K_p \Delta U_n(t) + \frac{1}{\tau}\int \Delta U_n(t)\mathrm{d}t\right] \tag{1-25}$$

$$U_o(t) = K_p \Delta U_n(t) + \frac{1}{\tau}\int \Delta U_n(t)\mathrm{d}t \quad \left(K_p = \frac{R_n}{R_0}, \tau = R_0 C_n\right) \tag{1-26}$$

求式（1-26）的拉普拉斯变换，可得

$$U_o(s) = K_p \Delta U_n(s) + \frac{1}{\tau s}\Delta U_n(s) \tag{1-27}$$

PI 调节器的传递函数为

$$U_{PI}(s) = \frac{U_o(s)}{\Delta U_n(s)} = K_p + \frac{1}{\tau s} = \frac{K_p \tau s + 1}{\tau s} \tag{1-28}$$

式（1-26）的输出电压 U_o 有两项：比例项和积分项。比例项输出与偏差 ΔU_n 成比例关系，$K_p = R_n/R_0$ 为比例系数；积分项的输出是偏差的积分，$\tau = R_0 C_n$ 为积分时间常数。

图 1-12 为 PI 调节器[式（1-26）]的响应曲线，实线为偏差 ΔU_n，t_0 时刻之前偏差为 0，t_0 时刻偏差跃变为正，t_1 时刻偏差跃变为 0，t_2 时刻偏差跃变为负。虚线为比例项输出，波形同偏差，比例项的作用是快速响应。点画线为积分项的输出，偏差为正，积分项输出增加，直到饱和值 U_{os}，饱和后，即使偏差不为 0，积分项输出也不再增加；偏差为负，积分项输出从饱和值下降（退饱和）；退饱和后，输入为负，积分项输出降低。输入为 0，积分项有稳定的输出。积分有记忆功能，若历史上曾经有不为 0 的输入，积分项就有稳定输出。积分项的作用是消除稳态误差，即稳定运行时偏差为 0。双点画线为运放的输出电压 U_o，为比例项输出和积分项输出的和，U_o 不超过运放饱和值 U_{os}。

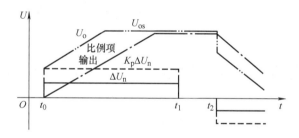

图 1-12　PI 调节器的响应曲线

图 1-11 中，U_c 的最大值 U_{cm} 为电动机额定电压除以 K_s，即 $U_{cm} = U_N/K_s$，可能 $U_{os} > U_{cm}$，U_o 须经过上、下限限幅电路后得到控制电压 U_c，利用二极管的钳位作用实现上、下限限幅，即 $U_2 - U_D \leqslant U_c \leqslant U_1 + U_D$，$U_D$ 为二极管的压降。调节 U_2 可以调节下限值，调节 U_1 可以调节上限值。

3. 含有积分作用的调节器稳态无误差

图 1-11 中，若采用比例调节器（P 调节器），反馈支路仅有电阻 R_n，则有

$$U_o(t) = K_p \Delta U_n(t) \tag{1-29}$$

比例调节器的输出与当前的输入成正比。系统稳定运行时偏差 $\Delta U_n \neq 0$，即有稳态误差，若 $\Delta U_n = 0$，$U_o = 0$，系统静止不动。稳态误差与比例系数 K_p 成反比，增大比例系数，误差减小，但较大的比例系数会导致系统不稳定。

若采用积分调节器（I 调节器），反馈支路仅有电容 C_n，则有

$$U_o(t) = \frac{1}{\tau}\int \Delta U_n(t)\mathrm{d}t \tag{1-30}$$

系统稳定运行时偏差 $\Delta U_n=0$，即无稳态误差。稳态时，若 $\Delta U_n \neq 0$，积分器输出变化，系统不能稳定运行。PI 调节器兼有比例和积分作用，既快速又能消除稳态误差。采用含有积分作用的调节器，稳态时偏差为 0，即

$$\Delta U_n = U_n^* - U_n = U_n^* - \alpha n = 0 \tag{1-31}$$

$$n = \frac{U_n^*}{\alpha} \tag{1-32}$$

系统调试好后，α 值不变，电动机的转速 n 由转速给定电压 U_n^* 决定，即由 U_n^* 控制电动机转速 n，U_n^* 称为转速给定电压。

$$U_c = \frac{U_d}{K_s} = \frac{C_e n + I_d R}{K_s} = \frac{C_e n + I_{dL} R}{K_s} \tag{1-33}$$

式中，I_{dL} 为负载电流，$I_{dL}=T_L/K_m$；T_L 为负载转矩。式（1-33）表明，稳态时，U_c 的值由转速 n 和负载电流 I_{dL} 决定。

需要指出的是，图 1-11 可以省去反号器，电动机正转时，U_n^* 的极性为负、U_n 的极性为正。

图 1-11 系统由静止状态加阶跃给定 U_n^* 起动，起动前电动机转速为 0 时，$U_n=0$，偏差 $\Delta U_n=U_n^*$，PI 调节器很快饱和，输出饱和值 U_{os}，$U_c=U_{cm}$，U_d 为最大电压 U_{dm}，一般 $U_{dm}=U_N$，电动机相当于全电压起动，电动机电枢流过很大的过电流，这是不允许的。系统运行电动机被堵转时，也会出现过电流的情况。图 1-11 系统需要加电流保护，一种方法是加电流截止负反馈，参见文献[2-4]，另一种是加电流负反馈。

1.3 转速、电流双闭环调速系统

1.3.1 转速、电流双闭环调速系统的组成

图 1-11 转速负反馈调速系统需要加电流负反馈，转速控制作用与电流控制作用不同，不能共用同一调节器，需要转速调节器和电流调节器，转速调节器控制转速，电流调节器控制电枢电流。转速、电流双闭环调速系统原理图如图 1-13 所示，双闭环系统如何才能四象限运行？UPE 能四象限运行，如桥式斩波电路（由二极管整流器或蓄电池供电）或两组反并联的晶闸管整流器；调节器可逆，采用模拟 PI 调节器的转速调节器（ASR）和电流调节器（ACR），使用正、负双电源供电的运算放大器，能输出正、负电压；反馈回路可逆。图 1-13 中，由测速发电机 TG 和分压电阻 RP_2 组成转速反馈回路，转速反馈电压 $U_n=\alpha n$，α 为转速反馈系数。由电流传感器 TA 和分压电阻 RP_3 组成电枢电流反馈回路，电枢电流反馈电压 $U_i=\beta I_d$，β 为电流反馈系数。转速反馈回路和电流反馈回路能检测各自物理量的大小和方向，反馈回路可逆。若 UPE 不能四象限运行，或调节器不可逆，或反馈回路不可逆，双闭环系统不能四象限运行。转速反馈环在外，为外环；电流反馈环在内，为内环。ASR 的输出经过上、下限限幅得到 U_i^*，设上、下限限幅值为 U_{im}^*，$|U_i^*| \leqslant U_{im}^*$。ACR 的输出经过上、下限限幅得到 U_c，设上、下限限幅值为 U_{cm}，$|U_c| \leqslant U_{cm}$。考虑到运放具有倒相作用，为了得到负反馈，电动机正转，

转速给定电压 U_n^* 为正、U_n 为负，U_i^* 为负、U_i 为正，U_c 为正、U_d 为正；电动机反转，给定 U_n^* 为负、U_n 为正、U_i^* 为正、U_i 为负、U_c 为负、U_d 为负。U_n^*、U_i^* 都是电压，之所以前者称为转速给定电压、后者称为电流给定电压，原因是 ASR 和 ACR 均为 PI 调节器，稳态无误差，即 $U_n^*=U_n=\alpha n$，$U_i^*=U_i=\beta I_d$，$n=U_n^*/\alpha$，$I_d=U_i^*/\beta$。可见 U_n^* 控制转速，U_i^* 控制电流。

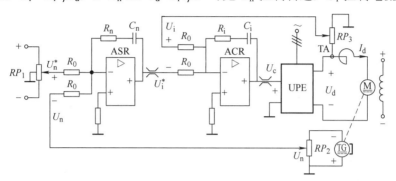

图 1-13　转速、电流双闭环调速系统原理图

1.3.2　转速、电流双闭环调速系统稳态结构图和稳态参数

根据图 1-13 中各环节的位置和各环节的稳态数学模型，画出转速、电流双闭环调速系统稳态结构图，如图 1-14 所示，图中 PI 调节器用阶跃响应曲线表示，电动机稳态模型用式（1-3）表示。

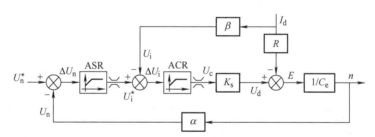

图 1-14　转速、电流双闭环调速系统稳态结构图

为了对电枢电流实时控制和快速跟踪电流给定，电流调节器一般不会饱和，转速调节器有不饱和、饱和两种情况。下面分析双闭环系统在第一象限的稳态特性。

（1）转速调节器不饱和

稳态时，两个调节器都不饱和，它们的输入偏差电压等于 0，即

$$\Delta U_n = 0 \qquad U_n^* = U_n \qquad n = U_n^*/\alpha = n^* \tag{1-34}$$

$$\Delta U_i = 0 \qquad U_i^* = U_i \qquad U_i^* = \beta I_d = \beta I_{dL} \tag{1-35}$$

$$U_i^* < U_{im}^* \qquad \beta I_d < \beta I_{dm} \qquad I_d < I_{dm} \tag{1-36}$$

$$U_c = \frac{U_d}{K_s} = \frac{C_e n + I_d R}{K_s} = \frac{C_e n + I_{dL} R}{K_s} \tag{1-37}$$

式（1-34）～式（1-37）表明，转速 n 由转速给定电压 U_n^* 决定，ASR 的输出量 U_i^* 由负

载电流 I_{dL} 决定，ACR 输出的控制电压 U_c 由电动机转速 n 和负载电流 I_{dL} 决定。由式（1-34）和式（1-36）画出两个调节器不饱和时的系统稳态特性如图 1-15 中的水平直线段 AB 所示。

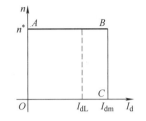

图 1-15　转速、电流双闭环调速系统
第一象限稳态特性曲线

（2）转速调节器饱和

转速调节器饱和，输出限幅值 U_{im}^*，转速调节器失去调节作用，转速环实际上呈开环状态，电流环稳态无误差，即

$$\Delta U_i = 0 \quad U_{im}^* = U_i \quad U_{im}^* = \beta I_d \quad I_d = U_{im}^* / \beta \qquad (1\text{-}38)$$

转速调节器饱和，转速反馈电压小于或等于转速给定电压，转速小于或等于给定转速，即

$$U_n \leqslant U_n^* \quad n \leqslant U_n^* / \alpha = n^* \qquad (1\text{-}39)$$

如果转速反馈电压大于转速给定电压，转速调节器退饱和。由式（1-38）和式（1-39）画出 ASR 饱和、ACR 不饱和时的系统稳态特性如图 1-15 中的垂直直线段 BC 所示。

由稳态特性可知，当电枢电流小于 I_{dm} 时，两个调节器都不饱和、起调节作用，转速调节器起主要调节作用，电动机转速跟随转速给定电压。当 ASR 饱和，转速调节器输出 U_{im}^*、不起调节作用，电流调节器起调节作用，电动机电枢电流跟随电流给定电压 U_{im}^*，电动机电枢电流等于 I_{dm}。两个调节器作用不同，需要设置两个调节器，形成内、外环双闭环调速系统。

最大给定电压对应其输出的最大值，有

$$U_{nmax}^* = \alpha n_{max} \quad U_{im}^* = \beta I_{dm} \qquad (1\text{-}40)$$

$$\alpha = \frac{U_{nmax}^*}{n_{max}} \quad \beta = \frac{U_{im}^*}{I_{dm}} \qquad (1\text{-}41)$$

依据式（1-40）、式（1-41）选择转速反馈系数和电流反馈系数。两个给定电压最大值由设计者选定，模拟 PI 调节器受运算放大器最大输入电压和供电电源电压的限制。$n_{max} \leqslant n_N$，$I_{dm} = \lambda I_{dN}$，n_N 为电动机额定转速，λ 为电动机过载倍数，I_{dN} 为电动机额定电流。

若双闭环系统能运行在第一、二象限，第一象限稳态特性可以对称画到第二象限；若双闭环系统能运行在第一、四象限，第一象限稳态特性可以对称画到第四象限；若双闭环系统能四象限运行，第一象限稳态特性可以对称画到第二、三、四象限。

1.3.3　转速、电流双闭环调速系统数学模型和动态过程分析

1. 转速、电流双闭环调速系统数学模型

获得系统数学模型的思路是分析各环节的数学模型，按各环节在系统的位置关系，画出系统动态结构图，由结构图求出系统的数学模型。

（1）直流电动机的数学模型

额定励磁直流电动机拖动负载示意图如图 1-16 所示，电枢回路电压方程式（1-2）重写为

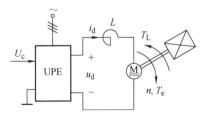

图 1-16　额定励磁直流电动机拖动负载示意图

$$u_d = E + i_d R + L \frac{di_d}{dt} \qquad (1\text{-}42)$$

式（1-42）经拉普拉斯变换，以电流为输出变量、电压为输入变量，可得

$$\frac{I_d(s)}{U_d(s)-E(s)}=\frac{1/R}{T_1s-1} \qquad T_1=\frac{L}{R} \qquad (1-43)$$

式中，T_1 为电枢回路电磁时间常数(s)。忽略黏性摩擦转矩和弹性转矩，电动机轴的运动方程为

$$T_e-T_L=C_mI_d-C_mI_{dL}=\frac{GD^2}{375}\frac{dn}{dt} \qquad (1-44)$$

$$I_d-I_{dL}=\frac{1}{R}\frac{GD^2R}{375C_eC_m}\frac{dE}{dt}=\frac{T_m}{R}\frac{dE}{dt} \qquad (1-45)$$

式中，GD^2 为电动机轴的转动惯量；T_m 为电动机拖动系统的机电时间常数。式（1-45）经拉普拉斯变换，以 E 为输出、电流为输入，得到传递函数为

$$\frac{E(s)}{I_d(s)-I_{dL}(s)}=\frac{R}{T_ms} \qquad (1-46)$$

式（1-43）和式（1-46）对应结构图分别如图 1-17a、b 所示，相同信号相连，得到如图 1-17c 所示结构图。图 1-17c 中，电动机有两个输入，一个是电枢电压 U_d，为控制输入，另一个是负载电流 I_{dL}，为扰动输入。图 1-17c 将 I_{dL} 左移到比较环节，求出单位负反馈闭环的传递函数，得到如图 1-18 所示等效结构图。额定励磁下直流电动机是二阶线性环节，具有电磁惯性和机电惯性。

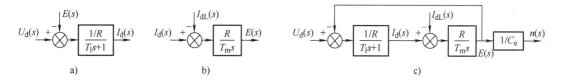

图 1-17　直流电动机动态结构图

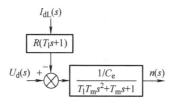

图 1-18　直流电动机动态等效结构图

（2）转速、电流双闭环调速系统数学模型

ASR 和 ACR 均采用 PI 调节器，传递函数见式（1-28），ASR 传递函数加下标 n，ACR 传递函数加下标 i，UPE 的传递函数采用近似传递函数，见式（1-15），转速反馈回路和电流反馈回路均为比例环节，比例系数分别为 α 和 β，根据各环节的位置关系，画出转速、电流双闭环调速系统动态结构图如图 1-19 所示。

2. 转速、电流双闭环调速系统启动过程分析

图 1-19 系统的启动过程转速、电流波形如图 1-20 所示，t_0 之前系统处于静止状态，t_0 加阶跃给定 n^*（粗虚线表示），记录电流 I_d（细实线）和转速 n（粗实线）。启动过程分 3 个阶

段，第Ⅰ阶段为电流上升阶段，第Ⅱ阶段为恒流转速上升阶段，第Ⅲ阶段为转速调节阶段。

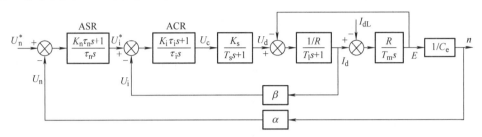

图 1-19　转速、电流双闭环调速系统动态结构图

第Ⅰ阶段 $(t_0 \sim t_2)$：t_0 时刻突加阶跃给定电压 U_n^* 后，经过两个调节器的跟随作用，U_i^*、U_c、I_d 都上升，但是在电枢电流 I_d 达到负载电流 I_{dL} 以前，电动机静止不动。当 t_1 时刻 $I_d \geqslant I_{dL}$ 后，电动机开始起动，由于机电惯性的作用，转速不会很快增长，ASR 的输入偏差电压值较大，其比例部分输出值较大，ASR 饱和，输出限幅值 U_{im}^*，强迫电枢电流迅速上升。t_2 时刻，$U_i = U_{im}^*$，$I_d = I_{dm}$，第Ⅰ阶段结束。在第Ⅰ阶段，ASR 很快进入并保持饱和状态，而 ACR 一般不饱和。

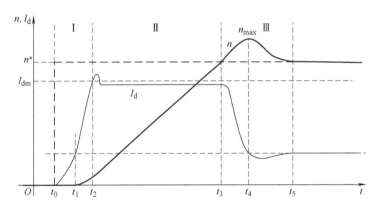

图 1-20　启动过程转速、电流波形

第Ⅱ阶段（$t_2 \sim t_3$）：ASR 饱和，输出限幅值 U_{im}^*，转速环相当于开环，电流环的给定为恒定的最大值 U_{im}^*，在 ACR 的调节作用下，电枢电流基本上保持为恒定值 I_{dm}，电动机转速基本上以允许的最大恒定加速度线性上升。第Ⅱ阶段是起动过程中的主要阶段。反电动势 E 是电流环的扰动量，并随着转速 n 线性上升，为了基本保持恒定电枢电流 I_{dm}，电枢电压 U_d 和控制电压 U_c 也必须线性上升。采用 PI 调节器的 ACR 的输出 U_c 上升，其输入大于 0，$U_i < U_{im}^*$，I_d 略低于 I_{dm}。为了保证电流环调节作用，在起动过程中 ACR 不能饱和，UPE 的最大输出电压也需留有余地。

第Ⅲ阶段（t_3 以后）：t_3 时刻转速上升到给定值 n^*，采用 PI 调节器的 ASR 的输入偏差为零，由于积分作用其输出还维持在限幅值 U_{im}^*，电动机仍在加速，转速超调，ASR 输入偏差电压变负，ASR 开始退出饱和状态，U_i^* 和 I_d 下降。只要 I_d 大于负载电流 I_{dL}，转速继续上升。t_4 时刻电枢电流等于负载电流 $I_d = I_{dL}$，之后 $I_d < I_{dL}$，电动机转速下降，直至稳态。所以 t_4 时刻转速 n 到达峰值 n_{max}。如果调节器参数整定得不够好，转速调节阶段可能出现衰减的振荡。在此阶段，ASR 和 ACR 都不饱和，ASR 起主导作用，ACR 则使电枢电流 I_d 跟随电流给定值 U_i^*，实质上，电流内环是电流跟随系统。

转速、电流双闭环调速系统的起动过程具有以下 3 个特点：

1）饱和非线性控制。起动过程第Ⅱ阶段，ASR 饱和，调速系统是恒定给定电流 U_{im}^* 下的电流单闭环线性系统；其他两个阶段两个调节器不饱和，调速系统是转速、电流双闭环线性系统。饱和是一种非线性，在不同阶段调速系统为不同结构的线性系统，不能简单地用线性控制理论分析起动过程，也不能简单地用线性控制理论分析、设计这样的控制系统，只能采用分段线性化的方法。

2）转速超调。起动过程第Ⅱ阶段，ASR 饱和，只有超调，ASR 才能退饱和。转速略有超调一般是允许的，对于不允许超调的调速系统，可以采用控制措施抑制超调。

3）准时间最优控制。时间最优调速系统的理想启动电流波形是：t_0 时刻电枢电流垂直上升到 I_{dm}，第Ⅱ阶段电枢电流维持在 I_{dm}，t_3 时刻电枢电流垂直下降到 I_{dL}，然后电枢电流等于 I_{dL}。由于电枢回路存在电感，起动过程第Ⅰ、Ⅲ两个阶段电枢电流不可能垂直变化。实际启动电流波形与理想启动电流波形有一些差距，不过这两段时间只占整个起动过程很小的部分，称作准时间最优控制。采用饱和非线性控制实现准时间最优控制是一种很有实用价值的控制策略，主要应用于多环控制系统中。

3．抗扰性能分析

从控制理论得知，负反馈控制系统对前向通道的扰动有抵抗作用。下面分析单闭环和双闭环调速系统对负载扰动和电网电压扰动的抵抗作用。含有两种扰动的单闭环和双闭环调速系统动态结构图如图 1-21 所示。

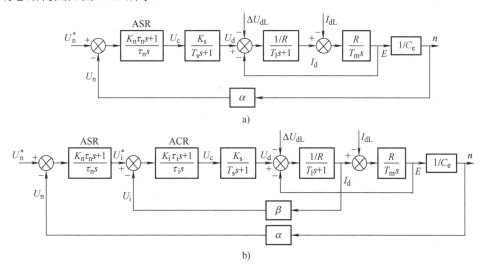

图 1-21　含有两种扰动的单闭环和双闭环调速系统动态结构图

（1）抗负载扰动

电动机拖动负载的变化转换为负载电流的变化，负载电流扰动位于转速环、作用在双闭环系统电流环之后，只能靠 ASR 产生抵抗作用。设计 ASR 时，应有较好的抗扰性能指标。

（2）抗电网电压扰动

电网电压变化带来 UPE 输出电压 U_d 的变化，设电压变化量为 ΔU_d，电压变化会引起电枢电流和转速的变化。电压变化量 ΔU_d 位于单闭环调速系统转速环的前向通道、双闭环调速系统电流环的前向通道。双闭环系统中，电流反馈点在转速反馈点前，电流反馈先于转速反馈感知变化，电流调节器先于转速调节器产生调节作用，因此单闭环调速系统抵抗电压扰动的性能要差一些。

4. 两个调节器的作用

综上所述，归纳转速调节器和电流调节器在双闭环直流调速系统的作用如下：

（1）转速调节器的作用

1）转速调节器是调速系统的主导调节器，它使转速 n 跟随转速给定 U_n^*，如果采用含有积分作用的调节器（I 或 PI），稳态无误差。

2）对负载变化起抗扰作用。

3）输出限幅值 U_{im}^* 决定电动机允许的最大电流。

（2）电流调节器的作用

1）电流调节器的给定是转速调节器的输出，在转速调节过程中，它使电枢电流跟随给定电压 U_i^*（转速调节器的输出量）。

2）抵抗电网电压的变化，及时产生抗扰作用。

3）在转速动态过程中，若 ASR 饱和，电动机电枢电流为允许的最大电流，从而加快动态过程。

4）当电机过载甚至堵转时，限制电枢电流的最大值，起快速的自动保护作用。一旦故障消失，系统自动恢复正常。这个作用对调速系统的可靠运行十分重要。

1.3.4 转速、电流双闭环调速系统的设计

1. 控制系统的动态性能指标

调节器是为了改善控制系统的稳态和动态性能，控制系统的性能指标有时域指标和频域指标。调速系统的时域稳态指标见 1.2.1 节，时域动态指标指系统时间响应函数的特征参数，一般选最严峻的阶跃响应，包括对给定输入信号的跟随性能指标和对扰动输入信号的抗扰性能指标。伯德图是频域分析法的一种常用工具，截止频率和稳定裕度大致描述了闭环系统的稳态和动态性能。

（1）动态跟随性能指标

控制系统输入信号 $R(t)$ 为阶跃信号时，系统输出量 $C(t)$ 称为阶跃响应。如图 1-22a 所示，阶跃输入（虚线）对应阶跃响应（实线）。常用的阶跃响应跟随性能指标有上升时间、超调量和调节时间。

1）上升时间 t_r。输出量从零开始，第一次上升到稳态值 C_∞ 所经过的时间，称为上升时间 t_r。它表示动态响应的快速性。

2）超调量 σ 与峰值时间 t_p。输出到达最大值 C_{max} 的时间称为峰值时间 t_p。C_{max} 超过 C_∞ 的百分数称为超调量，即

$$\sigma = \frac{C_{max} - C_\infty}{C_\infty} \times 100\% \qquad (1\text{-}47)$$

超调量反映系统的相对稳定性。超调量越小，系统的相对稳定性越好。

3）调节时间 t_s。调节时间又称过渡过程时间，用来衡量输出量调节过程的快慢。调节时间为输出到达并保持在稳态值 C_∞ 的 ±5%（或取 ±2%）内所需的最短时间。调节时间既反映了系统的快速性，也包含着系统的稳定性。

（2）动态抗扰性能指标

突加阶跃上升扰动 F 后输出量的变化过程，也就是抗扰过程，如图 1-22b 所示。调速系统稳定运行，输出为 $C_{\infty 1}$，阶跃扰动后，经过一段时间，系统稳定运行，输出量为 $C_{\infty 2}$。常用抗扰性能指标为动态降落和恢复时间。

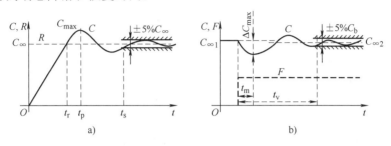

图 1-22 控制系统的动态响应

1）动态降落 $\Delta C_{\max}$。突加阶跃上升扰动 F，经过 t_m 输出下降到最低点，输出量最大降落值 $\Delta C_{\max}$ 称为动态降落，t_m 称为动态降落时间。选取基准值 C_b，动态降落 $\Delta C_{\max}$ 一般表示为相对于基准值 C_b 的百分数，即 $\Delta C_{\max}/C_b \times 100\%$。

2）恢复时间 t_v。扰动作用开始一直到输出量与 $C_{\infty 2}$ 之差进入基准值 C_b 的±5%范围内所需要的时间，称为恢复时间 t_v。抗扰指标中输出量基准值 C_b 的选取视情况定。如果允许的动态降落较大，可以新稳态值 $C_{\infty 2}$ 作为基准值。如果允许的动态降落较小，如小于 $5\% C_{\infty 2}$（这是常见的情况），按 $C_{\infty 2}$ 的±5%定义范围已没有意义，必须选择一个比 $C_{\infty 2}$ 值更小的 C_b 作为基准。

（3）频域性能指标

图 1-23 为伯德图，定性地分析控制系统的性能时，通常将伯德图分成高、中、低 3 个频段，频段的划分界限只是大致的，不影响系统性能的定性分析。伯德图的以下 4 个特征反映系统性能：

1）中频段以-20dB/dec 的斜率穿越 0dB 线，-20dB/dec 占有足够的频带宽度，表明系统的稳定性好。

2）截止频率（或称剪切频率）越高，表明系统的快速性越好。

3）低频段的斜率陡、增益高，表明系统的稳态精度好（即静差率小、调速范围宽）。

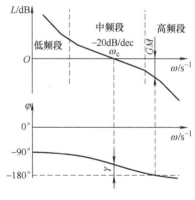

图 1-23 伯德图

4）高频段衰减得越快，即高频特性负分贝值越低，表明系统抗高频噪声干扰的能力越强。

在伯德图中，衡量最小相位系统稳定裕度的指标是相位裕度 γ 和以分贝表示的增益裕度 GM。相位裕度 γ 为截止频率的开环传递函数的相位+180°，增益裕度 GM 为穿越频率的开环传递函数的幅值。一般要求 $\gamma=30° \sim 60°$，$GM>6$dB。保留适当的稳定裕度是为了在参数变化时不致造成系统不稳定，稳定裕度同时也反映系统动态过程的平稳性，稳定裕度大就意味着振荡弱、超调小。

稳态精度要求很高，常需要大的放大系数，可能导致系统不稳定；校正装置使系统稳定，可能牺牲快速性；提高截止频率可以加快系统的响应，容易引入高频干扰。系统性能要求常常相互矛盾，很难同时满足，设计系统时，需反复试凑，综合考虑稳、准、快、抗干扰等各方面的要求，以获得比较满意的结果。

2. 调节器的工程设计方法

首先选择几种典型系统，事先研究典型系统参数与性能指标的关系，写成简单的公式或制成简明的图表，然后进行工程设计。设计时，根据实际控制系统定性的要求，先选择实际控制系统校正成哪种典型系统，按照实际控制系统定量的性能指标，再利用现成的公式和图表计算调节器参数。

（1）工程设计方法的原则和基本思路

工程设计方法遵循的原则：①概念清楚、易懂；②计算公式简明、好记；③不仅给出参数计算的公式，而且指明参数调整的方向；④考虑饱和非线性控制的情况，经过分段线性化处理，给出简单的计算公式；⑤适用于各种可以简化成典型系统的闭环控制系统。

为了简化问题，突出主要矛盾，把解决稳、准、快、抗干扰之间的矛盾分两步：第一步解决主要矛盾（稳、准），选择调节器的结构，以确保系统稳定，同时满足稳态精度；第二步选择调节器的参数，满足其他动态性能指标的要求。

（2）典型系统

一般来说，控制系统的开环传递函数可以表示为

$$W(s) = \frac{K \prod_{i=1}^{m}(\tau_i s + 1)}{s^r \prod_{j=1}^{n}(T_j s + 1)} \tag{1-48}$$

式（1-48）含有 r 个积分环节，称作 r 型系统。0 型系统（$r=0$）对阶跃输入有稳态误差，不能采用；Ⅲ型（$r=3$）和Ⅲ型以上的系统很难稳定，不能采用。Ⅰ型系统($r=1$)对阶跃输入无稳态误差，Ⅱ型系统（$r=2$）对斜坡输入无稳态误差，因此采用Ⅰ型和Ⅱ型系统。Ⅰ型和Ⅱ型系统有多种多样的结构，为了使设计简单，各选择一种结构简单的系统，称作典型系统。

1）典型Ⅰ型系统。典型Ⅰ型系统的开环传递函数为

$$W(s) = \frac{K}{s(Ts + 1)} \tag{1-49}$$

式中，T 为对象固有时间；K 为系统的开环增益，是可变参数，K 值不同，系统性能不同。

典型Ⅰ型系统动态结构图如图 1-24a 所示，为单位负反馈。开环对数频域特性如图 1-24b 所示。

为了使截止频率落在-20dB/dec 频段，要求 $\omega_c < 1/T$，$\omega_c T < 1$，相位裕度为

$$\gamma = 180° - 90° - \arctan\omega_c T = 90° - \arctan\omega_c T > 45° \tag{1-50}$$

典型Ⅰ型系统有足够的稳定裕度。由幅频特性可知

$$20\lg K = 20(\lg\omega_c - \lg 1) = 20\lg\omega_c$$
$$K = \omega_c \tag{1-51}$$

2）典型Ⅱ型系统。典型Ⅱ型系统的开环传递函数为

$$W(s) = \frac{K(\tau s + 1)}{s^2(Ts + 1)} \tag{1-52}$$

式中，T 为对象固有时间；K 为系统的开环增益；τ 为微分时间。K 和 τ 是可变参数，K 和 τ 值不同，系统性能不同。典型Ⅱ型系统动态结构图如图 1-25a 所示，为单位负反馈。开环对

数频域特性如图 1-25b 所示。为了使截止频率 ω_c 落在-20dB/dec 段，需满足

$$\frac{1}{\tau} < \omega_c < \frac{1}{T} \qquad \tau > T \tag{1-53}$$

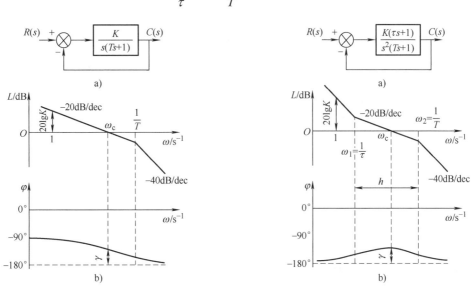

图1-24 典型Ⅰ型系统动态结构图和开环对数频域特性　图1-25 典型Ⅱ型系统动态结构图和开环对数频域特性

相位裕度为

$$\gamma = 180° - 180° + \arctan\omega_c\tau - \arctan\omega_c T = \arctan\omega_c\tau - \arctan\omega_c T \tag{1-54}$$

式（1-54）中，τ 比 T 大得越多，系统稳定裕度越大。引入中频宽 h

$$h = \frac{\tau}{T} = \frac{\omega_2}{\omega_1} \tag{1-55}$$

中频宽 h 是幅频特性中斜率为-20dB/dec 的中频段宽度。一般情况下，$\omega=1$ 落在-40dB/dec 频段，且

$$20\lg K = 40(\lg\omega_1 - \lg1) + 20(\lg\omega_c - \lg\omega_1) = 20\lg\omega_c\omega_1 \tag{1-56}$$
$$K = \omega_c\omega_1$$

（3）典型Ⅰ型系统跟随性能指标与开环增益 K 的关系

典型Ⅰ型系统的闭环传递函数为

$$W_{cl}(s) = \frac{W(s)}{1 + W(s)} = \frac{\dfrac{K}{T}}{s^2 + \dfrac{1}{T}s + \dfrac{K}{T}} \tag{1-57}$$

典型Ⅰ型系统是二阶系统。自动控制理论中，二阶系统的传递函数的标准形式为

$$W_{cl}(s) = \frac{\omega_n^2}{s^2 + 2\xi\omega_n s + \omega_n^2} \tag{1-58}$$

对照式（1-57）、式（1-58），典型Ⅰ型系统的固有角频率为

$$\omega_{\mathrm{n}} = \sqrt{\frac{K}{T}} \tag{1-59}$$

典型 I 型系统的阻尼比为

$$\xi = \frac{1}{2}\sqrt{\frac{1}{KT}} \tag{1-60}$$

阻尼比 $0 < \xi < 1$，欠阻尼，系统的阶跃响应为衰减的振荡过程；$\xi \geq 1$，系统的阶跃响应为单调上升过程。为了获得快速的动态响应，常常把调速系统设计成欠阻尼状态，即 $\omega_{\mathrm{c}}T < 1$，$K = \omega_{\mathrm{c}}$，$KT < 1$，$0.5 < \xi < 1$。欠阻尼二阶系统零初始状态阶跃响应动态跟随性能指标与阻尼比的关系为

超调量
$$\sigma = \mathrm{e}^{-\frac{\xi\pi}{\sqrt{1-\xi^2}}} \times 100\% \tag{1-61}$$

上升时间
$$t_{\mathrm{r}} = \frac{2\xi T}{\sqrt{1-\xi^2}}\left(\pi - \arccos\xi\right) \tag{1-62}$$

峰值时间
$$t_{\mathrm{p}} = \frac{\pi}{\omega_{\mathrm{n}}\sqrt{1-\xi^2}} \tag{1-63}$$

调节时间与 ξ 的关系比较复杂，如果不需要很精确，当 $\xi < 0.9$、允许误差带为 $\pm 5\%$ 的调节时间近似计算公式为

$$t_{\mathrm{s}} = \frac{3}{\xi\omega_{\mathrm{n}}} = 6T \tag{1-64}$$

截止频率（按准确关系计算）
$$\omega_{\mathrm{c}} = \omega_{\mathrm{n}}\sqrt{\sqrt{4\xi^4+1}-2\xi^2} \tag{1-65}$$

相位裕度
$$\gamma = \arctan\frac{2\xi}{\sqrt{\sqrt{4\xi^4+1}-2\xi^2}} \tag{1-66}$$

由式（1-61）～式（1-66）计算 $0.5 < \xi < 1$ 时典型 I 型系统不同 KT 时的动态跟随性能指标和频域指标，见表 1-1。T 为对象已知的固有时间常数，表 1-1 中数据表明，随着 K 的增大，系统的快速性提高，但稳定性变差。如果要求系统动态响应快，可取 $\xi = 0.5 \sim 0.6$，选 K 大一些；如果要求超调小，可取 $\xi = 0.8 \sim 1.0$，选 K 小一些；如果要求无超调，则取 $\xi = 1.0$，$K = 0.25/T$；无特殊要求时，可取折中值，即 $\xi = 0.707$，$K = 0.5/T$，超调量 $\sigma = 4.3\%$，略有超调。若无论如何选择 K 值，都不能满足所需的全部性能指标，说明典型 I 型系统不能适用。

表 1-1　典型 I 型系统动态跟随性能指标和频域指标（$0.5 < \xi < 1$）

KT	0.25	0.39	0.50	0.69	1.0
阻尼比 ξ	1.0	0.8	0.707	0.6	0.5
超调量 σ	0%	1.5%	4.3%	9.5%	16.3%
上升时间 t_{r}		6.6T	4.7T	3.3T	2.4T
峰值时间 t_{p}		8.3T	6.2T	4.7T	3.6T
相位裕度 γ	76.3°	69.9°	65.5°	59.29°	51.8°
截止频率 ω_{c}	0.243/T	0.367/T	0.455/T	0.596/T	0.786/T

典型Ⅰ型系统抗扰性能指标与开环增益 K 的关系与扰动作用点密切相关，在电流调节器设计时，讨论设计成典型Ⅰ型系统的电流环抗电网电压扰动性能与 K 的关系。

（4）典型Ⅱ型系统动态跟随性能指标与中频宽 h 的关系

T 为对象固有时间，改变 τ 相当于改变 h；改变 K，截止频率 ω_c 改变。选择 K 和 τ 可以改为选择 h 和 ω_c。选择 h 和 ω_c 比较难。利用振荡指标法中的闭环幅频特性峰值 M_r 最小准则，可以把选择双参数 h 和 ω_c 转化为选择单参数 h。要使闭环幅频特性峰值 M_r 最小，需满足

$$\frac{\omega_2}{\omega_c} = \frac{2h}{h+1} \tag{1-67}$$

$$\frac{\omega_c}{\omega_1} = \frac{h+1}{2} \tag{1-68}$$

式（1-67）、式（1-68）称为 M_r 最小准则的最佳频比。可以求出

$$\omega_c = \frac{1}{2}(\omega_1 + \omega_2) = \frac{1}{2}\left(\frac{1}{\tau} + \frac{1}{T}\right) \tag{1-69}$$

闭环幅频特性峰值最小值为

$$M_{r\min} = \frac{h+1}{h-1} \tag{1-70}$$

由式（1-67）～式（1-70）计算不同中频宽 h 对应的 $M_{r\min}$ 值及最佳频比值，见表 1-2。由表 1-2 数据可见，加大中频宽 h、减小 $M_{r\min}$，可降低超调量，但 ω_c 也将减小，使系统的快速性减弱。经验表明，$M_{r\min}$ 为 1.2～1.5 时，系统的动态性能较好，有时也允许 $M_{r\min}$ 达到 1.8～2.0，所以 h 值可在 3～10 之间选择。h 更大时，降低 $M_{r\min}$ 的效果就不显著了。

表 1-2　不同 h 值时的 $M_{r\min}$ 值及最佳频比值

h	3	4	5	6	7	8	9	10
$M_{r\min}$	2	1.67	1.5	1.4	1.33	1.29	1.25	1.22
ω_2/ω_c	1.5	1.6	167	1.71	1.75	1.78	1.80	1.82
ω_c/ω_1	2.0	2.5	3.0	3.5	4.0	4.5	5.0	5.5

确定了 h，由式（1-55）和式（1-56）可分别求出 τ 和 K，即

$$\tau = hT \tag{1-71}$$

$$K = \omega_1 \omega_c = \omega_1^2 \frac{h+1}{2} = \left(\frac{1}{hT}\right)^2 \frac{h+1}{2} = \frac{h+1}{2h^2T^2} \tag{1-72}$$

将式（1-71）和式（1-72）代入典型Ⅱ型系统的开环传递函数，可得

$$W(s) = \frac{h+1}{2h^2T^2} \frac{(hTs+1)}{s^2(Ts+1)} \tag{1-73}$$

典型Ⅱ型系统的闭环传递函数为

$$W_{cl}(s) = \frac{C(s)}{R(s)} = \frac{W(s)}{1+W(s)} = \frac{hTs+1}{\dfrac{2h^2}{h+1}T^3s^3 + \dfrac{2h^2}{h+1}T^2s^2 + hTs + 1} \tag{1-74}$$

阶跃输入时，$R(s)=1/s$，输出为

$$C(Ts) = \frac{hTs+1}{s\left(\frac{2h^2}{h+1}T^3s^3 + \frac{2h^2}{h+1}T^2s^2 + hTs + 1\right)} \qquad (1\text{-}75)$$

求出式（1-75）的时域响应，采用数字仿真计算跟随性能指标，见表1-3。

表1-3 典型Ⅱ型系统跟随性能指标

h	3	4	5	6	7	8	9	10
σ	52.6%	43.6%	37.6%	33.2%	29.8%	27.2%	25.0%	23.3%
t_r/T	2.40	2.65	2.85	3.0	3.1	3.2	3.3	3.35
t_s/T	12.15	11.65	9.55	10.45	11.30	12.25	13.25	14.20
K	3	2	2	1	1	1	1	1

阶跃响应的过渡过程是衰减振荡，调节时间随 h 的变化不是单调变化，$h=5$ 时调节时间最短。h 减小时，上升时间快，h 增大时，超调量小，综合各项指标，以 $h=5$ 的动态跟随性能比较适中。比较表 1-3 和表 1-1 可以看出，典型Ⅱ型系统的超调量一般都比典型Ⅰ型系统大得多，但快速性好于典型Ⅰ型系统。

典型Ⅱ型系统抗扰性能指标与中频宽 h 的关系与扰动作用点密切相关，在转速调节器设计时，讨论设计成典型Ⅱ型系统的转速环抗负载扰动性能与 h 的关系。

3. 传递函数的简化

实际控制系统的传递函数多种多样，还可能是高阶，因此往往不能简单地校正成典型系统，需要近似处理。下面介绍几种传递函数的工程近似处理方法。

（1）高频段小惯性环节的近似处理

含有两个高频段小惯性环节的传递函数为

$$W(s) = \frac{1}{(T_1s+1)(T_2s+1)} \qquad (1\text{-}76)$$

式中，T_1、T_2 为小时间常数。两个小惯性环节等效为一个惯性环节，等效惯性环节时间常数 $T=T_1+T_2$，近似传递函数为

$$W'(s) = \frac{1}{Ts+1} \qquad (1\text{-}77)$$

式（1-76）和式（1-77）的频率特性分别为

$$W(j\omega) = \frac{1}{(j\omega T_1+1)(j\omega T_2+1)} = \frac{1}{(1-T_1T_2\omega^2)+j\omega(T_1+T_2)} \qquad (1\text{-}78)$$

$$W'(j\omega) = \frac{1}{1+j\omega(T_1+T_2)} \qquad (1\text{-}79)$$

比较式（1-78）、式（1-79），近似相等的条件是 $T_1T_2\omega^2 \ll 1$。工程计算中允许 10% 的误差，工程近似相等条件为 $T_1T_2\omega^2 \leq 1/10$，要求闭环系统带宽满足

$$\omega_b \leq \sqrt{\frac{1}{10T_1T_2}} \qquad (1\text{-}80)$$

开环频率特性的截止频率 ω_c 与闭环频率特性的带宽 ω_b 比较接近，可以用 ω_c 代替 ω_b，近似条件可写为

$$\omega_c = \frac{1}{3}\sqrt{\frac{1}{T_1 T_2}} \qquad \left(\sqrt{10} = 3.16 \approx 3\right) \qquad （1\text{-}81）$$

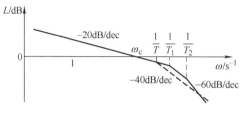

图 1-26　近似处理前后的幅频特性

近似处理前后的幅频特性如图 1-26 所示，实线为原传递函数的幅频特性，虚线为近似传递函数的幅频特性，两幅频特性的低频段相同，高频段不同。

若有 3 个小惯性环节，近似处理的公式为

$$\frac{1}{(T_1 s + 1)(T_2 + 1)(T_3 s + 1)} \approx \frac{1}{(T_1 + T_2 + T_3)s + 1} \qquad \left(\omega_c \leqslant \sqrt{\frac{1}{T_1 T_2 + T_2 T_3 + T_1 T_3}}\right) \qquad （1\text{-}82）$$

通过分析可得：可以用一个惯性环节等效多个小惯性环节，等效惯性环节的时间常数等于多个小惯性环节时间常数之和。

（2）高阶传递函数降阶

以三阶传递函数为例，有

$$W(s) = \frac{1}{as^3 + bs^2 + cs + 1} \qquad （1\text{-}83）$$

系统是稳定的，若能忽略高次项，有

$$W(s) \approx \frac{1}{cs + 1} \qquad （1\text{-}84）$$

$$W(j\omega) = \frac{1}{a(j\omega)^3 + b(j\omega)^2 + j\omega c + 1} = \frac{1}{(1 - b\omega^2) + j\omega(c - a\omega^2)} \approx \frac{1}{1 + j\omega c} \qquad （1\text{-}85）$$

近似条件为

$$b\omega^2 \leqslant \frac{1}{10} \qquad a\omega^2 \leqslant \frac{c}{10} \qquad （1\text{-}86）$$

用截止频率表示近似条件为

$$\omega_c \leqslant \frac{1}{3}\min\left(\sqrt{\frac{1}{b}}, \sqrt{\frac{c}{a}}\right) \qquad （1\text{-}87）$$

（3）低频段大惯性环节近似处理

传递函数含有时间常数特别大的惯性环节，可近似为积分环节，即

$$\frac{1}{Ts + 1} \approx \frac{1}{Ts} \qquad （1\text{-}88）$$

频率特性近似为

$$\frac{1}{\sqrt{\omega^2 T^2 + 1}} \angle -\arctan\omega T \approx \frac{1}{\omega T} \angle -90° \qquad （1\text{-}89）$$

工程近似条件为 $\omega^2 T^2 \geqslant 10$，用截止频率表示为

$$\omega_c \geqslant \frac{3}{T} \qquad （1\text{-}90）$$

当 $\omega^2 T^2 = 10$ 时，$-\arctan\omega T = -72.45°$，积分项的相位为 $-90°$，实际系统的相位裕度大于近似系统，按照近似传递函数设计，实际系统的稳定性更好。

举例说明传递函数简化前后幅频特性的不同。开环传递函数为

$$W_a(s) = \frac{K(\tau s + 1)}{s(T_1 s + 1)(T_2 s + 1)} \tag{1-91}$$

对应的幅频特性如图 1-27 的曲线 a，$T_1 > \tau > T_2$，时间常数为 T_1 的惯性环节等效为积分项，等效传递函数为

$$W_b(s) = \frac{K(\tau s + 1)}{T_1 s^2 (T_2 s + 1)} \tag{1-92}$$

式（1-92）对应的幅频特性如图 1-27 的曲线 b，大惯性环节的时间常数 $T_1 > 1$，放大系数下降，$1/T_1$ 以右的部分，曲线 b 较曲线 a 平行下降；$1/T_1$ 以左的低频段部分不同，曲线 a 表示的原系统为 I 型系统，曲线 b 表示的近似系统为 II 型系统。I 型系统能跟随阶跃输入，II 型系统能跟随斜坡输入，稳态精度不同。近似传递函数不能用来分析稳态性能，只能用来分析动态性能和调节器设计。

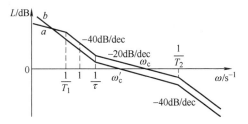

图 1-27　传递函数简化前后的幅频特性

4. 用工程设计法设计双闭环调速系统的调节器

实际双闭环调速系统原理图如图 1-28 所示，动态结构图如图 1-29 所示。图中 ASR 和 ACR 的输入端增加了惯性环节（低通滤波）用于滤除干扰信号，时间常数为 T_{on} 和 T_{oi}，$T_{on} = R_0 C_{on}/4$，$T_{oi} = R_0 C_{oi}/4$，比例系数和积分时间常数见式（1-26）。检测得到的转速信号和电流信号常含有谐波和高频干扰等干扰信号，为了抑制干扰信号的影响，检测信号经过低通滤波器滤去干扰信号。在抑制干扰信号的同时，滤波环节也延迟了反馈信号的传输，为了平衡反馈信号传输延迟，给定信号也通过相同时间常数惯性环节的传输延迟。给定信号和反馈信号经过相同的传输延迟，二者在时间上得到恰当的配合，也为调节器设计带来方便（后续分析）。

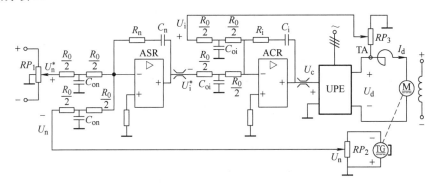

图 1-28　实际双闭环调速系统原理图

典型 I 型和 II 型系统是单环、单位负反馈系统，双闭环系统是双环，需要把双闭环转换为单环。设计顺序是先电流环后转速环，先保留电流环（图 1-29 点画线框内），去掉转速环，

得到单电流环系统，设计电流调节器；电流调节器设计完成后，求出电流环的等效传递函数，把电流环看作是转速环的一个环节，用电流环等效传递函数取代电流环，得到单转速环系统，设计转速调节器。

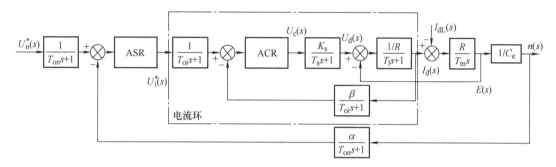

图 1-29　实际双闭环调速系统动态结构图

用结构图等效变换和上述传递函数近似处理，将单电流环（单转速环）变为前向通道仅含调节器和广义被控对象的单位负反馈系统，求出广义被控对象的传递函数，根据性能指标要求确定单电流环（单转速环）是校正成典型 I 型系统还是典型 II 型系统，用调节器的传递函数与广义被控对象传递函数相乘，把单电流环（单转速环）开环传递函数配成选定的典型系统传递函数，求出调节器的传递函数。

（1）电流调节器设计

1）结构图等效变换。反电动势 E 与转速成正比，交叉反馈到电流环，表示转速对电流环的影响，给设计带来了麻烦。一般情况下，系统的电磁时间常数 T_l 远小于机电时间常数 T_m，因此，转速的变化往往比电流变化慢得多。对电流环来说，反电动势是一个变化较慢的扰动，在电流的瞬变过程中，反电动势基本不变。设计电流环时，可以把反电动势的交叉反馈去掉，得到忽略电动势交叉反馈的电流环动态结构图，如图 1-30a 所示。忽略反电动势交叉反馈的条件为

$$\omega_{ci} \geqslant 3\sqrt{\frac{1}{T_m T_l}} \qquad (1-93)$$

式中，ω_{ci} 为电流环开环截止频率。为了得到单位负反馈，把反馈通道传递函数移到前向通道，给定信号滤波环节分子乘 β，给定信号除以 β。T_s 和 T_{oi} 比 T_l 小得多，可以等效为一个时间常数，等效时间常数为

$$T_{\Sigma i} = T_s + T_{oi} \qquad (1-94)$$

根据式（1-81），近似条件为

$$\omega_{ci} = \frac{1}{3}\sqrt{\frac{1}{T_s T_{oi}}} \qquad (1-95)$$

用等效惯性环节传递函数取代小惯性环节传递函数，得到含广义被控对象传递函数的动态结构图，如图 1-30c 所示。

2）确定电流环结构和调节器。由 1.3.3 节启动过程分析可知，电流环应以跟随性能为主，要求超调小，电流环应校正成典型 I 型系统。用 ACR 的传递函数与广义对象传递函数相乘，

将开环传递函数配成典型 I 型系统。对照典型 I 型系统传递函数，ACR 传递函数应含有积分项和比例微分环节 $\tau_i s+1$，ACR 是 PI 调节器，传递函数为

$$W_{ACR}(s) = \frac{K_i(\tau_i s + 1)}{\tau_i s} \tag{1-96}$$

利用零、极点相消，消去时间常数大的稳定极点，即 $\tau_i = T_1$，比例微分环节的传递函数 $\tau_i s+1$ 与 $T_1 s+1$ 相约。图 1-30c 的开环传递函数为 ACR 传递函数与广义被控对象传递函数乘积，即

$$W_{opi}(s) = \frac{K_i(\tau_i s + 1)}{\tau_i s} \frac{\beta K_s / R}{(T_1 s + 1)(T_{\Sigma i} s + 1)}$$

$$= \frac{\beta K_i K_s / (R\tau_i)}{s(T_{\Sigma i} s + 1)} = \frac{K_I}{s(T_{\Sigma i} s + 1)} \tag{1-97}$$

式中，K_I 为开环放大系数。一般希望电流环超调量 $\sigma_i \le 5\%$，阻尼比 $\xi = 0.707$，$K_I T_{\Sigma i} = 0.5$，则有

$$K_I = \frac{K_i K_s \beta}{T_1 R} = \omega_{ci} = \frac{1}{2T_{\Sigma i}}$$

$$K_i = \frac{RT_1}{2K_s \beta T_{\Sigma i}} \tag{1-98}$$

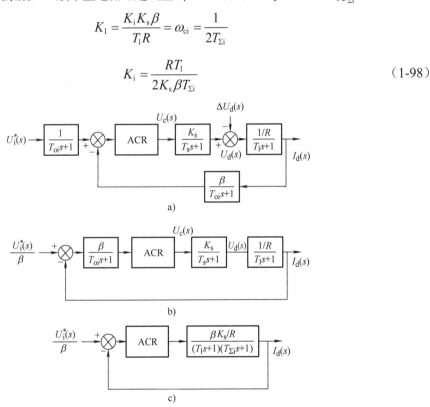

图 1-30 电流环动态结构图

3）电流环等效传递函数。图 1-30c 中前向通道的传递函数为式（1-97），求出图 1-30c 的闭环传递函数为

$$\frac{W_{cli}(s)}{\beta} = \frac{I_d(s)}{\dfrac{U_i^*(s)}{\beta}} = \frac{\dfrac{K_I}{s(T_{\Sigma i} s + 1)}}{1 + \dfrac{K_I}{s(T_{\Sigma i} s + 1)}} = \frac{1}{\dfrac{T_{\Sigma i}}{K_I} s^2 + \dfrac{1}{K_I} s + 1} \approx \frac{1}{\dfrac{1}{K_I} s + 1} \tag{1-99}$$

式（1-99）利用了传递函数近似处理，忽略了分母的二次项。电流环的闭环传递函数为

$$W_{cli}(s) = \frac{I_d(s)}{U_i^*(s)} \approx \frac{\dfrac{1}{\beta}}{\dfrac{1}{K_I}s+1} = \frac{\dfrac{1}{\beta}}{2T_{\Sigma i}s+1} \qquad (1\text{-}100)$$

近似处理的条件为

$$\omega_{cn} \leqslant \frac{1}{3\sqrt{2}T_{\Sigma i}} \qquad (1\text{-}101)$$

式（1-100）表明，电流闭环控制改造了被控对象，把电流环的双惯性环节控制对象改造成近似为小时间常数 $2T_{\Sigma i}$ 的惯性环节，加快了电流的跟随作用，这正是闭环控制的一个重要功能。

4）电流环抗电网电压扰动分析。含有电网电压扰动的电流环动态结构图如图 1-31a 所示，电压变化量 ΔU_d 引起电枢电流变化量 ΔI_d。对结构图等效变换，如图 1-31b 所示，输入为 0，U_i 负反馈极性右移到电压扰动作用点。

设 ΔU_d 为幅度 F 的阶跃上升扰动，$\Delta U_d(s)=F/s$，阻尼比 $\xi=0.707$，可得

$$\begin{aligned}
\Delta I_d(s) &= \frac{F}{s}\frac{W_2(s)}{1+W_1(s)W_2(s)} \\
&= \frac{\dfrac{2FT_{\Sigma i}(T_{\Sigma i}s+1)}{R}}{(T_l s+1)(2T_{\Sigma i}^2 s^2 + T_{\Sigma i}s+1)}
\end{aligned} \qquad (1\text{-}102)$$

a)

b)

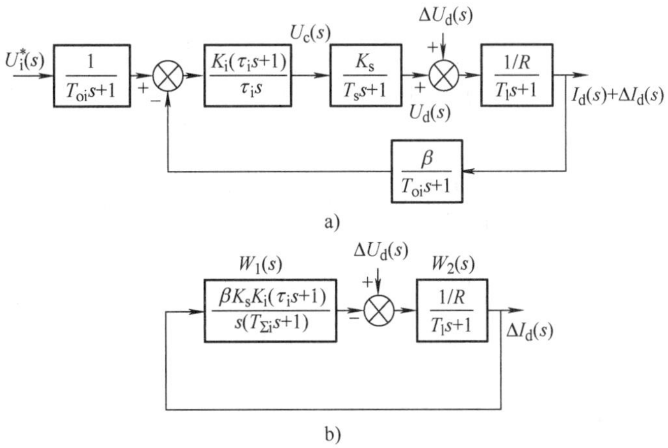

图 1-31 含有电网电压扰动的电流环动态结构图

令 $m=T_{\Sigma i}/T_l$，$m<1$。求式（1-102）的拉普拉斯逆变换，电压增加引起电枢电流增加量的时域函数为

$$\Delta I_d(t) = \frac{\dfrac{2Fm}{R}}{2m^2-2m+1}\left[(1-m)\mathrm{e}^{-t/T_l} - (1-m)\mathrm{e}^{-t/2mT_l}\cos\frac{t}{2mT_l} + m\mathrm{e}^{-t/2mT_l}\sin\frac{t}{2mT_l}\right] \qquad (1\text{-}103)$$

为了消除系统参数对抗扰性能指标的影响，取图 1-31b 开环系统输出作为基准值，即 $I_{db}=F/R$，误差带为基准值的±5%，按前述抗扰指标的定义，求出抗电网电压扰动相关指标见表 1-4。由表 1-4 数据可以看出，当控制对象的两个时间常数相距较大时，电枢电流最大下降值减小，恢复时间的变化不是单调的，在 $m=1/20$ 时最短。

表 1-4 抗电网电压扰动相关指标

m	1/5	1/10	1/20	1/30
$\Delta I_{dmax}/I_{db}$	27.78%	16.58%	9.27%	6.45%
T_m/T_1	0.566	0.336	0.19	0.134
T_v/T_1	2.209	1.478	0.741	1.014

【例 1-1】某 PWM 变换器供电的双闭环直流调速系统，开关频率为 8kHz，直流电动机型号为 Z4-132-1，参数如下：400V，52.2A，2610r/min，$C_e=0.1459$V·min/r，允许过载倍数 $\lambda=1.5$；PWM 变换器放大系数 $K_s=107.5$（按照理想情况计算的电压放大系数，三相整流输出的最大直流电压为 538V，控制电压最大为 5V，因此，538/5=107.5）；电枢回路总电阻 $R=0.368\Omega$；时间常数 $T_1=0.0144$s，$T_m=0.18$s；电流反馈系数 $\beta=0.1277$V/A（≈ 10V/$1.5I_N$）。

设计要求：按照典型 I 型系统设计电流调节器，要求电流超调量 $\sigma_i \leqslant 5\%$。

解：

1）确定时间常数。

PWM 变换器滞后时间常数：$T_s=0.000125$s。

电流滤波时间常数：为滤除电流反馈高频噪声、减小滤波延时，电流滤波时间常数 $T_{oi}=(1\sim2)T_{PWM}$，取 $T_{oi}=0.000125$s。

电流环等效惯性环节时间常数：$T_{\Sigma i}=T_s+T_{oi}=0.00025$s。

2）选择电流调节器结构和常数。要求 $\sigma_i \leqslant 5\%$，按典型 I 型系统设计电流环，电流环动态结构图见图 1-30c，电流调节器为 PI 调节器，传递函数见式（1-96），$\xi=0.707$，由式（1-98），求得

$$K_i = \frac{RT_1}{2K_s\beta T_{\Sigma i}} = 0.771 \qquad \tau_i = T_1 = 0.0144\text{s}$$

3）校验近似处理条件。电流环截止频率为

$$\omega_{ci} = K_I = \frac{1}{2T_{\Sigma i}} = 2000\text{s}^{-1}$$

UPE 的滞后环节近似为惯性环节的条件为

$$\frac{1}{3T_s} = 2666.7\text{s}^{-1} > \omega_{ci}$$

满足条件。忽略反电动势交叉反馈条件为

$$3\sqrt{\frac{1}{T_m T_1}} = 58.93\text{s}^{-1} < \omega_{ci}$$

满足条件。一个惯性环节等效为两个小时间惯性环节的条件为

$$\frac{1}{3}\sqrt{\frac{1}{T_s T_{oi}}} = 2666.7 s^{-1} > \omega_{ci}$$

满足条件。

4）计算调节器电阻/电容值。取 $R_0=360k\Omega$，$R_i=K_iR_0=277.56k\Omega$，取 $270k\Omega$；$C_i=\tau_i/R_0=40nF$，取 $40nF$；$C_{oi}=4T_{oi}/R_0=1.39nF$，取 $1.5nF$。

（2）转速调节器设计

1）转速环动态结构图。用式（1-100）的等效惯性环节代替图 1-29 中的电流环后，转速环动态结构图如图 1-32a 所示，把转速给定滤波和反馈滤波同时移到前向通道上，并将给定信号改成 $U_n^*(s)/\alpha$，再把时间常数为 $2T_{\Sigma i}$ 和 T_{on} 的两个小惯性环节等效为时间常数为 $T_{\Sigma n}$ 的惯性环节，得到如图 1-32b 所示的简化动态结构图，有

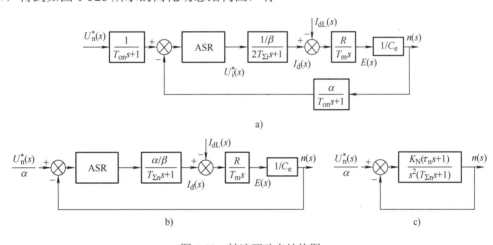

图 1-32　转速环动态结构图

$$T_{\Sigma n} = 2T_{\Sigma i} + T_{on} \tag{1-104}$$

2）确定转速环结构和调节器。为了转速稳态无静差，在负载扰动作用点前面必须有一个积分环节，ASR 必须包含积分项，在扰动作用点后已经有一个积分环节，转速环开环传递函数有两个积分环节，所以转速环设计成典型 Ⅱ 型系统。ASR 也应该采用 PI 调节器，其传递函数为

$$W_{ASR}(s) = \frac{K_n(\tau_n s + 1)}{\tau_n s} \tag{1-105}$$

转速环开环传递函数为

$$W_{opn}(s) = \frac{K_n(\tau_n s + 1)}{\tau_n s}\frac{\dfrac{\alpha R}{\beta}}{C_e T_m(T_{\Sigma n}s+1)} = \frac{K_N(\tau_n s + 1)}{s^2(T_{\Sigma n}s+)} \tag{1-106}$$

式中，K_N 为转速环开环放大倍数。按式（1-71）和式（1-72）计算调节器参数，若无特殊要求，一般 $h=5$，有

$$\tau_n = hT_{\Sigma n} \tag{1-107}$$

$$K_N = \frac{\alpha K_n R}{\beta \tau_n C_e T_m} = \frac{h+1}{2h^2 T_{\Sigma n}} \tag{1-108}$$

$$K_n = \frac{(h+1)\beta C_e T_m}{2h\alpha R T_{\Sigma n}} \tag{1-109}$$

3）转速环抗负载扰动性能分析。图 1-32 中，若给定为 0，转速负反馈的负号右移至电流比较环节，转速调节器用式（1-105）传递函数代替，为了形成负反馈，负载电流在比较环节变正，负载电流前加负号，得到如图 1-33 所示结构图。

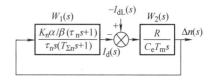

图 1-33　含有负载扰动的转速环动态结构图

负载阶跃增加，$I_{dL}(s)=F/s$，引起转速下降 $\Delta n(s)$，按式（1-107）和式（1-108）选择调节器参数为

$$\Delta n(s) = -\frac{F}{s}\frac{W_2(s)}{1+W_1(s)W_2(s)}$$

$$= -\frac{\dfrac{2h^2}{h+1}\dfrac{R}{C_e T_m}FT_{\Sigma n}^2(T_{\Sigma n}s+1)}{\dfrac{2h^2}{h+1}T_{\Sigma n}^3 s^3 + \dfrac{2h^2}{h+1}T_{\Sigma n}^2 s^2 + T_{\Sigma n}s+1} \tag{1-110}$$

求式（1-110）的时间函数 $\Delta n(t)$，计算抗扰指标，见表 1-5。为了使动态转速降 $\Delta n_{max}/n_b$ 只与 h 有关，而与系统参数无关，取图 1-33 的开环输出作为基准值，但经过积分环节，输出是递增的，因此取图 1-33 开环输出在 $2T_{\Sigma n}$ 内的累加值作为基准值，$n_b=2FT_{\Sigma n}R/C_e T_m$。

表 1-5　转速环抗负载扰动指标

h	3	4	5	6	7	8	9	10
$\Delta n_{max}/n_b$	72.2%	77.5%	81.2%	84.0%	86.3%	88.1%	89.6%	90.8%
$t_m/T_{\Sigma n}$	2.45	2.70	2.85	3.00	3.15	3.25	3.30	3.40
$t_v/T_{\Sigma n}$	13.60	10.45	8.80	12.95	16.85	19.80	22.80	25.85

由表 1-5 数据可见，h 越小，t_m 和 t_v 越短，抗扰性能越好，最大转速降落与 h 值的关系和跟随性能指标中超调量与 h 值的关系恰好相反（见表 1-3 和表 1-5），反映了快速性与稳定性的矛盾。$h<5$ 时，h 变小，由于振荡次数增加，恢复时间 t_v 变长。$h=5$ 时，恢复时间 t_v 最短、调节时间 t_s 最短（见表 1-3）。综合典型 II 型系统跟随性能指标和抗扰性能指标，$h=5$ 应该是很好的选择。

【例 1-2】 在例 1-1 中，另知：转速反馈系数 $\alpha=0.00383\text{V·min/r}(\approx 10\text{V}/n_N)$，电流环按照典型 I 型系统设计，$K_I T_{\Sigma i}=0.5$，要求转速无静差，试按工程设计方法设计转速调节器。

解：

1）确定时间常数。电流环为典型 I 型系统，$K_I T_{\Sigma i}=0.5$，电流环等效时间常数 $2T_{\Sigma i}=2\times0.00025\text{s}=0.0005\text{s}$。

转速滤波时间常数：根据所用测速发电机纹波情况，取 $T_{on}=0.01\text{s}$。

转速环小时间常数：$T_{\Sigma n}=2T_{\Sigma i}+T_{on}=(0.0005+0.01)\text{s}=0.0105\text{s}$。

2）选择转速调节器结构和参数。按照要求，选用 PI 调节器，其传递函数见式（1-105）。$h=5$，跟随和抗扰性能都较好，ASR 积分时间常数为

$$\tau_n = h T_{\Sigma n} = 5 \times 0.0105s = 0.0525s$$

由式（1-108）求得转速环开环增益为

$$K_N = \frac{h+1}{2h^2 T_{\Sigma n}^2} = \frac{6}{2 \times 5^2 \times 0.0105^2}s^2 = 1088.4s^2$$

由式（1-109）求得 ASR 的比例系数为

$$K_n = \frac{(h+1)\beta C_e T_m}{2h\alpha R T_{\Sigma n}} \quad \frac{6 \times 0.1277 \times 0.1459 \times 0.18}{2 \times 5 \times 0.00383 \times 0.368 \times 0.0105} = 135.97$$

3）检验近似条件。由式（1-56）可得，转速环截止频率为

$$\omega_{cn} = \frac{K_N}{\omega_1} = K_N \tau_n = 1088.4 \times 0.0525s^{-1} = 57.14s^{-1}$$

电流环传递函数简化条件为

$$\frac{1}{3}\sqrt{\frac{K_I}{T_{\Sigma i}}} = \frac{1}{3}\sqrt{\frac{2000}{0.00025}}s^{-1} = 942.81s^{-1} > \omega_{cn}$$

满足简化条件。转速环小时间常数近似处理条件为

$$\frac{1}{3}\sqrt{\frac{K_I}{T_{on}}} = \frac{1}{3}\sqrt{\frac{2000}{0.01}}s^{-1} = 149.1s^{-1} > \omega_{cn}$$

满足近似条件。

4）计算调节器电阻和电容。取 $R_0=39k\Omega$，$R_n=K_nR_0=135.97 \times 39k\Omega=5303k\Omega$，取 5.1MΩ。$C_n=\tau_n/R_n=0.0525/(5100 \times 10^3)F=0.1 \times 10^{-9}F$，取 100pF。$C_n=4T_{on}/R_0=4 \times 0.01/(39 \times 10^3)F=1.02 \times 10^{-6}F$，取 1μF。

（3）转速超调量计算

当 $h=5$ 时，由表 1-3 查得 $\sigma_n=37.6\%$，不能满足设计要求。典型Ⅱ型系统是线性系统，表 1-3 的典型Ⅱ型系统阶跃输入超调量是线性系统的超调量。双闭环调速系统启动过程的第二阶段，ASR 饱和，双闭环调速系统存在饱和非线性，是饱和非线性系统，只有转速超调，ASR 才能退饱和，称为退饱和超调。转速、电流双闭环调速系统启动过程第一阶段两个调节器不饱和，是转速、电流双闭环线性系统，第一阶段的初始条件是速度为 0、电枢电流为 0。第二阶段 ASR 饱和，输出最大值 U_{im}^*，ACR 不饱和，转速、电流双闭环调速系统是最大电流给定 U_{im}^* 的单电流环线性系统，第二阶段的初始条件是速度近似为 0、电枢电流为 I_{dm}。第三阶段两个调节器不饱和，是转速、电流双闭环线性系统，第三阶段的初始条件是速度为给定转速 n^*、电枢电流为 I_{dm}。

计算退饱和超调量的一种方法是在第三阶段初始条件下求解转速、电流双闭环线性系统，得到第三阶段转速曲线，求出转速最大值和超调量。采用这种方法求解的过程比较麻烦。

第二种方法是利用典型 II 型系统的抗扰性能指标求解。前面分析了突加幅度为 F 的负载阶跃扰动时转速下降的过程，得到抗扰指标与中频宽的关系。系统突减负载的动态转速升高过程与突加同样大小负载的转速下降过程所引起的转速变化的大小是相同的，只是符号相反。设想在启动过程的 t_2 时刻，若将电动机电枢电流从 I_{dm} 突降到 I_{dL}，下降幅度 $F=I_{dm}-I_{dL}$，转速的调节过程与启动过程第三阶段的转速调节过程相似。当然实际的电枢存在电感，电枢电流不能从 I_{dm} 突降到 I_{dL}，与 I_{dm} 突降到 I_{dL} 有差别，但差别小，求解过程简单。

查表 1-5 得到转速最大变化量与转速基准值的相对值 $\Delta n_{max}/n_b$，乘以基准值 n_b 得到转速最大变化量 Δn_{max}，除以给定转速 n^*，得到退饱和超调量 σ_n。令 λ、z 分别为电动机的过载倍数和负载系数，$I_{dm}=\lambda I_{dN}$，$I_{dL}=z I_{dN}$。Δn_N 为电动机额定转速降，$\Delta n_N=I_{dN}R/C_e$，且

$$n_b = \frac{2RT_{\Sigma n}\left(I_{dm}-I_{dL}\right)}{C_e T_m} = 2\left(\lambda-z\right)\Delta n_N \frac{T_{\Sigma n}}{T_m} \tag{1-111}$$

$$\sigma_n = \frac{\Delta n_{max}}{n_b}\frac{n_b}{n^*} = 2\frac{\Delta n_{max}}{n_b}\left(\lambda-z\right)\frac{\Delta n_N}{n^*}\frac{T_{\Sigma n}}{T_m} \tag{1-112}$$

选定 h，过载倍数和负载系数一定，由式（1-112）求得的退饱和超调量与转速给定值成反比，即转速给定值越高，超调量越小。

【例 1-3】 例 1-2 中，计算空载起动到额定转速时的转速超调量，校验转速超调量 $\sigma_n \leqslant 5\%$ 的要求是否满足。

解：理想空载启动，$z=0$，查表 1-5，$h=5$，$\Delta n_{max}/n_b=81.2\%$，由式（1-112）可得

$$\sigma_n = 2\times 81.2\% \times 1.5 \times \frac{\dfrac{52.2\times 0.368}{0.1459}}{2610} \times \frac{0.0105}{0.18} = 0.717\% < 5\%$$

满足要求。

以上设计 ASR 和 ACR 时，忽略了反电动势对电流环和转速环的影响，得到电流环截止频率 $\omega_{ci}=2000\mathrm{s}^{-1}$、转速环截止频率 $\omega_{cn}=57.14\mathrm{s}^{-1}$。忽略反电动势对电流环影响的条件是 $3\sqrt{\dfrac{1}{T_m T_l}}=58.93\mathrm{s}^{-1}<\omega_{ci}$，条件成立。但忽略反电动势对转速环影响的条件是 $3\sqrt{\dfrac{1}{T_m T_l}}=58.93\mathrm{s}^{-1}<\omega_{cn}$，条件不成立。反电动势的影响会使转速超调量变小，忽略的影响是正面的，因此可以忽略。

需要说明的是，截止频率反映快速性，截止频率高，响应快。$\omega_{ci}=2000\mathrm{s}^{-1}>\omega_{cn}=57.14\mathrm{s}^{-1}$，电流环截止频率大于转速环截止频率，电流环响应比转速环快，内环比外环快是工程设计法设计多环系统的特点。虽然不利于外环的快速，但每个控制环是稳定的，对系统的组成和调试有利。

1.4 Simulink 模型库简介

Simulink 是 MATLAB 的附加组件，为用户提供图形化的建模和仿真平台。下面以 MATLAB 2021b 汉化版为例介绍与电力电子变流器控制系统仿真有关的 Simulink 模块库和示例。运行示例的方法：打开 MATLAB 2021b，在 MATLAB 界面单击"帮助"→"示例"，如图 1-34 所示，在帮助界面左侧"CONTENTS"下，单击"Simscape Electrical"，在"Category"下拉列表框中单击"Specialized Power Systems"，如图 1-35a 所示，显示有 183 个与电力电

子变流器相关的仿真示例，分为 10 类，分别为 Electrical Sources and Elements（19 个示例）、
Motors and Generators（20 个示例）、Power Electronics（48 个示例）、Sensors and Measurements
（2 个示例）、Control and Signal Generation（3 个示例）、Electric Drives（43 个示例）、Power
Electronics FACTS（17 个示例）、Renewable Energy Systems（18 个示例）、Interface to Simscape
（2 个示例）、Simulation and Analysis（14 个示例）。可以通过示例学习 Simulink 搭仿真模型的
方法，除了 DVR，各章介绍与其相关的变流器控制系统仿真模型。

打开一个示例或用 MATLAB 界面"新建"菜单创建 Simulink 仿真模型（见图 1-34 左侧），
或用"打开"菜单打开已有的 Simulink 仿真模型（见图 1-34 左侧），进入搭建仿真模型窗口，
窗口的标题为仿真模型文件名，若是新建，文件名为"untiled.slx"，图 1-36 为打开示例中
ac3_example 仿真模型窗口。在仿真模型窗口单击工具栏中的"库浏览器"，显示所有模块
库，这里介绍两个与变流器控制系统仿真相关的模块库：Simulink（见图 1-35b）和 Specialized
Power Systems（路径：Simscape/Electrical/Specialized Power Systems）（见图 1-35c），前者是
Simulink 公共模块库，后者是电力系统专业模块库。从模块库中选择模块，拖到仿真模型窗
口中，搭建图形化仿真模型。

图 1-34　MATLAB 界面

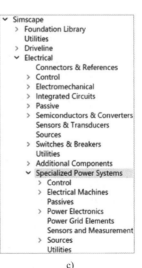

a)　　　　　　　　　　　b)　　　　　　　　　　　c)

图 1-35　示例目录和模块库目录

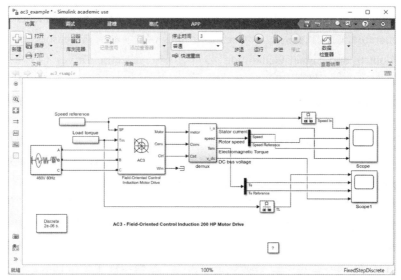

图 1-36   ac3_example 仿真模型窗口

1.4.1　Simulink 公共模块库

根据 MATLAB 的帮助，简要介绍 Simulink 公共模块库中常用模块的功能。

1. Continuous（连续）

Derivative：输出是输入信号的时间导数。

Descriptor State-Space：线性隐式系统模型。

Entity Transport Delay：在 SimEvents 消息的传播中引入延迟。

First Order Hold：在输入信号上实现线性外插一阶保持。

Integrator：对信号求积分。

Integrator Limited：对信号求积分。

PID Controller：连续时间或离散时间 PID 控制器。

PID Controller (2DOF)：连续时间或离散时间双自由度 PID 控制器。

Second-Order Integrator：输入信号的二阶积分。

Second-Order Integrator Limited：输入信号的二阶积分。

State-Space：实现线性状态空间系统。

Transfer Fcn：通过传递函数为线性系统建模。

Transport Delay：按给定的时间量延迟输入。

Variable Time Delay：按可变时间量延迟输入。

Variable Transport Delay：按可变时间量延迟输入。

Zero-Pole：通过零极点增益传递函数进行系统建模。

2. Dashboard（仪表板）

Callback Button：回调按钮，使用该按钮执行 MATLAB 代码。

Check Box：复选框，选择参数或变量值。

Combo Box：组合框，从下拉菜单中选择参数值。

Dashboard Scope：在仿真过程中跟踪信号。

Display：在仿真期间显示信号值。

Edit：编辑，输入参数的新值。

Gauge：仪表，以圆形刻度显示信号值。

Half Gauge：以半圆刻度显示输入值。

Knob：旋钮，使用表盘调整参数值。

Lamp：显示反映输入值的颜色。

Linear Gauge：线性仪表，以线性刻度显示输入值。

MultiStateImage：显示反映输入值的图像。

Push Button：设置按下按钮时的参数值。

Quarter Gauge：四分之一仪表，在四分之一刻度上显示输入值。

Radio Button：单选按钮，选择参数值。

Rocker Switch：将参数在两个值之间切换。

Rotary Switch：旋转开关，切换参数以设置表盘上的值。

Slider：用滑动标尺调整参数值。

Slider Switch：滑块开关，在两个值之间切换参数。

Toggle Switch：将参数在两个值之间切换。

3．Discontinuous（不连续性）

Backlash：对间隙系统行为进行建模。

Coulomb and Viscous Friction：对值为零时的不连续性以及非零时的线性增益建模。

Dead Zone：提供零值输出区域。

Dead Zone Dynamic：提供零输出的动态区域。

Hit Crossing：检测穿越点。

PWM：生成与输入占空比相对应的理想脉宽调制信号。

Quantizer：按给定间隔将输入离散化。

Rate Limiter：限制信号变化的速率。

Rate Limiter Dynamic：限制信号变化的速率。

Relay：在两个常量输出之间进行切换。

Saturation：将输入信号限制在饱和上界和下界值之间。

Saturation Dynamic：将输入信号限制在动态饱和上界和下界值之间。

Variable Pulse Generator：产生理想的时变脉冲信号。

Wrap to Zero：如果输入大于阈值，将输出设置为零。

4．Discrete（离散）

Delay：按固定或可变采样期间延迟输入信号。

Difference：计算一个时间步内的信号变化。

Discrete Derivative：计算离散时间导数。

Discrete FIR Filter：构建 FIR 滤波器模型。

Discrete IIR Filter：构建无限脉冲响应（IIR）滤波器模型。

Discrete PID Controller：离散时间或连续时间 PID 控制器。

Discrete PID Controller (2DOF)：离散时间或连续时间双自由度 PID 控制器。

Discrete State-Space：实现离散状态空间系统。

Discrete Transfer Fcn：实现离散传递函数。

Discrete Zero-Pole：对由离散传递函数的零点和极点定义的系统建模。

Discrete-Time Integrator：执行信号的离散时间积分或累积。

First-Order Hold (Obsolete)：实现一阶采样和保持。

Memory：输出上一个时间步的输入。

Resettable Delay：将输入信号延迟可变采样周期，并用外部信号复位。

Tapped Delay：将标量信号延迟多个采样期间并输出所有延迟版本。

Transfer Fcn First Order：实现离散时间一阶传递函数。

Transfer Fcn Lead or Lag：实现离散时间超前或滞后补偿器。

Transfer Fcn Real Zero：实现具有实零点和无极点的离散时间传递函数。

Unit Delay：将信号延迟一个采样期间。

Variable Integer Delay：按可变采样期间延迟输入信号。

Zero-Order Hold：实现零阶保持采样期间。

5. Logic and Bit Operations（逻辑和位操作）

Bit Clear：将存储的整数的指定位设置为 0。

Bit Set：将存储的整数的指定位设置为 1。

Bitwise Operator：对输入执行指定的按位运算。

Combinatorial Logic：实现真值表。

Compare to Constant：确定信号与指定常量的比较方式。

Compare to Zero：确定信号与零的比较方式。

Detect Change：检测信号值的变化。

Detect Decrease：检测信号值的减少。

Detect Fall Negative：当信号值降至严格负值，且其先前值为非负时，检测下降沿。

Detect Fall Nonpositive：当信号值降至非正值，且其先前值为严格正值时，检测下降沿。

Detect Increase：检测信号值的增长。

Detect Rise Nonnegative：当信号值增加到非负值，并且其先前值为严格负值时检测上升沿。

Detect Rise Positive：当信号值从上一个严格意义上的负值变为非负值时检测上升沿。

Extract Bits：输出从输入信号选择的连续位。

Interval Test：确定信号是否在指定区间。

Interval Test Dynamic：确定信号是否在指定的间隔内。

Logical Operator：对输入执行指定的逻辑运算。

Relational Operator：对输入执行指定的关系运算。

Shift Arithmetic：移动信号的位或二进制小数点。

6. Lookup Tables（查表）

1-D Lookup Table：逼近一维函数。

2-D Lookup Table：逼近二维函数。

Direct Lookup Table (n-D)：为 N 维表进行索引，以检索元素、向量或二维矩阵。

Interpolation Using Prelookup：使用预先计算的索引和区间比值快速逼近 N 维函数。

Lookup Table Dynamic：使用动态表逼近一维函数。

Prelookup：计算 Interpolation Using Prelookup 模块的索引和区间比。

Sine & Cosine：利用象限波对称性的查表方法实现定点正弦或余弦波。

n-D Lookup Table：逼近 N 维函数。

7. Math Operations（数学运算）

Abs：输出输入信号的绝对值。

Add：输入信号的加减运算。

Algebraic Constraint：限制输入信号。

Assignment：为指定的信号元素赋值。

Bias：为输入添加偏差。

Complex to Magnitude-Angle：计算复信号的幅值和/或相位。

Complex to Real-Imag：输出复数输入信号的实部和虚部。

Divide：一个输入除以另一个输入。

Dot Product：生成两个向量的点积。

Find Nonzero Elements：查找数组中的非零元素。

Gain：将输入乘以常量。

Magnitude-Angle to Complex：将幅值和/或相位信号转换为复信号。

Math Function：执行数学函数。

MinMax：输出最小或最大输入值。

MinMax Running Resettable：确定信号随时间而改变的最小值或最大值。

Permute Dimensions：重新排列多维数组的维度。

Polynomial：对输入值执行多项式系数计算。

Product：标量和非标量的乘除运算或者矩阵的乘法和逆运算。

Product of Elements：复制或求一个标量输入的倒数，或者缩减一个非标量输入。

Real-Imag to Complex：将实和/或虚输入转换为复信号。

Reshape：更改信号的维度。

Rounding Function：对信号应用舍入函数。

Sign：指示输入的符号。

Sine Wave Function：使用外部信号作为时间源来生成正弦波。

Slider Gain：使用滑块更改标量增益。

Sqrt：计算平方根、带符号的平方根或平方根的倒数。

Squeeze：从多维信号中删除单一维度。

Trigonometric Function：指定应用于输入信号的三角函数。

Unary Minus：对输入求反。

Vector Concatenate、Matrix Concatenate：串联相同数据类型的输入信号以生成连续输出信号。

Weighted Sample Time Math：加权采样时间，支持涉及采样时间的计算。

8. Messages & Events（消息和事件）

Hit Crossing：检测穿越点。

Message Merge：合并邮件路径。

Queue：将消息和实体排队。

Receive：接收消息。

Send：创建并发送消息。

Sequence Viewer：显示模拟过程中块之间的消息、事件、状态、转换和功能。

9. Model Verification（模型验证）

Assertion：检查信号是否为零。

Check Dynamic Gap：检查信号振幅范围内是否存在宽度可能变化的间隙。

Check Dynamic Range：检查信号是否在随时间步长变化的振幅范围内。

Check Static Gap：检查间隙是否在信号的振幅范围内。

Check Static Range：检查信号是否在固定振幅范围内。

Check Discrete Gradient：检查离散信号连续样本之间的差值绝对值是否小于规定值。

Check Dynamic Lower Bound：检查一个信号是否总是小于另一个信号。

Check Dynamic Upper Bound：检查一个信号是否总是大于另一个信号。

Check Input Resolution：检查输入信号是否具有指定的分辨率。

Check Static Lower Bound：检查信号是否大于（或可选地等于）静态下限。

Check Static Upper Bound：检查信号是否小于（或可选地等于）静态上限。

10. Model-Wide Utilities（模型扩充模块）

Block Support Table：查看 Simulink 块的数据类型支持。

DocBlock：创建用以说明模型的文本并随模型保存文本。

Model Info：显示模型属性和模型中的文本。

Timed-Based Linearization：在特定时间在基本工作空间中生成线性模型。

Trigger-Based Linearization：触发时在基本工作空间中生成线性模型。

11. Ports and Subsystems（端口及子系统）

Configurable Subsystem：表示从用户指定的模块库中选择的任何模块。

Enable：将使能端口添加到子系统或模型。

Enabled Subsystem：由外部输入使能执行的子系统。

Enabled and Triggered Subsystem：由外部输入使能和触发执行的子系统。

For Each Subsystem：对输入信号或封装参数的每个元素或子数组都执行一遍运算，再将运算结果串联起来的子系统。

For Iterator Subsystem：在仿真时间步期间重复执行的子系统。

Function-Call Feedback：涉及函数调用块之间数据信号的锁存中断反馈回路。

Function-Call Generator：提供函数调用事件来控制子系统或模型的执行。

Function-Call Split：提供连接点用于拆分函数调用信号线。

Function-Call Subsystem：执行由外部函数调用输入控制的子系统。

If：使用类似于 if-else 语句的逻辑选择子系统执行。

If Action Subsystem：执行由 If 模块使能的子系统。

In Bus Element：从外部端口选择输入。

Inport：为子系统或外部输入创建输入端口。

Model：引用另一个模型来创建模型层次结构。

Out Bus Element：指定连接到外部端口的输出。

Outport：为子系统或外部输出创建输出端口。

Resettable Subsystem：其块状态通过外部触发器重置的子系统。

Subsystem、Atomic Subsystem、CodeReuse Subsystem：对各模块进行分组以创建模型层次结构。

Switch Case：使用类似于 switch 语句的逻辑选择子系统执行。

Switch Case Action Subsystem：由 Switch Case 模块启用其执行的子系统。

Trigger：向子系统或模型添加触发器或函数端口。

Triggered Subsystem：由外部输入触发执行的子系统。

Unit System Configuration：限制单位为指定的允许单位制。

While Iterator Subsystem：在仿真时间步期间重复执行的子系统。

Variant Subsystem、Variant Model：可变子系统、变体模型，包含 Subsystem 模块或 Model 模块作为变体选择项的模板子系统。

12.　Signal Attributes（信号属性）

Bus to Vector：将虚拟总线转换为向量。

Data Type Conversion：将输入信号转换为指定的数据类型。

Data Type Conversion Inherited：使用继承的数据类型和定标将一种数据类型转换为另一种数据类型。

Data Type Duplicate：强制所有输入为相同的数据类型。

Data Type Propagation：根据参考信号中的信息设置传播信号的数据类型和缩放比例。

Data Type Scaling Strip：删除缩放并映射到内置整数。

IC：设置信号的初始值。

Probe：输出信号属性，包括宽度、维度、采样时间和复杂信号标志。

Rate Transition：处理以不同速率运行的模块之间的数据传输。

Signal Conversion：将信号转换为新类型，而不改变信号值。

Signal Specification：指定信号所需的维度、采样时间、数据类型、数值类型和其他属性。

Unit Conversion：转换单位。

Weighted Sample Time：支持涉及采样时间的计算。

Width：输出输入矢量的宽度。

13.　Signal Routing（信号路由）

Bus Assignment：替换指定的总线元素。

Bus Creator：根据输入元素创建总线。

Bus Selector：从传入总线中选择元素。

Data Store Memory：定义数据存储。

Data Store Read：从数据存储中读取数据。

Data Store Write：向数据存储中写入数据。

Demux：提取并输出虚拟向量信号的元素。

Environment Controller (Removed)：创建仅适用于模拟或仅适用于代码生成的框图分支。

From：接收来自 Goto 模块的输入。

Goto：将模块输入传递给 From 模块。

Goto Tag Visibility：定义 Goto 模块标记的作用域。

Index Vector：基于第一个输入的值在不同输入之间切换输出。

Manual Switch：在两个输入之间切换。

Manual Variant Sink：在输出端的多个变体选择项之间切换。

Manual Variant Source：在多个输入变量选项之间切换。

Merge：将多个信号合并为一个信号。

Multiport Switch：基于控制信号选择输出信号。

Mux：将相同数据类型和复/实性的输入信号合并为虚拟向量。

Parameter Writer：写入模型实例参数。

Selector：从向量、矩阵或多维信号中选择输入元素。

State Reader：读取块状态。

State Writer：写入块状态。

Switch：将多个信号合并为一个信号。

Variant Sink：使用变体（Variant）在多个输出之间路由。

Variant Source：使用变体（Variant）在多个输入之间路由。

Vector Concatenate、Matrix Concatenate：串联相同数据类型的输入信号以生成连续输出信号。

14. Sinks（接收器）

Display：显示输入的值。

Floating Scope：浮动示波器，显示仿真过程中生成的信号，无信号线。

Out Bus Element：指定连接到外部端口的输出。

Outport：为子系统或外部输出创建输出端口。

Record：将数据记录到工作区、文件或两者。

Scope：显示仿真过程中生成的信号。

Stop Simulation：当输入为非零值时使仿真停止。

Terminator：终止未连接的输出端口。

To File：将数据写入文件。

To Workspace：将数据写入工作区。

XY Graph：使用 MATLAB 图窗窗口显示信号的 X-Y 图。

15. Sources（源）

Band-Limited White Noise：在连续系统中引入白噪声。

Chirp Signal：生成频率不断增加的正弦波。

Clock：显示并提供仿真时间。

Constant：生成常量值。

Counter Free-Running：进行累加计数并在达到指定位数的最大值后溢出归零。

Counter Limited：进行累加计数，并在输出达到指定的上限后绕回到 0。

Digital Clock：以指定的采样间隔输出仿真时间。

Enumerated Constant：生成枚举常量值。

From File：从 MAT 文件加载数据。

From Spreadsheet：从电子表格读取数据。

From Workspace：将信号数据从工作区加载到 Simulink 模型中。

Ground：将未连接的输入端口接地。

In Bus Element：从外部端口选择输入。

Inport：为子系统或外部输入创建输入端口。

Pulse Generator：按固定间隔生成方波脉冲。

Ramp：生成持续上升或下降的信号。

Random Number：生成正态分布的随机数。

Repeating Sequence：生成任意形状的周期信号。

Repeating Sequence Interpolated：输出离散时间序列并重复，从而在数据点之间插值。

Repeating Sequence Stair：输出并重复离散时间序列。

Signal Builder：创建和生成可互换的分段线性波形信号组。

Signal Editor：显示、创建、编辑和切换可互换方案。

Signal Generator：生成各种波形。

Sine Wave：使用仿真时间作为时间源以生成正弦波。

Step：生成阶跃函数。

Uniform Random Number：生成均匀分布的随机数。

Waveform Generator：使用信号符号输出波形。

16．String（字符串）

ASCII to String：ASCII 到字符串信号。

Compose String：根据指定的格式和输入信号组合输出字符串信号。

Scan String：扫描输入字符串并按指定格式转换为信号。

String Compare：比较两个输入字符串。

String Concatenate：串联各个输入字符串以形成一个输出字符串。

String Constant：输出指定的字符串。

String Contains：确定字符串是否包含、以模式开始或以模式结束。

String Count：统计字符串中模式的出现次数。

String Find：返回模式字符串第一次出现的索引。

String Length：输出输入字符串中的字符数。

String to ASCII：将字符串信号转换为 ASCII。

String to Double：将字符串信号转换为双精度信号。

String to Enum：将字符串信号转换为枚举信号。

String to Single：将字符串信号转换为单个信号。

Substring Extract：输入字符串信号中的子字符串。

To String：将输入信号转换为字符串信号。

17．User-Defined Functions（用户定义函数）

C Caller：在 Simulink 中集成 C 代码。

C Function：集成并调用 Simulink 模型中的外部 C 代码。

Function Caller：调用 Simulink 或导出的 Stateflow 函数。

Initialize Function：在发生模型初始化事件时执行内容。

Interpreted MATLAB Function：将 MATLAB 函数或表达式应用于输入。

Level-2 MATLAB S-Function：在模型中使用 2 级 MATLAB S-Function。

MATLAB Function：将 MATLAB 代码包含在生成可嵌入式 C 代码的模型中。

MATLAB System：在模型中包含 System Object。

Reset Function：对模型重置事件执行子系统。

S-Function：在模型中包含 S-Function。

S-Function Builder：集成 C 或 C++代码以创建 S-Function。

Simulink Function：使用 Simulink 模块定义的函数。

Terminate Function：在模型终止事件上执行子系统。

18. Additional Math and Discrete（附加数学和离散）

Fixed-Point State-Space：实现离散时间状态空间。

Transfer Fcn Direct Form Ⅱ：实现传递函数的直接形式Ⅱ。

Transfer Fcn Direct Form Ⅱ Time Varying：实现传递函数的时变直接形式Ⅱ。

Decrement Real World：将信号的真实值减 1。

Decrement Stored Integer：将信号的存储整数值递减 1。

Decrement Time to Zero：依据采样时间减少信号的真实值，但仅减至 0。

Decrement to Zero：将信号的真实值减 1，但仅为 0。

Increment Real World：将信号的真实值加 1。

Increment Stored Integer：将信号的存储整数值加 1。

1.4.2 Specialized Power System 模块库

根据 MATLAB 的帮助，简要介绍 Specialized Power System 模块库中模块的功能。

1. Electrical Sources and Elements（电源和元件）

AC Current Source：正弦电流源。

AC Voltage Source：正弦电压源。

Battery：通用电池模型。

Controlled Current Source：可控电流源。

Controlled Voltage Source：可控电压源。

DC Voltage Source：直流电压源。

Three-Phase Programmable Voltage Source：振幅、相位、频率和谐波可随时间变化的三相可编程电压源。

Three-Phase Source：具有内部 R-L 阻抗的三相电源。

Linear Transformer：两绕组或三绕组线性变压器。

Grounding Transformer：三相接地变压器，三相四线制系统带中性点。

Saturable Transformer：两绕组或三绕组饱和变压器。

Multi-Winding Transformer：带抽头的多绕组变压器。

Three-Phase Auto Transformer With Tertiary Winding：带平衡绕组的三相自耦变压器。

Three-Phase Tap-Changing Transformer (Three-Windings)：三相带抽头变压器（三绕组）。

Three-Phase Tap-Changing Transformer (Two-Windings)：三相带抽头变压器（两绕组）。

Three-Phase Transformer (Three Windings)：可配置绕组连接的三相变压器（三绕组）。

Three-Phase Transformer (Two Windings)：可配置绕组连接的三相变压器（两绕组）。

Three-Phase Transformer 12 Terminals：三个单相双绕组变压器，12 个端子。

Three-Phase Transformer Inductance Matrix Type (Three Windings)：可配置绕组连接和铁心几何结构的三相三绕组变压器。

Three-Phase Transformer Inductance Matrix Type (Two Windings)：可配置绕组连接和铁心几何结构的三相双绕组变压器。

Zigzag Phase-Shifting Transformer：可配置二次绕组连接的曲折移相变压器。

Three-Phase OLTC Regulating Transformer (Phasor Type)：三相有载调压变压器（相量模型）。

Three-Phase OLTC Phase Shifting Transformer Delta-Hexagonal (Phasor Type)：使用三角形六角图连接的三相有载调压移相变压器（相量模型）。

Variable-Ratio Transformer：变比双绕组理想变压器。

PI Section Line：具有集中参数的传输线。

Distributed Parameters Line：具有集中损耗的 N 相分布参数输电线路模型。

Three-Phase PI Section Line：具有集中参数的三相输电线路。

Distributed Parameters Line (Frequency-Dependent)：具有频率相关参数的分布参数线性模型。

Decoupling Line：单相解耦分布式参数线路。

Decoupling Line (Three-Phase)：三相解耦分布式参数线路。

Nonlinear Inductor：离散非线性电感器。

Nonlinear Resistor：离散非线性电阻器。

Series RLC Branch：线性串联 RLC 分支。

Series RLC Load：线性串联 RLC 负载。

Parallel RLC Branch：线性并联 RLC 分支。

Parallel RLC Load：线性并联 RLC 负载。

Mutual Inductance：具有相互耦合的电感。

Three-Phase Harmonic Filter：使用 RLC 元件的四种类型的三相谐波滤波器。

Three-Phase Dynamic Load：三相动态负载，有功功率和无功功率是电压的函数或由外部输入控制。

Three-Phase Series RLC Branch：三相串联 RLC 支路。

Three-Phase Series RLC Load：可配置连接方式的三相串联 RLC 负载。

Three-Phase Parallel RLC Branch：三相并联 RLC 支路。

Three-Phase Parallel RLC Load：可配置连接方式的三相并联 RLC 负载。

Three-Phase Mutual Inductance Z1-Z0：相间耦合的三相阻抗。

Variable Capacitor：离散可变电容器。

Variable Inductor：离散可变电感器。

Variable Resistor：离散可变电阻器。

Breaker：电流过零时断开断路器。

Three-Phase Breaker：电流过零时断开三相断路器。

Three-Phase Fault：可配置相间故障和相对地故障断路器。

Ground：接地连接。

Neutra：电路的中性点。

Surge Arrester：金属氧化物避雷器。

2. Motors and Generators（电动机和发电机）

AC1A Excitation System：IEEE AC1A 型励磁系统模型。

AC4A Excitation System：IEEE AC4A 型励磁系统模型。

AC5A Excitation System：IEEE AC5A 型励磁系统模型。

DC1A Excitation System：IEEE DC1A 型励磁系统模型。

DC2A Excitation System：IEEE DC2A 型励磁系统模型。

Excitation System：为同步电机提供励磁系统，并在发电模式下调节其端电压。

ST1A Excitation System：IEEE ST1A 型励磁系统模型。

ST2A Excitation System：IEEE ST2A 型励磁系统模型。

Asynchronous Machine：三相异步电机（也称为感应电机）的动态模型，单位为 SI 或 pu。

DC Machine：励磁绕组或永磁直流电机。

Generic Power System Stabilizer：同步电机通用稳定器。

Hydraulic Turbine and Governor：水轮机和比例积分微分（PID）调速器模型。

Multiband Power System Stabilizer：多频带电力系统稳定器。

Permanent Magnet Synchronous Machine：具有正弦或梯形反电动势的三相永磁同步电机，或具有正弦反电动势的五相永磁同步电机。

Simplified Synchronous Machine：三相同步电机的简化动态模型。

Single Phase Asynchronous Machine：笼型转子单相异步电机模型。

Steam Turbine and Governor：调速器、汽轮机和多质量轴的动态模型。

Stepper Motor：步进电动机模型。

Switched Reluctance Motor：开关磁阻电动机的动态模型。

Synchronous Machine SI Fundamental：使用国际单位制的三相隐极或凸极同步电机模型。

Synchronous Machine pu Fundamental：基于 pu 单位的三相隐极或凸极同步电机模型。

Synchronous Machine pu Standard：使用标准参数（pu 单位）的三相隐极或凸极同步电机模型。

3. Power Electronics（电力电子）

Diode：二极管模型。

GTO：门极关断（GTO）晶闸管模型。

Ideal Switch：理想开关。

IGBT：绝缘栅型双极晶体管（IGBT）。

IGBT/Diode：理想的 IGBT、GTO 或 MOSFET 及反并联二极管。

MOSFET：MOSFET 模型。

Three-Level Bridge：可选拓扑结构和功率开关器件的中性点钳位（NPC）三电平功率转换器。

Thyristor：晶闸管模型。

Universal Bridge：可选拓扑结构和电力电子器件的通用电力转换器。

Full-Bridge Converter：全桥功率转换器。

Full-Bridge MMC：全桥模块化多电平转换器。

Full-Bridge MMC (External DC Links)：带外部直流连接的全桥 MMC 功率转换器。

Half-Bridge Converter：半桥功率转换器。

Half-Bridge MMC：半桥模块化多电平转换器。

Three-Level NPC Converter：三相三电平中性点钳位（NPC）功率转换器。

Two-Level Converter：三相两电平功率转换器。

Two-Quadrant DC/DC Converter：两象限 DC/DC 功率转换器。

4. Sensors and Measurements（传感器和测量）

Voltage Measurement：测量电路中的电压。

Current Measurement：测量电路中的电流。

Three-Phase V-I Measurement：测量电路中的三相电流和电压。

Multimeter：测量仿真模型对话框中指定的电压和电流。

Impedance Measurement：测量电路阻抗。

Digital Flickermeter：IEC 61000-4-15 标准所述的数字表。

Fourier：对信号进行傅里叶分析。

Frequency (Phasor)：测量信号频率。

Fundamental (PLL-Driven)：计算信号的基波值。

Mean：计算信号的平均值。

Mean (Phasor)：计算指定频率一个周期窗口内输入相量的平均值。

Mean (Variable Frequency)：计算信号的平均值。

PMU (PLL-Based, Positive-Sequence)：使用锁相环的相量测量。

Positive-Sequence (PLL-Driven)：计算基频下三相信号的正序分量。

Power：计算基频下电压-电流的有功功率和无功功率。

Power (3ph, Instantaneous)：计算三相瞬时有功和无功功率。

Power (3ph, Phasor)：使用三相电压和电流相量计算三相有功和无功功率。

Power (PLL-Driven, Positive-Sequence)：计算正序有功和无功功率。

Power (Phasor)：使用电压和电流相量计算有功和无功功率。

Power (Positive-Sequence)：计算正序有功和无功功率。

Power (dq0, Instantaneous)：计算三相瞬时有功和无功功率。

RMS：计算信号的真均方根（RMS）值。

Sequence Analyze：计算三相信号的正序、负序和零序分量。

Sequence Analyzer (Phasor)：计算三相相量信号的序分量（正、负和零）。

THD：计算信号的总谐波失真（THD）。

5. Control and Signal Generation（控制和信号生成）

Overmodulation：将 3 次谐波或 3 次谐波零序信号添加到三相信号。

Pulse Generator (Thyristor)：十二脉冲和六脉冲晶闸管转换器触发脉冲发生器。

PWM Generator (2-Level)：两电平变换器 PWM 脉冲发生器。

PWM Generator (3-Level)：三电平变换器 PWM 脉冲发生器。

PWM Generator (DC-DC)：DC-DC 转换器 PWM 脉冲发生器。

PWM Generator (Interpolation)：基于载波的单极 PWM 脉冲发生器。

PWM Generator (Multilevel)：模块化多电平转换器 PWM 脉冲发生器。

PWM Generator (Pulse Averaging)：基于载波的 PWM 脉冲发生器。

Sawtooth Generator：按规则间隔的锯齿波发生器。

Stair Generator：按指定时间变化的信号发生器。

SVPWM Generator (2-Level)：两电平变流器 SVPWM 脉冲发生器。

SVPWM Generator (3-Level)：三电平变流器 SVPWM 脉冲发生器。

Three-Phase Programmable Generator：振幅、相位、频率和谐波随时间变化的三相信号。

Three-Phase Sine Generator：由输入控制振幅、相位和频率的三相正弦信号发生器。

Triangle Generator：按规则间隔的对称三角形发生器。

Alpha-Beta-Zero to dq0, dq0 to Alpha-Beta-Zero：从 αβ0 静止坐标系变换到 dq0 旋转坐标系、从 dq0 旋转坐标系变换到 αβ0 静止坐标系。

abc to Alpha-Beta-Zero, Alpha-Beta-Zero to abc：从 abc 静止坐标系变换到 αβ0 静止坐标系、从 αβ0 静止坐标系变换到 abc 静止坐标系。

abc to dq0, dq0 to abc：从三相 abc 坐标系变换到 dq0 旋转坐标系、从 dq0 旋转坐标系变换到三相 abc 坐标系。

First-Order Filter：一阶滤波器。

Lead-Lag Filter：一阶超前-滞后滤波器。

Second-Order Filter：二阶滤波器。

Second-Order Filter (Variable-Tuned)：二阶可变调谐滤波器。

PLL：锁相环（确定信号相位和频率）。

PLL（3ph）：三相锁相环（确定三相信号相位和频率）。

Bistable：优先 SR 触发器（双稳态多谐振荡器）。

Edge Detector：检测逻辑信号状态的变化。

Monostable：单稳态触发器（单稳态多谐振荡器）。

On/Off Delay：接通或断开延迟。

Sample and Hold：采样保持。

Discrete Shift Register：串入并出移位寄存器。

Discrete Variable Time Delay：变时间延迟。

6. Electric Drives（电气传动）

Battery：通用电池模型。

Fuel Cell Stack：通用氢燃料电池堆模型。

Supercapacitor：超级电容器模型。

7. Renewable Energy Systems（可再生能源系统）

PV Array Implement PV array modules：光伏阵列模块。

8. Interface to Simscape（Simscape 接口）

Current-Voltage Simscape Interface：可控电流源和可控电压源的连接，电流源两端的电压控制电压源电压，流过电压源的电流控制电流源电流。

Current-Voltage Simscape Interface (gnd)：可控电流源和可控电压源的连接，电流源两端

的电压控制电压源电压，流过电压源的电流控制电流源电流（地）。

　　Voltage-Current Simscape Interface：可控电压源和可控电流源的连接，流过电压源的电流控制电流源电流，电流源两端的电压控制电压源电压。

　　Voltage-Current Simscape Interface (gnd)：可控电压源和可控电流源的连接，流过电压源的电流控制电流源电流，电流源两端的电压控制电压源电压（地）。

　　Powergui：图形用户界面。

　　Load Flow Bus：识别并参数化负载潮流。

1.5　转速、电流双闭环系统仿真

　　命令窗口输入"dc3_example"并执行，或打开示例"DC3-Two-Quadrant Three-Phase Rectifier 200 HP DC Drive"（路径：Simscape Electrical/Specialized Power Systems/Electric Drives），如图 1-37 所示，对原模型稍做修改，将左上角的"Torque reference"修改为"Speed reference"（速度参考输入）。

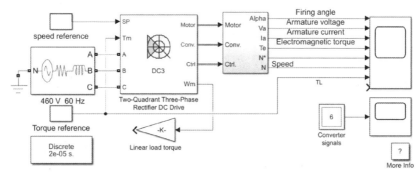

图 1-37　直流电动机转速、电流双闭环控制系统仿真模型

　　原模型的负载转矩修改为阶跃变化的负载转矩。图 1-38 为"Two-Quadrant Three-Phase Rectifier DC Drive"模块内部结构。"Speed controller"（速度控制器）模块内部结构如图 1-39 所示，速度参考输入经过变化率限制和限幅后作为速度控制器的速度给定，速度控制器采用 PI 调节器。"Current controller"（电流调节器）模块内部结构如图 1-40 所示，电流 PI 调节器的输出经反余弦函数、弧度转角度变换得到的角度，加上前馈控制的角度，得到脉冲的相位。

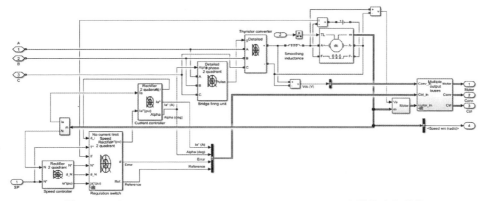

图 1-38　"Two-Quadrant Three-Phase Rectifier DC Drive"模块内部结构

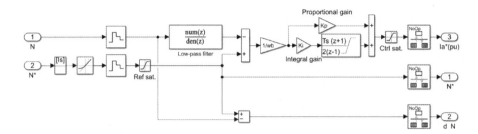

图 1-39　"Speed controller"模块内部结构

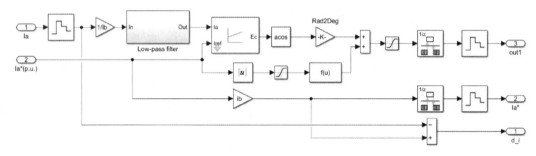

图 1-40　"Current controller"模块内部结构

"Regulation switch"模块用于选择转速、电流双闭环控制还是单转矩反馈控制。双击 "Two-Quadrant Three-Phase Rectifier DC Drive",打开如图 1-41 所示参数设置对话框,选择转速、电流双闭环控制。仿真波形如图 1-42 所示,图中从上到下分别为速度给定(Speed*)、速度(Speed)、电枢电流给定(Current Reference)、电枢电流(Current)、电动机负载转矩(TL)波形。可见负载转矩 TL 在 7s 时阶跃增加、14s 时阶跃下降。图中显示电动机转速准确跟随速度给定、电枢电流准确跟随电流给定。

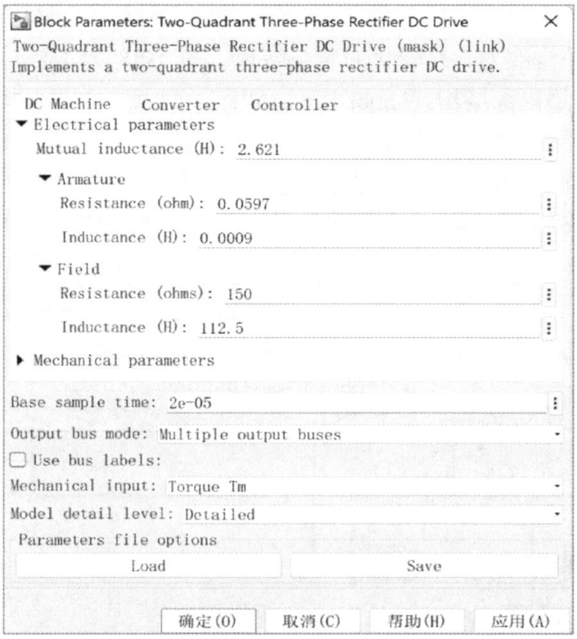

图 1-41　"Two-Quadrant Three-Phase Rectifier DC Drive"模块参数设置对话框

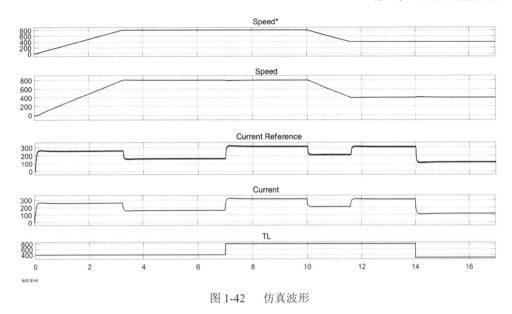

图 1-42 仿真波形

思考题与习题

1.1 晶闸管整流器输出脉动的直流电压，V-M 系统如何减少电动机电枢电流的脉动量？晶闸管整流器是电力系统的非线性负载，晶闸管整流器对电力系统的影响有哪些？如何减少影响？

1.2 检测电动机转速的传感器有哪些？精度是多少？检测电枢电流的传感器有哪些？精度是多少？

1.3 双闭环调速系统的 ASR 和 ACR 均为 PI 调节器，设转速最大给定电压 $U_{nm}^* = 15V$，转速调节器输出限幅值 $U_{im}^* = 15V$。电动机参数：$n_N = 1500r/min$，$I_N = 20A$，电流过载倍数为 2，电枢回路总电阻 $R = 2\Omega$，$C_e = 0.127V \cdot min/r$。触发整流环节放大倍数 $K_s = 20$。

1）当系统稳定运行在 $U_n^* = 5V$、$I_{dL} = 10A$ 时，n、U_n、U_i^*、U_i、U_c 的值是多少？

2）电动机堵转时，U_i^* 和 U_c 的值是多少？

1.4 双闭环 V-M 系统，电流过载倍数为 2，电动机拖动恒转矩负载在额定工作点正常运行，供电交流电压上升 5%。重新进入稳态，n、U_{d0}、U_i^*、I_d、U_c 的值如何变化？

1.5 单位负反馈闭环控制系统被控对象的传递函数 $W_{obj}(s) = \dfrac{10}{0.01s + 1}$，设计调节器的结构和参数，使系统为无静差系统，阶跃输入的超调量 $\sigma \leqslant 5\%$（按线性系统设计）。

1.6 单位负反馈闭环控制系统被控对象的传递函数 $W_{obj}(s) = \dfrac{10}{s(0.02s + 1)}$，设计调节器的结构和参数，使系统为典型 II 型系统，阶跃输入的超调量 $\sigma \leqslant 30\%$（按线性系统设计）。

1.7 转速、电流双闭环 PWM 系统，PWM 变流器的开关频率为 8kHz。电动机的额定参数：$P_N = 60kW$，$U_N = 220V$，$I_N = 308A$，$n_N = 1000r/min$，电动势系数 $C_e = 0.196V \cdot min/r$，电枢回路总电阻 $R = 0.1\Omega$，变流器的放大倍数 $K_s = 35$。电磁时间常数 $T_L = 0.01s$，机电时间常数 $T_m = 0.12s$，电流反馈滤波时间常数 $T_{oi} = 0.0025s$，速度反馈滤波时间常数 $T_{on} = 0.015s$。额

定转速时的给定电压 $U_n^* = 10V$ ，两个调节器的限幅值 $U_{im}^* = U_{cm} = 8V$ 。设计指标：稳态无静差，调速范围 D=10，电流超调量 $\sigma_i \leqslant 5\%$ ，空载起动到额定转速时的转速超调量 $\sigma_n \leqslant 15\%$ 。求：

1）确定电流反馈系数 β （过载倍数为 1.5）和转速反馈系数 α 。

2）设计电流调节器，选择电阻、电容的值，画出调节器电路图，设 R_0=40kΩ。

3）设计转速调节器，选择电阻、电容的值，设 R_0=40kΩ。

4）计算电机带 40%额定负载起动到最低转速时的超调量。

1.8 转速、电流双闭环 V-M 系统，主电路采用三相桥式整流电路。电动机的额定参数：$P_N = 500kW$ ， $U_N = 750V$ ， $I_N = 760A$ ， $n_N = 375r/min$ ，电动势系数 $C_e = 1.82V \cdot min/r$ ，电枢回路总电阻 $R = 0.14\Omega$ ，电动机过载倍数为 1.5，变流器的放大倍数 $K_s = 75$ 。电磁时间常数 $T_L = 0.031s$ ，机电时间常数 $T_m = 0.112s$ ，电流反馈滤波时间常数 $T_{oi} = 0.002s$ ，速度反馈滤波时间常数 $T_{on} = 0.02s$ 。额定转速时的给定电压 $U_{nm}^* = U_{im}^* = U_{nm} = 10V$ ，调节器输入电阻 R_0=40kΩ。设计指标：稳态无静差，电流超调量 $\sigma_i \leqslant 5\%$ ，空载起动到额定转速时的转速超调量 $\sigma_n \leqslant 10\%$ 。电流调节器已按典型 I 型系统设计，$KT=0.5$ 。

1）选择转速调节器的结构，计算其参数。

2）计算电流环截止频率和转速环截止频率，判断是否合理。

1.9 城市自来水公司的供水水压不能满足高楼供水的要求，高楼供水需要增加水压，控制水压的水柱高度为高楼的高度。画出高楼供水水压控制系统原理图，假设采用直流电动机拖动增压水泵。

第2章 交流异步电动机调速系统

内容提要： 异步电动机的等效电路、机械特性和调速方法，变电压调速系统，变频调速电压频率协调控制规律，开环变频变压调速系统；三相坐标系下的异步电动机动态数学模型，坐标变换，αβ 坐标系下、dq 坐标系下的异步电动机动态数学模型；异步电动机矢量控制系统和直接转矩控制系统及其仿真。

2.1 基于稳态模型的异步电动机调速系统

相对于直流电动机，交流电动机具有结构简单、成本低、安装环境要求低等优点，尤其适合大容量、高转速应用领域。随着技术的进步，在很多领域交流调速系统已取代直流调速系统。

2.1.1 异步电动机的机械特性和调速方法

1. 异步电动机的机械特性

分析异步电动机的机械特性时，假设：①忽略时间和空间谐波，②忽略磁饱和，③忽略铁损。异步电动机三相对称，大容量三相异步电动机的每相等效电路及简化等效电路如图 2-1a、b 所示。图中 $\dot{U}_s$ 为相电压相量，ω_1 为定子电压角频率，$\omega_1 = 2\pi f_1$，f_1 为定子电压频率，R_s、R'_r 分别为定子每相绕组电阻和折合到定子侧的转子每相绕组电阻，L_{ls}、L'_{lr} 分别为定子每相绕组漏感和折合到定子侧的转子每相绕组漏感，L_m 为励磁电感，$\dot{I}_s$、$\dot{I}'_r$ 分别为定子相电流相量和折合到定子侧的转子相电流相量。转差率 $s = (n_1 - n)/n_1$，其中 n_1 为旋转磁场的同步机械转速，$n_1 = 60 f_1 / n_p$，n_p 为极对数，n 为转子的机械转速，n_1、n 单位为转/分（r/min）。电感单位为亨利（H），电压单位为伏特（V），电流单位为安培（A），电阻单位为欧姆（Ω）。E_g 为气隙磁通 Φ_m 的感应电动势，E_s 为定子全磁通 Φ_{ms} 的感应电动势，E'_r 为转子全磁通 Φ'_{mr} 的感应电动势。定子全磁通 Φ_{ms} 等于气隙磁通加定子漏磁通（L_{ls} 对应磁通），转子全磁通 Φ'_{mr} 等于气隙磁通加转子漏磁通折算到定子的值（L'_{lr} 对应磁通）。感应电动势与对应磁通的大小关系为

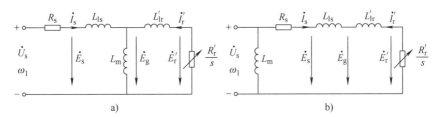

图 2-1 三相异步电动机每相等效电路及简化等效电路

$$E_g = 4.44 f_1 N_s k_{Ns} \Phi_m \tag{2-1}$$

$$E_s = 4.44 f_1 N_s k_{Ns} \Phi_{ms} \tag{2-2}$$

$$E_r' = 4.44 f_1 N_s k_{Ns} \Phi_{mr} \tag{2-3}$$

式中，N_s 为绕组匝数；k_{Ns} 为绕组系数。图 2-1b 中，三相异步电动机的电阻 R_r'/s 消耗的功率是异步电动机定子传递给转子的电磁功率 P_m，除以旋转磁场的同步机械角速度 ω_{m1}，$\omega_{m1}=\omega_1/n_p$，可得异步电动机电磁转矩为

$$T_e = \frac{P_m}{\omega_{m1}} = 3I_r'^2 \frac{R_r'}{s} \frac{n_p}{\omega_1} = \frac{3n_p U_s^2 R_r' s}{\omega_1 \left[\left(sR_s + R_r' \right)^2 + s^2 \omega_1^2 \left(L_{ls} + L_{lr}' \right)^2 \right]}$$

$$= 3n_p \left(\frac{U_s}{\omega_1} \right)^2 \frac{s\omega_1 R_r'}{\left(sR_s + R_r' \right)^2 + s^2 \omega_1^2 \left(L_{ls} + L_{lr}' \right)^2} \tag{2-4}$$

式（2-4）为异步电动机机械特性方程式，对应的曲线如图 2-2 所示，第一、二象限电动机正转，第三、四象限电动机反转，改变任意两相电压相序电动机反转。第三、四象限的机械特性曲线与第一、二象限的机械特性曲线关于原点对称。额定电压 U_{sN}、额定角频率 ω_{1N} 的机械特性称为固有特性。式（2-4）对 s 求导，令导数等于 0，求出最大转矩 T_{em}（又称临界转矩）的转差率 s_m，称为临界转差率，即

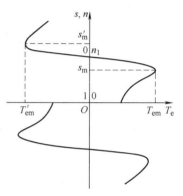

图 2-2 异步电动机的机械特性曲线

$$s_m = \pm \frac{R_r'}{\sqrt{R_s^2 + \omega_1^2 \left(L_{ls} + L_{lr}' \right)^2}}$$

$$T_{em} = \pm \frac{3n_p U_s^2}{2\omega_1 \left[\pm R_s + \sqrt{R_s^2 + \omega_1^2 \left(L_{ls} + L_{lr}' \right)^2} \right]} \tag{2-5}$$

上述两式正号对应第一象限，负号对应第二象限。s 较小时，忽略式（2-4）分母中的 s 项，可得

$$T_e \approx \frac{3n_p U_s^2 s}{\omega_1 R_r'} \propto s \tag{2-6}$$

s 较小时，转矩与 s 成正比，机械特性近似为一段直线。s 较大时，忽略式（2-4）分母中 s 的零次项和一次项，可得

$$T_e \approx \frac{3n_p U_s^2 R_r'}{\omega_1 s \left[R_s^2 + \omega_1^2 \left(L_{ls} + L_{lr}' \right)^2 \right]} \propto \frac{1}{s} \tag{2-7}$$

s 较大时，转矩与 s 成反比，机械特性近似为一段双曲线。s 为以上两段之间值时，机械特性从直线段逐渐过渡到双曲线段。

2. 异步电动机的调速方法

异步电动机转子转速 n 为

$$n = (1-s)n_1 = (1-s)\frac{60 f_1}{n_p} \tag{2-8}$$

由式（2-8）可知，按改变参数的不同，调速方法有 3 种：变极对数 n_p 调速、变频 f_1 调

速、变转差率 s 调速。变转差率调速又分为转子电路串电阻调速、改变定子电压调速、滑差电动机调速、绕线转子异步电动机双馈调速。定子传递给转子的电磁功率 P_m，一部分转换为机械功率 $P_{mech}=(1-s)P_m$，机械功率由轴输出；另一部分转换为转差功率 $P_s=sP_m$。按对待转差功率的不同，调速方法有 3 类：转差功率不变型、转差功率馈送型、转差功率消耗型。变极对数调速和变频调速属于转差功率不变型调速，无论电动机高速还是低速，转差功率不变。双馈调速属于转差功率馈送型调速，转差功率回送给电网。其他改变参数的调速方法属于转差功率消耗型调速，此类调速消耗更多转差功率获得转速的降低，效率低。

3. 异步电动机变压调速系统

由式（2-4）可知，改变定子电压有效值可改变电磁转矩，从而改变电动机转速。晶闸管交流调压电路通过触发脉冲相位控制输出电压有效值，可用于异步电动机变压调速。晶闸管交流调压电路原理在"电力电子技术"课程中学习过。给异步电动机供电的晶闸管交流调压电路如图 2-3 所示，其中图 2-3a 为不可逆电路，图 2-3b 为可逆电路。转速、电流双闭环控制的异步电动机交流调压调速系统框图如图 2-4 所示，详细分析参见文献[2]~[4]。

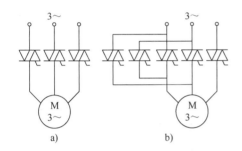

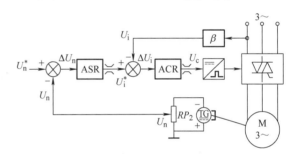

图 2-3 给异步电动机供电的晶闸管　　　　图 2-4 转速、电流双闭环控制的异步电动机
　　　　交流调压电路　　　　　　　　　　　　交流调压调速系统框图

2.1.2 异步电动机变频调速系统

1. 变频调速原理

（1）额定频率 f_{1N}（基频）以下变频调速

为了充分利用铁心，一般希望变频调速时磁通维持在额定磁通不变，如果磁通太弱，电动机的铁心没有充分利用，造成浪费；如果磁通过大，会使铁心饱和，导致励磁电流过大，严重时绕组会过热损坏电动机。由式（2-1）~式（2-3）可得

$$\frac{E_g}{f_1} = 4.44 N_s k_{Ns} \Phi_m \tag{2-9}$$

$$\frac{E_s}{f_1} = 4.44 N_s k_{Ns} \Phi_{ms} \tag{2-10}$$

$$\frac{E_r'}{f_1} = 4.44 N_s k_{Ns} \Phi_{mr}' \tag{2-11}$$

若式（2-9）~式（2-11）等号左边的电动势与频率的比值恒定，则等号右边的 3 种磁通恒定。异步电动机额定工作状态时，电动势和频率为额定值，3 种磁通为各自的额定值。

由图 2-1b 的简化等效电路，求出 3 种感应电动势引起的转子电流折算到定子侧的值为

$$I'_{rs} = \frac{E_s}{\sqrt{\left(\dfrac{R'_r}{s}\right)^2 + \omega_1^2 (L_{ls} + L_{lr})^2}} \tag{2-12}$$

$$I'_{rg} = \frac{E_g}{\sqrt{\left(\dfrac{R'_r}{s}\right)^2 + \omega_1^2 L'^2_{lr}}} \tag{2-13}$$

$$I'_{rr} = \frac{E'_r}{\dfrac{R'_r}{s}} \tag{2-14}$$

将式（2-12）～式（2-14）分别代入式（2-4），可得 3 种磁通恒定（电动势与频率比恒定）时对应的机械特性方程式为

$$T_{es} = \frac{P_m}{\omega_{m1}} = 3I'^2_{rs} \frac{R'_r}{s} \frac{n_p}{\omega_1} = 3n_p \left(\frac{E_s}{\omega_1}\right)^2 \frac{s\omega_1 R'_r}{(sR_s + R'_r)^2 + s^2 \omega_1^2 (L_{ls} + L'_{lr})^2} \tag{2-15}$$

$$T_{eg} = \frac{P_m}{\omega_{m1}} = 3I'^2_{rg} \frac{R'_r}{s} \frac{n_p}{\omega_1} = 3n_p \left(\frac{E_g}{\omega_1}\right)^2 \frac{s\omega_1 R'_r}{R'^2_r + s^2 \omega_1^2 L'^2_{lr}} \tag{2-16}$$

$$T_{er} = \frac{P_m}{\omega_{m1}} = 3I'^2_{rr} \frac{R'_r}{s} \frac{n_p}{\omega_1} = 3n_p \left(\frac{E'_r}{\omega_1}\right)^2 \frac{s\omega_1}{R'_r} \tag{2-17}$$

式（2-4）和式（2-15）～式（2-17）的机械特性曲线第一象限部分如图 2-5 所示，曲线 a 为恒压频比（U_s/ω_1=常数）控制的机械特性曲线，曲线 b 为恒 Φ_{ms}（E_s/ω_1=常数）控制的机械特性曲线，曲线 c 为恒 Φ_m（E_g/ω_1=常数）控制的机械特性曲线，恒 Φ'_{mr}（E'_r/ω_1=常数）控制的机械特性曲线为直线 d，直线 d 与直流电动机机械特性类似。

3 种感应电动势在电动机内部难以检测，恒电动势频率比控制难以实施。定子电阻和漏感的压降很小，可以忽略时，定子电压等于励磁磁通 Φ_m 的感应电动势 E_g。可以用恒压频比控制近似代替恒 E_g/ω_1（恒 Φ_m）控制，恒压频比控制的电压频率协调控制规律如图 2-6 所示曲线 a。低频时，U_s 和 E_g 都较小，定子电阻和漏感压降占比比较显著，不能再忽略。可以人为地适当提高定子电压 U_s，近似地补偿定子阻抗压降，称为低频补偿，也称低频转矩提升。带定子电压补偿恒压频比控制的电压频率协调控制规律如图 2-6 曲线 b 所示。实际应用时，如果负载大小不同，需要补偿的定子电压也不一样，通常控制软件备有不同斜率的补偿特性供用户选择。

基频以下，$U_s/f_1 \approx E_g/f_1 =$ 常数时，磁通恒定，允许流过电动机转子的电流为额定电流，$T_e = C_m \Phi_m I'_r \cos\varphi_r$，转矩恒定，属于恒转矩调速。

（2）额定频率 f_{1N}（基频）以上变频调速

频率从额定频率增加时，受绝缘水平的限制，定子电压不能高于额定电压，只能等于额定电压 U_{sN}。随着频率的上升，励磁磁通下降，低于额定磁通，属于弱磁调速。频率越高，磁通下降得越多。允许流过电动机转子的电流为额定电流，磁通下降，电磁转矩 T_e 下降。电动机减弱磁通，速度增加，即弱磁升速。功率近似不变，近似为恒功率调速。

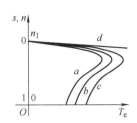
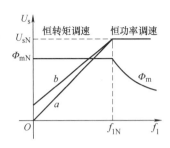

图 2-5 3 种磁通恒定时对应的机械特性曲线（第一象限部分）　图 2-6 变频调速电压频率协调控制规律

2. 恒压频比控制变频调速时的机械特性

（1）基频以下

基频 f_{1N} 以下，转差率很小时，忽略式（2-4）分母中的 s 项，有

$$T_e \approx 3n_p \left(\frac{U_s}{\omega_1} \right)^2 \frac{s\omega_1}{R_r'} \propto s\omega_1 \tag{2-18}$$

$$s\omega_1 \approx \frac{R_r' T_e}{3n_p \left(\dfrac{U_s}{\omega_1} \right)^2} \tag{2-19}$$

带负载时的转速降落 Δn 为

$$\Delta n = sn_1 = \frac{60}{2\pi n_p} s\omega_1 \approx \frac{10 R_r' T_e}{\pi n_p^2} \left(\frac{\omega_1}{U_s} \right)^2 \tag{2-20}$$

当 U_s / ω_1 为恒值时，同一转矩 T_e，Δn 基本不变，即恒压频比控制频率向下调节时，机械特性基本上向下平移，如图 2-7 所示。

第一象限临界转矩改写为

$$T_{em} = \left(\frac{U_s}{\omega_1} \right)^2 \frac{3n_p}{2 \left[\dfrac{R_s}{\omega_1} + \sqrt{\left(\dfrac{R_s}{\omega_1} \right)^2 + (L_{ls} + L_{lr}')^2} \right]} \tag{2-21}$$

临界转矩 T_{em} 随着 ω_1 的降低而减小。当频率较低时，T_{em} 较小，电动机带负载能力下降。采用低频定子电压补偿，低频时适当提高定子电压 U_s，可提高电动机带负载能力。带低频定子电压补偿的恒压频比控制能保持气隙磁通基本

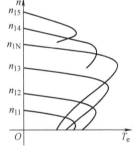

图 2-7 异步电动机恒压频比控制的变频调速机械特性曲线

不变，额定电流不变，允许输出转矩也基本不变，所以基频以下的变频变压调速属于恒转矩调速。

基频以下变压变频调速的转差功率为

$$P_s = sP_m = s \frac{\omega_1}{n_p} T_e \approx \frac{R_r' T_e^2}{3n_p^2 \left(\dfrac{U_s}{\omega_1} \right)^2} \tag{2-22}$$

由式（2-22）可知，转差功率与转速无关，属于转差功率不变型调速方法。

（2）基频以上

基频以上变频调速时，定子电压等于额定电压，即 $U_s = U_{sN}$，机械特性方程式变为

$$T_e = 3n_p U_{sN}^2 \frac{R_r' s}{\omega_1 \left[(sR_s + R_r')^2 + s^2\omega_1^2 (L_{1s} + L_{1r}')^2 \right]} \tag{2-23}$$

第一象限临界转矩为

$$T_{em} = U_{sN}^2 \frac{3n_p}{2\omega_1 \left[R_s^2 + \sqrt{R_s^2 + \omega_1^2 (L_{1s} + L_{1r}')^2} \right]} \tag{2-24}$$

第一象限临界转差率为

$$s_m = \frac{R_r'}{\sqrt{R_s^2 + \omega_1^2 (L_{1s} + L_{1r}')^2}}$$

s 较小时，忽略 T_e 分母中的含 s 项，有

$$T_e \approx 3n_p \frac{U_{sN}^2}{\omega_1} \frac{s}{R_r'} \tag{2-25}$$

$$s\omega_1 \approx \frac{T_e R_r' \omega_1^2}{3n_p U_{SN}^2} \tag{2-26}$$

带负载时的转速降落 Δn 为

$$\Delta n = s n_1 = \frac{60}{2\pi n_p} s\omega_1 \approx \frac{10 R_r' T_e}{\pi n_p^2} \left(\frac{\omega_1}{U_{sN}} \right)^2 \tag{2-27}$$

当角频率 ω_1 提高而电压不变时，同步转速 n_1 随之提高，临界转矩减小，气隙磁通也减弱，由于输出转矩减小而转速升高，允许输出功率基本不变，所以基频以上的变频调速属于弱磁恒功率调速。式（2-27）表明，对于相同的电磁转矩 T_e，ω_1 越大，转速降落越大，机械特性越软。基频以上变频调速的转差功率为

$$P_s = s P_m = s \frac{\omega_1}{n_p} T_e \approx \frac{R_r' T_e^2 \omega_1^2}{3n_p^2 U_{sN}^2} \tag{2--28}$$

带恒功率负载时，功率 $T_e^2 \omega_1^2 =$ 常数，转差功率也基本不变。

3. 变频器

（1）主电路

变频调速需要变频电源，变频器是常用的变频电源，其输出电压或电流的幅值和频率可控，是可控的变压变频（Variable Voltage Variable Frequency，VVVF）交流电压源或可控的变流变频（Variable Variable Frequency，VIVF）交流电流源。常用的交-直-交 PWM 变频器主电路如图 2-8 所示。恒压恒频（Constant Voltage Constant Frequency，CVCF）交流电经二极管整流电路整流得到直流电压，直流电压经 PWM 逆变电路逆变成频率和幅值可控的交流电供给异步电动机。为了避免接触器 KM 接通上电时电解电容 C 电压突变产生冲击电流，KM 接通时 KM_1 断开，R_1 接入直流电路限制电容 C 的充电电流，电容电压快要充满时，KM_1 闭合，切除电阻 R_1。PWM 逆变电路能双向传递能量，异步电动机电动状态时，电能由逆变电路传递给异步电动机，异步电动机回馈制动的能量通过逆变电路回馈到直流侧，直流侧电压上升，称为泵升电压。检测直流侧电压，超过允许值时，VT_0 导通，R_0 消耗直流侧能量，VT_0 和 R_0 串联支路称为泵升电压限制电路。

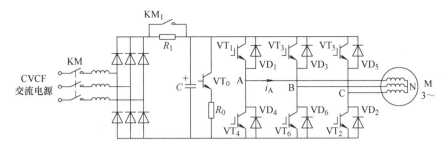

图 2-8 交-直-交 PWM 变频器主电路

（2）PWM 控制技术

逆变电路的 PWM 控制技术在"电力电子技术"课程中学习过，下面简要介绍 3 种 PWM 控制技术：正弦波 PWM（SPWM）、空间矢量 PWM（SVPWM）和定时跟踪 PWM。

1）SPWM。三相正弦调制信号 u_{Ar}、u_{Br}、u_{Cr} 与幅值为 1 的双极性三角波比较，产生 PWM 控制脉冲，三角波的频率是器件的开关频率。以输出端 A 为例，u_{Ar} 大于三角波的值，给 VT_1 导通信号、VT_4 关断信号，i_A 上升，设直流侧电压为 U_d，逆变电路输出端 A 对直流电源中点电压等于 $U_d/2$；u_{Ar} 小于三角波的值，给 VT_4 导通信号、VT_1 关断信号，i_A 下降，输出端 A 对直流电源中点电压等于 $-U_d/2$。

设三相正弦调制信号为

$$\begin{cases} u_{Ar} = \alpha\sin\omega_1 t \\ u_{Br} = \alpha\sin(\omega_1 t - 2\pi/3) \\ u_{Cr} = \alpha\sin(\omega_1 t + 2\pi/3) \end{cases} \tag{2-29}$$

式中，α 为调制度，$0<\alpha<1$。SPWM 控制的电压利用率为 $\sqrt{3}/2$（86.6%），PWM 逆变电路输出三相电压的基波分量为

$$\begin{cases} u_A = \alpha\dfrac{U_d}{2}\sin\omega_1 t \\ u_B = \alpha\dfrac{U_d}{2}\sin(\omega_1 t - 2\pi/3) \\ u_C = \alpha\dfrac{U_d}{2}\sin(\omega_1 t + 2\pi/3) \end{cases} \tag{2-30}$$

直流电压一定时，SPWM 逆变电路输出三相电压基波分量的幅值、频率和相位分别由调制信号的幅值、频率和相位决定。

2）SVPWM。空间矢量 PWM 控制的逆变器电压利用率为 1（100%），设三相调制信号为式（2-29），SVPWM 控制逆变电路时，逆变电路输出三相电压的基波分量为

$$\begin{cases} u_A = \alpha\dfrac{U_d}{\sqrt{3}}\sin\omega_1 t \\ u_B = \alpha\dfrac{U_d}{\sqrt{3}}\sin(\omega_1 t - 2\pi/3) \\ u_C = \alpha\dfrac{U_d}{\sqrt{3}}\sin(\omega_1 t + 2\pi/3) \end{cases} \tag{2-31}$$

直流电压一定时，SVPWM 逆变电路输出三相电压基波分量的幅值、频率和相位分别由调制信号的幅值、频率和相位决定。SPWM 和 SVPWM 控制的逆变电路是基波电压的幅值、频率和相位由调制信号控制的可控交流电压源。

3）定时跟踪 PWM。为了使 A 相输出电流 i_A 跟踪给定电流 $i_{Ar} = I_m \sin\omega_1 t$，定时跟踪 PWM 定时比较输出电流 i_A 与给定电流 i_{Ar}，$i_A < i_{Ar}$，给 VT_1 导通信号、VT_4 关断信号，i_A 上升；$i_A \geqslant i_{Ar}$，给 VT_1 关断信号、VT_4 导通信号，i_A 下降。输出电流 i_A 以折线方式跟踪给定电流 i_{Ar}，i_A 的基波分量等于给定电流 i_{Ar}。跟踪电流的 PWM 逆变电路是可控的交流电流源，其基波电流的幅值、频率和相位分别由给定电流 i_{Ar} 的幅值、频率和相位控制。

4. 转速开环变频调速系统

风力机、水泵等负载的调速要求是在一定范围内能高效调速。这类负载可以采用转速开环变频调速系统，也就是通用变频器控制系统。"通用"包含两方面的含义：一是可以和通用的笼型电动机配套使用；二是具有多种可供选择的功能，适用于各种不同性质的负载。近年来许多厂家不断推出具有更多控制功能的变频器，变频器性能更加完善，质量不断提高。

变频器主电路见图 2-8，转速开环变频调速系统结构图如图 2-9 所示。系统开环，没有电流自动保护，阶跃给定不能直接加给系统，需要经过给定积分器。角频率给定 ω_1^* 阶跃上升时，给定积分器使其输出 ω_1 按给定的上升斜率上升到角频率给定 ω_1^* 的稳态值；角频率给定 ω_1^* 阶跃下降时，给定积分器使其输出 ω_1 按给定的下降斜率下降到角频率给定 ω_1^* 的稳态值。ω_1 经函数发生器得到调制度 α，调制度 α 和角频率 ω_1 输入 PWM 控制脉冲发生器产生脉冲，PWM 脉冲由驱动电路驱动 IGBT。图 2-9 点画线框内的控制电路一般用微机实现，控制电路还包含电流、电压、温度检测电路和接触器控制电路。

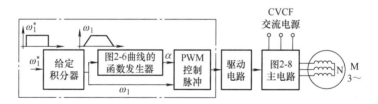

图 2-9　转速开环变频调速系统结构图

2.2　基于动态模型的异步电动机调速系统

2.2.1　三相异步电动机动态数学模型

他励式直流电动机的励磁绕组和电枢绕组相互独立，励磁电流和电枢电流单独可控，若忽略电枢反应，气隙磁通由励磁绕组单独产生，而电磁转矩正比于磁通与电枢电流的乘积。额定励磁电压建立额定磁通，磁通不参与动态过程，电枢电流控制电磁转矩。

1.3.3 节介绍了额定励磁直流电动机的动态数学模型（见图 1-17c），为单输入（电枢电压）单输出（转子转速）、二阶线性定常系统，可以应用线性控制理论和工程设计方法进行系统分析与设计。

基于稳态数学模型的异步电动机调速系统虽然能够在一定范围内实现平滑调速，但不能满足轧机、数控机床、机器人、载客电梯等对象的高动态性能要求，高动态性能的调速系统和伺服系统必须基于异步电动机的动态数学模型设计。

研究异步电动机数学模型时，假设：①忽略空间谐波，三相绕组对称，在空间互差 120° 电角度，磁动势沿气隙按正弦规律分布；②忽略磁路饱和，各绕组的自感和互感恒定；③忽略铁心损耗；④不考虑频率变化和温度对绕组电阻的影响，绕组电阻恒定。

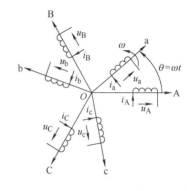

无论异步电动机是绕线转子还是笼型转子，都等效成三相绕线转子，并折算到定子侧，折算后的定子和转子三相绕组匝数相等，都是丫联结。三相异步电动机的物理模型如图 2-10 所示，定子三相绕组轴线 A、B、C 在空间是固定的，相差 120° 电角度，轴线 A、B、C 构成定子三相 ABC 坐标系。转子绕组轴线 a、b、c 以角频率 ω 随转子旋转，轴线 a、b、c 构成转子三相 abc 坐标系。如以 A 轴为参考坐标轴，开始时，a 轴与 A 轴重合，t 时间后，转子旋转的电角度 $\theta=\omega t$。规定各绕组电压、电流、磁链的正方向符合电机惯例和右手螺旋定则。

图 2-10 三相异步电动机的物理模型

三相异步电动机动态数学模型由磁链方程、电压方程、转矩方程和运动方程组成，其中磁链方程和转矩方程为代数方程，电压方程和运动方程为微分方程。

1. 磁链方程

异步电动机每个绕组的磁链是它本身的自感磁链和与其他绕组的互感磁链之和，因此，6 个绕组的磁链可表示为矩阵，即

$$\begin{bmatrix} \psi_A \\ \psi_B \\ \psi_C \\ \psi_a \\ \psi_b \\ \psi_c \end{bmatrix} = \begin{bmatrix} L_{AA} & L_{AB} & L_{AC} & L_{Aa} & L_{Ab} & L_{Ac} \\ L_{BA} & L_{BB} & L_{BC} & L_{Ba} & L_{Bb} & L_{Bc} \\ L_{CA} & L_{CB} & L_{CC} & L_{Ca} & L_{Cb} & L_{Cc} \\ L_{aA} & L_{aB} & L_{aC} & L_{aa} & L_{ab} & L_{ac} \\ L_{bA} & L_{bB} & L_{bC} & L_{ba} & L_{bb} & L_{bc} \\ L_{cA} & L_{cB} & L_{cC} & L_{ca} & L_{cb} & L_{cc} \end{bmatrix} \begin{bmatrix} i_A \\ i_B \\ i_C \\ i_a \\ i_b \\ i_c \end{bmatrix} \tag{2-32}$$

式中，等号左侧矩阵为三相定子和三相转子全磁链，等式最右侧矩阵为定子三相电流和转子三相电流，6×6 的电感矩阵为 6 个绕组的自感和互感。定子各相漏磁通所对应的电感称为定子漏感 L_{ls}，转子各相漏磁通则对应转子漏感 L_{lr}，由于绕组的对称性，各相漏感值均相等。与定子一相绕组交链的最大互感磁通对应定子互感 L_{ms}，与转子一相绕组交链的最大互感磁通对应转子互感 L_{mr}，由于折算后定、转子绕组匝数相等，故 $L_{ms}=L_{mr}$。上述各量都已折算到定子侧，为了简单起见，表示折算的上角标 "′" 均省略，以下同此。式（2-32）写成向量式为

$$\boldsymbol{\psi} = \boldsymbol{Li} \tag{2-33}$$

对于每一相绕组来说，它所交链的磁链是互感磁链与漏感磁链之和。定子各相自感为

$$L_{AA}=L_{BB}=L_{CC}=L_{ms}+L_{ls} \tag{2-34}$$

转子各相自感为

$$L_{aa}=L_{bb}=L_{cc}=L_{ms}+L_{lr} \tag{2-35}$$

绕组之间的互感分为两类：①定子三相绕组彼此之间和转子三相绕组彼此之间空间位置都是固定的，故互感为常值；②定子任一相绕组与转子任一相绕组之间的空间相对位置是变化的，互感是转子转角 θ 的函数。第一类互感，三相绕组轴线彼此相差 $2\pi/3$，互感值 $L_{ms}\cos(2\pi/3)=L_{ms}\cos(-2\pi/3)=-L_{ms}/2$，则有

$$L_{AB} = L_{BC} = L_{CA} = L_{BA} = L_{CB} = L_{AC} = -\frac{L_{ms}}{2}$$

$$L_{ab} = L_{bc} = L_{ca} = L_{ba} = L_{cb} = L_{ac} = -\frac{L_{ms}}{2}$$

第二类互感，定子绕组与转子绕组间的互感为

$$\begin{cases} L_{Aa} = L_{aA} = L_{Bb} = L_{bB} = L_{Cc} = L_{cC} = L_{ms}\cos\theta \\ L_{Ab} = L_{bA} = L_{Bc} = L_{cB} = L_{Ca} = L_{aC} = L_{ms}\cos\left(\theta + \frac{2\pi}{3}\right) \\ L_{Ac} = L_{cA} = L_{Ba} = L_{aB} = L_{Cb} = L_{bC} = L_{ms}\cos\left(\theta - \frac{2\pi}{3}\right) \end{cases} \tag{2-36}$$

当定子和转子绕组轴线重合时，互感值等于最大值 L_{ms}。式（2-32）用分块矩阵表示为

$$\begin{bmatrix} \boldsymbol{\psi}_s \\ \boldsymbol{\psi}_r \end{bmatrix} = \begin{bmatrix} \boldsymbol{L}_{ss} & \boldsymbol{L}_{sr} \\ \boldsymbol{L}_{rs} & \boldsymbol{L}_{rr} \end{bmatrix} \begin{bmatrix} \boldsymbol{i}_s \\ \boldsymbol{i}_r \end{bmatrix} \tag{2-37}$$

其中，$\boldsymbol{\psi}_s = \begin{bmatrix} \psi_A & \psi_B & \psi_C \end{bmatrix}^T$，$\boldsymbol{i}_s = \begin{bmatrix} i_A & i_B & i_C \end{bmatrix}^T$，$\boldsymbol{\psi}_r = \begin{bmatrix} \psi_a & \psi_b & \psi_c \end{bmatrix}^T$，$\boldsymbol{i}_r = \begin{bmatrix} i_a & i_b & i_c \end{bmatrix}^T$。

定子电感矩阵为

$$\boldsymbol{L}_{ss} = \begin{bmatrix} L_{ms} + L_{ls} & -\dfrac{L_{ms}}{2} & -\dfrac{L_{ms}}{2} \\ -\dfrac{L_{ms}}{2} & L_{ms} + L_{ls} & -\dfrac{L_{ms}}{2} \\ -\dfrac{L_{ms}}{2} & -\dfrac{L_{ms}}{2} & L_{ms} + L_{ls} \end{bmatrix} \tag{2-38}$$

转子电感矩阵为

$$\boldsymbol{L}_{rr} = \begin{bmatrix} L_{ms} + L_{lr} & -\dfrac{L_{ms}}{2} & -\dfrac{L_{ms}}{2} \\ -\dfrac{L_{ms}}{2} & L_{ms} + L_{lr} & -\dfrac{L_{ms}}{2} \\ -\dfrac{L_{ms}}{2} & -\dfrac{L_{ms}}{2} & L_{ms} + L_{lr} \end{bmatrix} \tag{2-39}$$

定、转子电感矩阵为

$$\boldsymbol{L}_{sr} = \boldsymbol{L}_{rs}^T = \begin{bmatrix} L_{ms}\cos\theta & L_{ms}\cos\left(\theta - \frac{2\pi}{3}\right) & L_{ms}\cos\left(\theta + \frac{2\pi}{3}\right) \\ L_{ms}\cos\left(\theta + \frac{2\pi}{3}\right) & L_{ms}\cos\theta & L_{ms}\cos\left(\theta - \frac{2\pi}{3}\right) \\ L_{ms}\cos\left(\theta - \frac{2\pi}{3}\right) & L_{ms}\cos\left(\theta + \frac{2\pi}{3}\right) & L_{ms}\cos\theta \end{bmatrix} \tag{2-40}$$

　　电感矩阵是 6×6 的高阶矩阵，各相绕组之间存在互感的耦合关系，互感含有非线性的余弦函数。磁链矩阵具有高阶、强耦合、非线性特性。

2. 电压方程

三相定子绕组每相的电压方程为

$$u_X = i_X R_\mathrm{s} + \frac{\mathrm{d}\psi_X}{\mathrm{d}t} \qquad (X = \mathrm{A, B, C})$$

三相转子绕组每相的电压方程为

$$u_x = i_x R_\mathrm{r} + \frac{\mathrm{d}\psi_x}{\mathrm{d}t} \qquad (x = \mathrm{a, b, c})$$

式中，$u_X(X = \mathrm{A, B, C})$ 为定子相电压瞬时值；$u_x(x = \mathrm{a, b, c})$ 为转子相电压瞬时值；R_s 为定子绕组电阻；R_r 为转子绕组电阻。电压方程的矩阵形式为

$$\begin{bmatrix} u_\mathrm{A} \\ u_\mathrm{B} \\ u_\mathrm{C} \\ u_\mathrm{a} \\ u_\mathrm{b} \\ u_\mathrm{c} \end{bmatrix} = \begin{bmatrix} R_\mathrm{s} & 0 & 0 & 0 & 0 & 0 \\ 0 & R_\mathrm{s} & 0 & 0 & 0 & 0 \\ 0 & 0 & R_\mathrm{s} & 0 & 0 & 0 \\ 0 & 0 & 0 & R_\mathrm{r} & 0 & 0 \\ 0 & 0 & 0 & 0 & R_\mathrm{r} & 0 \\ 0 & 0 & 0 & 0 & 0 & R_\mathrm{r} \end{bmatrix} \begin{bmatrix} i_\mathrm{A} \\ i_\mathrm{B} \\ i_\mathrm{C} \\ i_\mathrm{a} \\ i_\mathrm{b} \\ i_\mathrm{c} \end{bmatrix} + \frac{\mathrm{d}}{\mathrm{d}t} \begin{bmatrix} \psi_\mathrm{A} \\ \psi_\mathrm{B} \\ \psi_\mathrm{C} \\ \psi_\mathrm{a} \\ \psi_\mathrm{b} \\ \psi_\mathrm{c} \end{bmatrix} \tag{2-41}$$

写成向量形式为

$$\boldsymbol{u} = \boldsymbol{R}\boldsymbol{i} + \frac{\mathrm{d}\boldsymbol{\psi}}{\mathrm{d}t} \tag{2-42}$$

$$\boldsymbol{u} = \boldsymbol{R}\boldsymbol{i} + \frac{\mathrm{d}(\boldsymbol{L}\boldsymbol{i})}{\mathrm{d}t} = \boldsymbol{R}\boldsymbol{i} + \boldsymbol{L}\frac{\mathrm{d}\boldsymbol{i}}{\mathrm{d}t} + \frac{\mathrm{d}\boldsymbol{L}}{\mathrm{d}t}\boldsymbol{i} = \boldsymbol{R}\boldsymbol{i} + \boldsymbol{L}\frac{\mathrm{d}\boldsymbol{i}}{\mathrm{d}t} + \omega\frac{\mathrm{d}\boldsymbol{L}}{\mathrm{d}\theta}\boldsymbol{i} \tag{2-43}$$

式中，$\boldsymbol{L}\dfrac{\mathrm{d}\boldsymbol{i}}{\mathrm{d}t}$ 为电流变化的感应电动势；$\omega\dfrac{\mathrm{d}\boldsymbol{L}}{\mathrm{d}\theta}\boldsymbol{i}$ 为定子、转子位置变化产生的与转子转速成正比的旋转电动势。

3. 转矩方程

根据机电能量转换原理，线性电感下磁场的储能 W_m 和磁共能 W_m' 为

$$W_\mathrm{m} = W_\mathrm{m}' = \frac{1}{2}\boldsymbol{i}^\mathrm{T}\boldsymbol{\psi} = \frac{1}{2}\boldsymbol{i}^\mathrm{T}\boldsymbol{L}\boldsymbol{i} \tag{2-44}$$

电磁转矩等于机械角位移变化时磁共能的变化率 $\dfrac{\partial W_\mathrm{m}'}{\partial \theta_\mathrm{m}}$（电流为常数），即

$$T_\mathrm{e} = \frac{\partial W_\mathrm{m}'}{\partial \theta_\mathrm{m}}\bigg|_{i=\text{常数}} = \frac{\partial W_\mathrm{m}}{\partial \theta_\mathrm{m}}\bigg|_{i=\text{常数}} = \frac{1}{2}n_\mathrm{p}\boldsymbol{i}^\mathrm{T}\frac{\partial \boldsymbol{L}}{\partial \theta}\boldsymbol{i} = \frac{1}{2}n_\mathrm{p}\boldsymbol{i}^\mathrm{T}\begin{bmatrix} \boldsymbol{0} & \dfrac{\partial \boldsymbol{L}_\mathrm{sr}}{\partial \theta} \\ \dfrac{\partial \boldsymbol{L}_\mathrm{rs}}{\partial \theta} & \boldsymbol{0} \end{bmatrix}\boldsymbol{i} \tag{2-45}$$

其中，互感分块矩阵用式（2-40）表示，可得

$$T_e = -n_p L_{ms} \left[\begin{array}{l} (i_A i_a + i_B i_b + i_C i_c)\sin\theta + (i_A i_b + i_B i_c + i_C i_a)\sin(\theta + 2\pi/3) + \\ (i_A i_c + i_B i_a + i_C i_b)\sin(\theta - 2\pi/3) \end{array} \right] \quad (2\text{-}46)$$

电磁转矩是三相定子电流、三相转子电流共 6 个电流的函数，且含有非线性的正弦函数。

4. 运动方程

异步电动机轴的运动方程为

$$\frac{J}{n_p}\frac{d\omega}{dt} = T_e - T_L \quad (2\text{-}47)$$

式中，J 为折算到电动机轴的转动惯量；T_L 为负载转矩；ω 为转子旋转电角速度。

三相异步电动机有三相电压输入，每相电压有幅值和频率两个物理量，有转子转速和磁链等多个输出。异步电动机的电感矩阵和转矩方程体现了异步电机的电磁耦合和能量转换的复杂关系，异步电动机动态数学模型复杂，高阶、非线性、耦合存在于磁链方程、电压方程和转矩方程，所以，三相异步电动机的动态数学模型具有高阶、非线性、耦合、多输入多输出特性，三相异步电动机是高阶、非线性、耦合、多变量系统。对称三相电量的瞬时值之和等于 0，对称的三相电量非独立，第三个量可以用另外两个量表示，因此只有两相是独立的。对称三相电流的和等于 0，即 $i_A+i_B+i_C=0$；对称三相电压的和等于 0，即 $u_A+u_B+u_C=0$；对称三相磁链的和等于 0，即 $\psi_A+\psi_B+\psi_C=0$。

2.2.2 坐标变换

三相异步电动机动态数学模型相当复杂，分析和求解多维、非线性方程组十分困难，必须简化，简化的基本方法就是坐标变换。

1. 空间矢量及 3 种坐标系

三相静止 ABC 坐标系如图 2-11a 所示，坐标轴相差 120° 电角度，仅画出正半轴，三相静止 A、B、C 绕组落在相应坐标轴上。绕组通以角频率为 ω_1 的三相对称电流 i_A、i_B、i_C，电流落在相应轴线上，电流为正落在正半轴，电流为负落在负半轴。A、B、C 轴的空间位置表示为 e^{j0}、$e^{j\frac{2\pi}{3}}$、$e^{-j\frac{2\pi}{3}}$，三相绕组的匝数为 N_3，绕组的磁动势矢量为 $N_3 i_A e^{j0}$、$N_3 i_B e^{j\frac{2\pi}{3}}$、$N_3 i_C e^{-j\frac{2\pi}{3}}$，绕组磁动势的合成磁动势空间矢量，称为三相磁动势 $\boldsymbol{F}$。

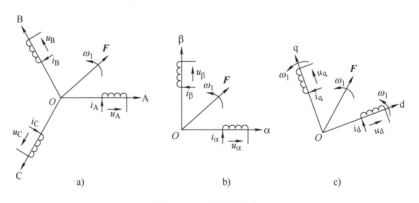

图 2-11 3 种坐标系

三相电流矢量为

$$\boldsymbol{i}_\mathrm{s} = k\left(i_\mathrm{A}\mathrm{e}^{\mathrm{j}0} + i_\mathrm{B}\mathrm{e}^{\mathrm{j}\frac{2\pi}{3}} + i_\mathrm{C}\mathrm{e}^{-\mathrm{j}\frac{2\pi}{3}} \right) \tag{2-48}$$

三相磁动势矢量为

$$\boldsymbol{F} = k\left(N_3 i_\mathrm{A}\mathrm{e}^{\mathrm{j}0} + N_3 i_\mathrm{B}\mathrm{e}^{\mathrm{j}\frac{2\pi}{3}} + N_3 i_\mathrm{C}\mathrm{e}^{-\mathrm{j}\frac{2\pi}{3}} \right) = kN_3\boldsymbol{i}_\mathrm{s} \tag{2-49}$$

三相电压矢量为

$$\boldsymbol{u}_\mathrm{s} = k\left(u_\mathrm{A}\mathrm{e}^{\mathrm{j}0} + u_\mathrm{B}\mathrm{e}^{\mathrm{j}\frac{2\pi}{3}} + u_\mathrm{C}\mathrm{e}^{-\mathrm{j}\frac{2\pi}{3}} \right) \tag{2-50}$$

三相磁链矢量为

$$\boldsymbol{\psi}_\mathrm{s} = k\left(\psi_\mathrm{A}\mathrm{e}^{\mathrm{j}0} + \psi_\mathrm{B}\mathrm{e}^{\mathrm{j}\frac{2\pi}{3}} + \psi_\mathrm{C}\mathrm{e}^{-\mathrm{j}\frac{2\pi}{3}} \right) \tag{2-51}$$

式中，k 为变换系数，用电压、电流矢量求功率与用瞬时值求功率相等，可得 $k = \sqrt{2/3}$。设正弦三相电流为

$$i_\mathrm{A} = I_\mathrm{m}\cos\omega_1 t$$

$$i_\mathrm{B} = I_\mathrm{m}\cos(\omega_1 t - 2\pi/3)$$

$$i_\mathrm{C} = I_\mathrm{m}\cos(\omega_1 t + 2\pi/3)$$

$$\boldsymbol{F} = \sqrt{2/3}\left[N_3 I_\mathrm{m}\cos\omega_1 t\mathrm{e}^{\mathrm{j}0} + N_3 I_\mathrm{m}\cos(\omega_1 t - 2\pi/3)\mathrm{e}^{\mathrm{j}\frac{2\pi}{3}} + N_3 I_\mathrm{m}\cos(\omega_1 t + 2\pi/3)\mathrm{e}^{-\mathrm{j}\frac{2\pi}{3}} \right]$$

$$\boldsymbol{F} = \sqrt{2/3}N_3 I_\mathrm{m}\mathrm{e}^{\mathrm{j}\omega_1 t} \tag{2-52}$$

三相绕组通以三相对称正弦电流，合成磁动势矢量 $\boldsymbol{F}$ 是大小为 $\sqrt{2/3}\,N_3 I_\mathrm{m}$、角速度为 ω_1 的旋转空间矢量，在空间正弦分布，按 A—B—C 相序旋转。三相电流矢量 $\boldsymbol{i}_\mathrm{s}$、三相电压矢量 $\boldsymbol{u}_\mathrm{s}$、三相磁链矢量 $\boldsymbol{\psi}$（含定子磁链、气隙磁链、转子磁链）的旋转速度都是同步速度 ω_1。

产生旋转磁动势并不一定非要三相静止绕组，除单相绕组以外，两相、三相、四相等对称多相静止绕组通入平衡的多相交流电流，都能产生旋转磁动势矢量，两相静止绕组最为简单。三相对称电量中只有两相独立，所以三相静止绕组可以用相互独立的两相正交对称静止绕组等效代替，等效的原则是产生的磁动势相等。所谓独立是指两相绕组间无约束条件，所谓正交是指两相绕组在空间互差 90° 电角度，所谓对称是指两相绕组的匝数和阻值相等。图 2-11b 两相正交的静止绕组 α、β，通以角频率为 ω_1 的两相平衡交流电流 i_α、i_β，也能产生角速度为 ω_1 的旋转磁动势矢量 $\boldsymbol{F}$。α 绕组轴线、β 绕组轴线构成静止 $\alpha\beta$ 坐标系，也称两相静止正交坐标系。当三相绕组和两相绕组产生的两个旋转磁动势矢量 $\boldsymbol{F}$ 大小和转速都相等时，即认为两相绕组与三相绕组等效。三相绕组和两相绕组的交流电频率相等，$\boldsymbol{F}$ 转速相等。合适的三相电流值、两相电流值可以使磁动势 $\boldsymbol{F}$ 的大小相等，由磁动势矢量 $\boldsymbol{F}$ 大小相等可以求出三相电流 i_A、i_B、i_C 到两相电流 i_α、i_β 的关系，称为 3s/2s

变换，也称 Clark 变换。

除了三相静止绕组、两相静止绕组外，相互正交、以角速度 ω_1 旋转的两个匝数相等的旋转绕组 d、q，分别通以直流电流 i_d、i_q，也能产生角速度为 ω_1 的旋转磁动势矢量 $\boldsymbol{F}$，与三相绕组和两相绕组的磁动势矢量转速相等，如图 2-11c 所示。如果旋转绕组的旋转磁动势矢量 $\boldsymbol{F}$ 的大小和转速分别与静止的三相、两相交流绕组产生的旋转磁动势矢量 $\boldsymbol{F}$ 的大小和转速相等，那么这套旋转的绕组和静止的三相、两相交流绕组都等效，但旋转两相绕组只需要加直流电流。以直流绕组 d、q 为参照物旋转时，d、q 绕组是两个通入直流电流、相互垂直的相对静止的绕组，与他励直流电动机模型没有本质区别。如果控制磁通用 d 绕组电流 i_d，d 绕组相当于励磁绕组，q 绕组相当于电枢绕组，i_q 控制电磁转矩。以角速度 ω_1 旋转的 d 绕组轴线和以角速度 ω_1 旋转的 q 绕组轴线构成同步旋转正交坐标系，称为同步旋转 dq 坐标系。由磁动势矢量 $\boldsymbol{F}$ 大小相等可以求出两相电流 i_α、i_β 到直流电流 i_d、i_q 的关系，称为 2s/2r 变换，也称 Park 变换。

2. Clark 变换（3s/2s 变换）

图 2-12 为 ABC 静止坐标系和 αβ 静止坐标系，只画出正半轴，两个坐标系原点重合，A 轴和 α 轴重合。设三相绕组每相匝数为 N_3，两相绕组每相匝数为 N_2，每相磁动势矢量等于绕组匝数与绕组电流的乘积，位于相应的坐标轴上。三相磁动势矢量 $N_3 i_A \mathrm{e}^{\mathrm{j}0}$、$N_3 i_B \mathrm{e}^{\mathrm{j}\frac{2\pi}{3}}$、$N_3 i_C \mathrm{e}^{-\mathrm{j}\frac{2\pi}{3}}$ 的合成磁动势矢量 $\boldsymbol{F}$ 与两相磁动势矢量 $N_2 i_\alpha \mathrm{e}^{\mathrm{j}0}$、$N_2 i_\beta \mathrm{e}^{\mathrm{j}\frac{\pi}{2}}$ 的合成磁动势矢量 $\boldsymbol{F}$ 大小相等、转速相同，三相绕组与两相绕组等效。两套交流电角频率都为 ω_1，$\boldsymbol{F}$ 旋转速度都为同步角速度 ω_1，故两套绕组磁动势矢量在 α、β 轴上的投影相等，则 $\boldsymbol{F}$ 大小相等，即

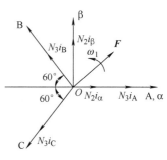

图 2-12 三相静止坐标系和两相静止坐标系中的磁动势矢量

$$N_2 i_\alpha = N_3 \left(i_A - \frac{1}{2} i_B - \frac{1}{2} i_C \right)$$

$$N_2 i_\beta = N_3 \left(\frac{\sqrt{3}}{2} i_B - \frac{\sqrt{3}}{2} i_C \right)$$

$$\begin{bmatrix} i_\alpha \\ i_\beta \end{bmatrix} = \frac{N_3}{N_2} \begin{bmatrix} 1 & -\dfrac{1}{2} & -\dfrac{1}{2} \\ 0 & \dfrac{\sqrt{3}}{2} & -\dfrac{\sqrt{3}}{2} \end{bmatrix} \begin{bmatrix} i_A \\ i_B \\ i_C \end{bmatrix} \tag{2-53}$$

可以证明，为了保持变换前后功率不变，变换后的两相绕组每相匝数 N_2 应为三相绕组每相匝数 N_3 的 $\sqrt{\dfrac{3}{2}}$ 倍。由此可得

$$\begin{bmatrix} i_\alpha \\ i_\beta \end{bmatrix} = \sqrt{\frac{2}{3}} \begin{bmatrix} 1 & -\dfrac{1}{2} & -\dfrac{1}{2} \\ 0 & \dfrac{\sqrt{3}}{2} & -\dfrac{\sqrt{3}}{2} \end{bmatrix} \begin{bmatrix} i_A \\ i_B \\ i_C \end{bmatrix} = \boldsymbol{C}_{3s/2s} \begin{bmatrix} i_A \\ i_B \\ i_C \end{bmatrix} \tag{2-54}$$

式中，$\boldsymbol{C}_{3s/2s}$ 为从三相静止坐标系到两相静止坐标系的变换矩阵，其逆变换矩阵为 $\boldsymbol{C}_{2s/3s}$，即

$$\begin{bmatrix} i_A \\ i_B \\ i_C \end{bmatrix} = \sqrt{\frac{2}{3}} \begin{bmatrix} 1 & 0 \\ -\dfrac{1}{2} & \dfrac{\sqrt{3}}{2} \\ -\dfrac{1}{2} & -\dfrac{\sqrt{3}}{2} \end{bmatrix} \begin{bmatrix} i_\alpha \\ i_\beta \end{bmatrix} = \boldsymbol{C}_{2s/3s} \begin{bmatrix} i_\alpha \\ i_\beta \end{bmatrix} \tag{2-55}$$

当定子三相绕组为星形联结时，有 $i_A + i_B + i_C = 0$，则有

$$i_\alpha = \frac{\sqrt{3}}{2} i_A, \qquad i_\beta = \sqrt{\frac{1}{2}} i_A + \sqrt{2} i_B$$

写成矩阵形式为

$$\begin{bmatrix} i_\alpha \\ i_\beta \end{bmatrix} = \begin{bmatrix} \dfrac{\sqrt{3}}{2} & 0 \\ \dfrac{1}{\sqrt{2}} & \sqrt{2} \end{bmatrix} \begin{bmatrix} i_A \\ i_B \end{bmatrix} \tag{2-56}$$

式（2-56）的逆变换为

$$\begin{bmatrix} i_A \\ i_B \end{bmatrix} = \begin{bmatrix} \sqrt{\dfrac{2}{3}} & 0 \\ -\dfrac{1}{\sqrt{6}} & \dfrac{1}{\sqrt{2}} \end{bmatrix} \begin{bmatrix} i_\alpha \\ i_\beta \end{bmatrix}$$

变换矩阵根据磁动势等效、功率不变的条件推导得出，同样适合电压、磁链的变换。

3. Park 变换

图 2-13 为 αβ 静止坐标系和以同步角速度 ω_1 旋转的 dq 坐标系，两个坐标系原点重合，开始时 d 轴和 α 轴重合。经过时间 t 后，dq 坐标系旋转角 $\varphi = \omega_1 t$。设每相绕组匝数为 N_2，每相磁动势矢量等于绕组匝数与绕组电流的乘积，位于相应的坐标轴上。d、q 绕组通以直流电流，各绕组磁动势矢量 $N_2 i_d \mathrm{e}^{\mathrm{j}\omega_1 t}$、$N_2 i_q \mathrm{e}^{\mathrm{j}\left(\omega_1 t + \frac{\pi}{2}\right)}$ 的合成磁动势矢量 $\boldsymbol{F}$ 旋转角速度为 ω_1。α、β 绕组通以交流电流，其磁动势矢量 $N_2 i_\alpha \mathrm{e}^{\mathrm{j}0}$、$N_2 i_\beta \mathrm{e}^{\mathrm{j}\pi/2}$ 的合成磁动势矢量 $\boldsymbol{F}$ 旋转角速度为 ω_1。两套绕组磁动势矢量在 d、q 轴上的投影相等，两个磁动势矢量大小相等，可以推导得出

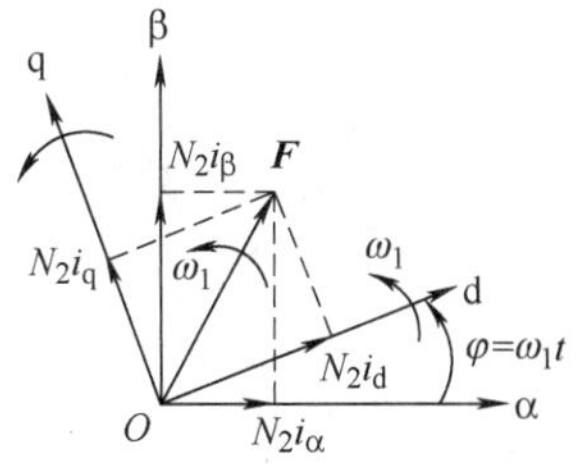

图 2-13　两相静止坐标系和同步旋转坐标系中的磁动势矢量

$$\begin{cases} i_d = i_\alpha \cos\varphi + i_\beta \sin\varphi \\ i_q = -i_\alpha \sin\varphi + i_\beta \cos\varphi \end{cases} \tag{2-57}$$

$$\begin{bmatrix} i_d \\ i_q \end{bmatrix} = \begin{bmatrix} \cos\varphi & \sin\varphi \\ -\sin\varphi & \cos\varphi \end{bmatrix} \begin{bmatrix} i_\alpha \\ i_\beta \end{bmatrix} = \boldsymbol{C}_{2s/2r} \begin{bmatrix} i_\alpha \\ i_\beta \end{bmatrix} \tag{2-58}$$

静止两相正交坐标系到两相同步旋转正交坐标系的变换矩阵为

$$\boldsymbol{C}_{2s/2r} = \begin{bmatrix} \cos\varphi & \sin\varphi \\ -\sin\varphi & \cos\varphi \end{bmatrix} \tag{2-59}$$

式（2-59）的逆变换为

$$\begin{bmatrix} i_{\alpha} \\ i_{\beta} \end{bmatrix} = \begin{bmatrix} \cos\varphi & -\sin\varphi \\ \sin\varphi & \cos\varphi \end{bmatrix} \begin{bmatrix} i_{\alpha} \\ i_{\beta} \end{bmatrix} = \mathbf{C}_{2r/2s} \begin{bmatrix} i_{d} \\ i_{q} \end{bmatrix} \tag{2-60}$$

两相同步旋转正交坐标系到静止两相正交坐标系的变换矩阵为

$$\mathbf{C}_{2r/2s} = \begin{bmatrix} \cos\varphi & -\sin\varphi \\ \sin\varphi & \cos\varphi \end{bmatrix} \tag{2-61}$$

三相电压矢量 $\boldsymbol{u}_s$ 和三相磁链矢量 $\boldsymbol{\psi}$（含定子磁链 $\boldsymbol{\psi}_s$、气隙磁链 $\boldsymbol{\psi}_m$、转子磁链 $\boldsymbol{\psi}_r$）的转速为 ω_1，dq 轴转速也为 ω_1。使 d 轴与 $\boldsymbol{u}_s$ 重合的 dq 坐标系称为按电压定向 dq 坐标系，使 d 轴与 $\boldsymbol{\psi}_s$ 重合的 dq 坐标系称为按定子磁链定向 dq 坐标系。使 d 轴与 $\boldsymbol{\psi}_m$ 重合的 dq 坐标系称为按气隙磁链定向 dq 坐标系。使 d 轴与转子磁链矢量 $\boldsymbol{\psi}_r$ 重合的 dq 坐标系称为按转子磁链定向 dq 坐标系。坐标变换是对电压矢量、磁链矢量等矢量进行变换，坐标变换也称矢量变换。采用矢量变换的交流调速系统称为矢量控制（Vector Control，VC）系统。

2.2.3 正交坐标系中的异步电动机动态数学模型

1. αβ 坐标系中异步电动机的微分方程

图 2-14a 中异步电动机的动态数学模型进行 Clark 变换，ABC 坐标系变换到静止 αβ 坐标系，abc 坐标系变换到转速为 ω 的 $\alpha'\beta'$ 坐标系，如图 2-14b 所示。式（2-32）的磁链矩阵、式（2-41）的电压矩阵、式（2-45）的电磁转矩方程分别变换为

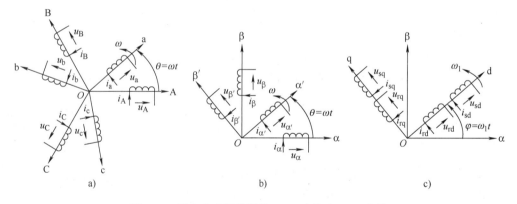

图 2-14 异步电动机绕组的 Clark 变换和 Park 变换

$$\begin{bmatrix} u_{s\alpha} \\ u_{s\beta} \\ u_{r\alpha'} \\ u_{r\beta'} \end{bmatrix} = \begin{bmatrix} R_s & 0 & 0 & 0 \\ 0 & R_s & 0 & 0 \\ 0 & 0 & R_r & 0 \\ 0 & 0 & 0 & R_r \end{bmatrix} \begin{bmatrix} i_{s\alpha} \\ i_{s\beta} \\ i_{r\alpha'} \\ i_{r\beta'} \end{bmatrix} + \frac{\mathrm{d}}{\mathrm{d}t} \begin{bmatrix} \psi_{s\alpha} \\ \psi_{s\beta} \\ \psi_{r\alpha'} \\ \psi_{r\beta'} \end{bmatrix} \tag{2-62}$$

$$\begin{bmatrix} \psi_{s\alpha} \\ \psi_{s\beta} \\ \psi_{r\alpha'} \\ \psi_{r\beta'} \end{bmatrix} = \begin{bmatrix} L_s & 0 & L_m\cos\theta & -L_m\sin\theta \\ 0 & L_s & L_m\sin\theta & L_m\cos\theta \\ L_m\cos\theta & L_m\sin\theta & L_r & 0 \\ -L_m\sin\theta & L_m\cos\theta & 0 & L_r \end{bmatrix} \begin{bmatrix} i_{s\alpha} \\ i_{s\beta} \\ i_{r\alpha'} \\ i_{r\beta'} \end{bmatrix} \tag{2-63}$$

$$T_e = -n_p L_m \left[\left(i_{s\alpha} i_{r\alpha'} + i_{s\beta} i_{r\beta'} \right) \sin\theta + \left(i_{s\alpha} i_{r\beta'} - i_{s\beta} i_{r\alpha'} \right) \cos\theta \right] \tag{2-64}$$

式中，L_m 为定子与转子同轴等效绕组间互感，$L_m = \dfrac{3}{2} L_{ms}$；$L_s$ 为定子等效绕组的自感，$L_s = L_m + L_{ls}$；L_r 为转子等效绕组的自感，$L_r = L_m + L_{lr}$。

Clark 变换后异步电动机数学模型的阶数降低，不存在定子三相绕组间的耦合和转子三相绕组间的耦合。定子绕组与转子绕组间存在相对运动，定、转子绕组间的互感仍然是非线性的变参数，电磁转矩仍然是定、转子电流和定、转子间夹角 θ 的函数。

2. dq 坐标系中异步电动机的微分方程

将 αβ 坐标系和 α′β′ 坐标系进行旋转变换，变换到同步旋转的正交 dq 坐标系，如图 2-14c 所示，αβ 坐标系与 dq 坐标系的夹角 $\varphi = \omega_1 t$，α′β′ 坐标系与 dq 坐标系的夹角 $\varphi - \theta = \omega_1 t - \omega t$。αβ 坐标系变换到 dq 坐标系的变换矩阵为式（2-61）。α′β′ 坐标系变换到 dq 坐标系的变换矩阵为

$$C_{2s/2r(\varphi-\theta)} = \begin{bmatrix} \cos(\varphi-\theta) & \sin(\varphi-\theta) \\ -\sin(\varphi-\theta) & \cos(\varphi-\theta) \end{bmatrix} \tag{2-65}$$

dq 坐标系中异步电动机的动态数学模型为

$$\begin{bmatrix} u_{sd} \\ u_{sq} \\ u_{rd} \\ u_{rq} \end{bmatrix} = \begin{bmatrix} R_s & 0 & 0 & 0 \\ 0 & R_s & 0 & 0 \\ 0 & 0 & R_r & 0 \\ 0 & 0 & 0 & R_r \end{bmatrix} \begin{bmatrix} i_{sd} \\ i_{sq} \\ i_{rd} \\ i_{rq} \end{bmatrix} + \frac{\mathrm{d}}{\mathrm{d}t} \begin{bmatrix} \psi_{sd} \\ \psi_{sq} \\ \psi_{rd} \\ \psi_{rq} \end{bmatrix} + \begin{bmatrix} -\omega_1 \psi_{sq} \\ \omega_1 \psi_{sd} \\ -(\omega_1 - \omega)\psi_{rq} \\ (\omega_1 - \omega)\psi_{rd} \end{bmatrix} \tag{2-66}$$

$$\begin{bmatrix} \psi_{sd} \\ \psi_{sq} \\ \psi_{rd} \\ \psi_{rq} \end{bmatrix} = \begin{bmatrix} L_s & 0 & L_m & 0 \\ 0 & L_s & 0 & L_m \\ L_m & 0 & L_r & 0 \\ 0 & L_m & 0 & L_r \end{bmatrix} \begin{bmatrix} i_{sd} \\ i_{sq} \\ i_{rd} \\ i_{rq} \end{bmatrix} \tag{2-67}$$

$$T_e = n_p L_m \left(i_{sq} i_{rd} - i_{sd} i_{rq} \right) \tag{2-68}$$

图 2-14c 等效定子绕组、等效转子绕组重合并同步旋转。式（2-66）电压方程比式（2-62）复杂，增加了变量 ω_1，因为对转子绕组和定子绕组都进行了旋转变换，旋转电动势非线性耦合更严重。图 2-14c 中 $\omega_1 = 0$，dq 坐标系变为 αβ 坐标系，将 $\omega_1 = 0$ 代入式（2-66）～式（2-68）得到 αβ 坐标系的异步电动机动态数学模型。

2.2.4 旋转正交 dq 坐标系中异步电动机的状态方程

dq 坐标系的异步电动机动态数学模型电压方程式是四阶、运动方程是一阶，状态变量应选 5 个，供选择的变量有转子转速、定子电流 i_{sd} 和 i_{sq}、转子电流 i_{rd} 和 i_{rq}、定子磁链 ψ_{sd} 和 ψ_{sq}、转子磁链 ψ_{rd} 和 ψ_{rq}。转子转速为输出变量，选作状态变量，定子电流可以测量，选作状态变量，考虑磁链对电动机的重要性，定子磁链或转子磁链选作状态变量。

1. 以 ω-i_s-ψ_r 为状态变量的状态方程

状态变量、输入变量、输出变量分别为

$$X = \begin{bmatrix} \omega & \psi_{rd} & \psi_{rq} & i_{sd} & i_{sq} \end{bmatrix}^T \tag{2-69}$$

$$U = \begin{bmatrix} u_{sd} & u_{sq} & \omega_1 & T_L \end{bmatrix}^T \tag{2-70}$$

$$Y = \begin{bmatrix} \omega & \psi_r \end{bmatrix}^T \tag{2-71}$$

笼型转子异步电动机转子短路，转子电压等于 0，$u_{rd}=0$，$u_{rq}=0$，式（2-66）电压方程改写为

$$\begin{cases} \dfrac{d\psi_{sd}}{dt} = -R_s i_{sd} + \omega_1 \psi_{sq} + u_{sd} \\[2mm] \dfrac{d\psi_{sq}}{dt} = -R_s i_{sq} - \omega_1 \psi_{sd} + u_{sq} \\[2mm] \dfrac{d\psi_{rd}}{dt} = -R_r i_{rd} + (\omega_1 - \omega)\psi_{rd} \\[2mm] \dfrac{d\psi_{rq}}{dt} = -R_r i_{rq} - (\omega_1 - \omega)\psi_{rq} \end{cases} \tag{2-72}$$

由式（2-67）第 3、4 行可得

$$\begin{cases} i_{rd} = \dfrac{1}{L_r}\left(\psi_{rd} - L_m i_{sd}\right) \\[2mm] i_{rq} = \dfrac{1}{L_r}\left(\psi_{rq} - L_m i_{sq}\right) \end{cases} \tag{2-73}$$

将式（2-73）代入转矩方程式（2-68），可得

$$T_e = \frac{n_p L_m}{L_r}\left(i_{sq}\psi_{rd} - i_{sd}\psi_{rq}\right) \tag{2-74}$$

将式（2-73）代入式（2-67）前两行，可得

$$\begin{cases} \psi_{sd} = \sigma L_s i_{sd} - \dfrac{L_m}{L_r}\psi_{rd} \\[2mm] \psi_{sq} = \sigma L_s i_{sq} - \dfrac{L_m}{L_r}\psi_{rq} \end{cases} \tag{2-75}$$

式中，σ 为电动机漏磁系数，$\sigma = 1 - \dfrac{L_m}{L_s L_r}$。将式（2-73）和式（2-75）代入式（2-72），消去 i_{rd}、i_{rq}、ψ_{sd}、ψ_{sq}，将转矩方程式（2-74）代入运动方程式（2-47），可得状态方程为

$$\begin{cases} \dfrac{d\omega}{dt} = \dfrac{L_m n_p^2}{J L_r}\left(i_{sq}\psi_{rd} - i_{sd}\psi_{rq}\right) - \dfrac{n_p}{J}T_L \\[2mm] \dfrac{d\psi_{rd}}{dt} = -\dfrac{1}{T_r}\psi_{rd} + (\omega_1 - \omega)\psi_{rq} + \dfrac{L_m}{T_r}i_{sd} \\[2mm] \dfrac{d\psi_{rq}}{dt} = -\dfrac{1}{T_r}\psi_{rq} - (\omega_1 - \omega)\psi_{rd} + \dfrac{L_m}{T_r}i_{sq} \\[2mm] \dfrac{di_{sd}}{dt} = \dfrac{L_m}{\sigma L_s L_r T_r}\psi_{rd} + \dfrac{L_m}{\sigma L_s L_r}\omega\psi_{rq} - \dfrac{R_s L_r^2 + R_r L_m^2}{\sigma L_s L_r^2}i_{sd} + \omega_1 i_{sq} + \dfrac{u_{sd}}{\sigma L_s} \\[2mm] \dfrac{di_{sq}}{dt} = \dfrac{L_m}{\sigma L_s L_r T_r}\psi_{rq} - \dfrac{L_m}{\sigma L_s L_r}\omega\psi_{rd} - \dfrac{R_s L_r^2 + R_r L_m^2}{\sigma L_s L_r^2}i_{sq} - \omega_1 i_{sd} + \dfrac{u_{sq}}{\sigma L_s} \end{cases} \tag{2-76}$$

式中，T_r 为转子电磁时间常数，$T_r = \dfrac{L_r}{R_r}$。输出变量为

$$\boldsymbol{Y} = \begin{bmatrix} \omega & \sqrt{\psi_{rd}^2 + \psi_{rq}^2} \end{bmatrix}^{\mathrm{T}} \tag{2-77}$$

2. 以 $\omega\text{-}i_s\text{-}\psi_s$ 为状态变量的状态方程

状态变量、输入变量、输出变量分别为

$$\boldsymbol{X} = \begin{bmatrix} \omega & \psi_{sd} & \psi_{sq} & i_{sd} & i_{sq} \end{bmatrix}^{\mathrm{T}} \tag{2-78}$$

$$\boldsymbol{U} = \begin{bmatrix} u_{sd} & u_{sq} & \omega_1 & T_L \end{bmatrix}^{\mathrm{T}} \tag{2-79}$$

$$\boldsymbol{Y} = \begin{bmatrix} \omega & \psi_s \end{bmatrix}^{\mathrm{T}} \tag{2-80}$$

由式（2-67）第 1、2 行可得

$$\begin{cases} i_{rd} = \dfrac{1}{L_m}\left(\psi_{sd} - L_s i_{sd}\right) \\[3mm] i_{rq} = \dfrac{1}{L_m}\left(\psi_{sq} - L_s i_{sq}\right) \end{cases} \tag{2-81}$$

将式（2-81）代入转矩方程，可得

$$T_e = n_p \left(i_{sq}\psi_{sd} - i_{sd}\psi_{sq}\right) \tag{2-82}$$

将式（2-81）代入式（2-67）后两行，可得

$$\begin{cases} \psi_{rd} = -\sigma \dfrac{L_r L_s}{L_m} i_{sd} - \dfrac{L_r}{L_m}\psi_{sd} \\[3mm] \psi_{rq} = -\sigma \dfrac{L_r L_s}{L_m} i_{sq} - \dfrac{L_r}{L_m}\psi_{sq} \end{cases} \tag{2-83}$$

将式（2-81）和式（2-83）代入式（2-72），消去 i_{rd}、i_{rq}、ψ_{rd}、ψ_{rq}，将转矩方程式（2-82）代入运动方程式（2-47），可得状态方程为

$$\begin{cases} \dfrac{\mathrm{d}\omega}{\mathrm{d}t} = \dfrac{n_p^2}{J}\left(i_{sq}\psi_{sd} - i_{sd}\psi_{sq}\right) - \dfrac{n_p}{J}T_L \\[3mm] \dfrac{\mathrm{d}\psi_{sd}}{\mathrm{d}t} = -R_s i_{sd} + \omega_1\psi_{sq} + u_{sd} \\[3mm] \dfrac{\mathrm{d}\psi_{sq}}{\mathrm{d}t} = -R_s i_{sq} - \omega_1\psi_{sd} + u_{sq} \\[3mm] \dfrac{\mathrm{d}i_{sd}}{\mathrm{d}t} = \dfrac{1}{\sigma L_s T_r}\psi_{sd} + \dfrac{1}{\sigma L_s}\omega\psi_{sq} - \dfrac{R_s L_r + R_r L_s}{\sigma L_s L_r}i_{sd} + (\omega_1 - \omega)i_{sq} + \dfrac{u_{sd}}{\sigma L_s} \\[3mm] \dfrac{\mathrm{d}i_{sq}}{\mathrm{d}t} = \dfrac{1}{\sigma L_s T_r}\psi_{sq} - \dfrac{1}{\sigma L_s}\omega\psi_{sd} - \dfrac{R_s L_r^2 + R_r L_s}{\sigma L_s L_r}i_{sq} - (\omega_1 - \omega)i_{sd} + \dfrac{u_{sq}}{\sigma L_s} \end{cases} \tag{2-84}$$

输出变量为

$$\boldsymbol{Y} = \begin{bmatrix} \omega & \sqrt{\psi_{sd}^2 + \psi_{sq}^2} \end{bmatrix}^{\mathrm{T}} \tag{2-85}$$

令 $\omega_1 = 0$，dq 坐标系中的状态方程式（2-76）和式（2-84）变为 αβ 坐标系中的状态方程。

2.2.5 异步电动机按转子磁链定向的矢量控制系统

1. 按转子磁链定向的dq坐标系中的异步电动机状态方程

使同步旋转dq坐标系的d轴与同步旋转的转子磁链矢量 $\boldsymbol{\Psi}_r$ 重合，这样的 dq 坐标系称为按转子磁链定向的同步旋转 dq 坐标系，简称 mt 坐标系，d 轴改称为 m 轴，q 轴改称为 t 轴，如图 2-15 所示。

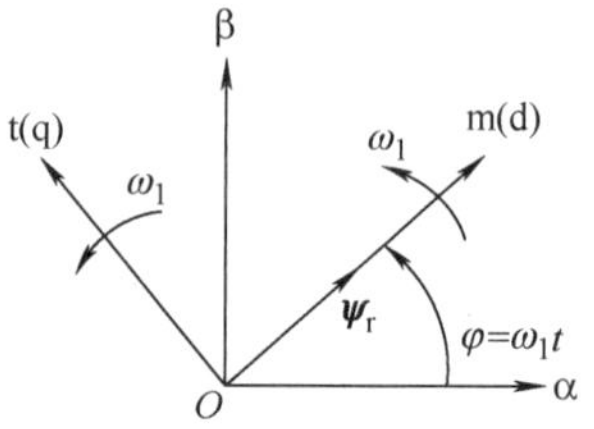

由于 m 轴与转子磁链重合，因此有

$$\begin{cases} \psi_{rm} = \psi_{rd} = \psi_r \\ \psi_{rt} = \psi_{rq} = 0 \end{cases} \tag{2-86}$$

为了使 m 轴与转子磁链始终重合，还必须使

$$\frac{d\psi_{rt}}{dt} = \frac{d\psi_{rq}}{dt} = 0 \tag{2-87}$$

图 2-15 按转子磁链定向的同步旋转 dq 坐标系

将式（2-86）、式（2-87）代入式（2-76），可得 mt 坐标系中异步电动机以 ω-i_s-ψ_r 为状态变量的状态方程为

$$\begin{cases} \dfrac{d\omega}{dt} = \dfrac{L_m n_p^2}{J L_r} i_{st} \psi_r - \dfrac{n_p}{J} T_L = \dfrac{n_p}{J}\left(T_e - T_L\right) \\[2mm] \dfrac{d\psi_r}{dt} = -\dfrac{1}{T_r}\psi_r + \dfrac{L_m}{T_r} i_{sm} \\[2mm] \dfrac{di_{sm}}{dt} = \dfrac{L_m}{\sigma L_s L_r T_r}\psi_r - \dfrac{R_s L_r^2 + R_r L_m^2}{\sigma L_s L_r^2} i_{sm} + \omega_1 i_{st} + \dfrac{u_{sm}}{\sigma L_s} \\[2mm] \dfrac{di_{st}}{dt} = -\dfrac{L_m}{\sigma L_s L_r}\omega\psi_r - \dfrac{R_s L_r^2 + R_r L_m^2}{\sigma L_s L_r^2} i_{st} - \omega_1 i_{sm} + \dfrac{u_{st}}{\sigma L_s} \end{cases} \tag{2-88}$$

$$\frac{d\psi_{rt}}{dt} = -(\omega_1 - \omega)\psi_r + \frac{L_m}{T_r} i_{st} = 0 \tag{2-89}$$

由式（2-89）可得

$$\omega_s = \omega_1 - \omega = \frac{L_m}{\psi_r T_r} i_{st} \tag{2-90}$$

电磁转矩方程为

$$T_e = \frac{n_p L_m}{L_r} i_{st} \psi_r \tag{2-91}$$

由式（2-88）第 2 式求得，从定子 m 轴电流到转子磁链的传递函数为惯性环节

$$\frac{\psi_r(s)}{I_{sm}(s)} = \frac{L_m}{T_r s + 1} \tag{2-92}$$

稳态时，转子磁链与定子 m 轴电流成正比，转子磁链由 m 轴电流决定，电磁转矩与转子磁链和 t 轴电流成正比。mt 坐标系中异步电动机动态数学模型与直流电动机动态数学模型相

似。图 2-16 为 mt 坐标系异步电动机动态结构图。

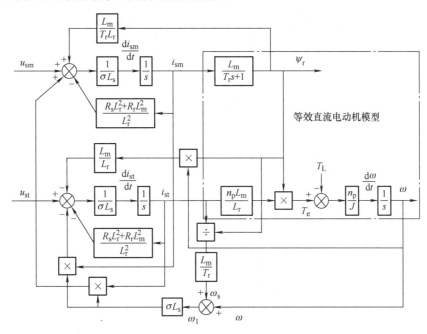

图 2-16　mt 坐标系异步电动机动态结构图

2. 按转子磁链定向的异步电动机矢量控制系统

定子三相电流 i_A、i_B、i_C 经过 3/2 变换，再经过按转子磁链定向的 dq 变换，得到按转子磁链定向的 dq 坐标系直流电流 i_{sm} 和 i_{st}，i_{sm} 和 i_{st} 为输入等效直流电动机的电流，如图 2-17 所示。图中输入为定子三相电流，输出为转子转速，是异步电动机模型，但三相定子电流经过两次变换后变成以直流电流 i_{sm} 和 i_{st} 为输入、以转速为输出的直流电动机模型。m 绕组相当于直流电动机的励磁绕组，i_{sm} 相当于励磁电流，控制转子磁链；t 绕组相当于直流电动机的电枢绕组，i_{st} 相当于电枢电流，控制电磁转矩。但 i_{sm} 和 i_{st} 仍然有交叉耦合和非线性，电流闭环控制可以实现电流快速跟随给定值。图 2-18 为电流跟随控制的异步电动机矢量控制系统原理结构图。图中对输出量 ψ_r 和 ω 闭环控制，控制器输出定子励磁电流和转矩电流给定值 i_{sm}^* 和 i_{st}^*，经过按转子磁链定向的 dq 逆变换，再经 2/3 变换，得到异步电动机三相定子电流给定 i_A^*、i_B^*、i_C^*，控制定子电流跟踪异步电动机三相定子电流给定，理论上能准确控制电动机定子电流跟随其给定电流 i_A^*、i_B^*、i_C^*，电流准确跟踪的传递函数为 1，2/3 变换与 3/2 变换抵消，dq 逆变换与 dq 变换抵消，图 2-18 电流跟随控制的异步电动机矢量控制系统结构图简化为图 2-19，图 2-19 系统的动、静态性能可以达到直流调速系统的水平。

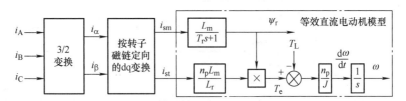

图 2-17　矢量变换及异步电动机的等效电机模型

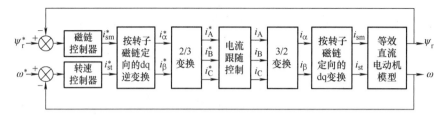

图 2-18 电流跟随控制的异步电动机矢量控制系统结构图

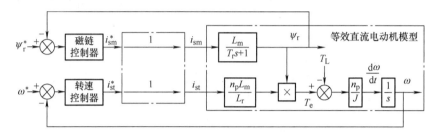

图 2-19 正逆变换完全抵消的矢量控制系统结构图

3. 按转子磁链定向的异步电动机矢量控制系统电流控制

图 2-19 中，转子磁链的被控对象是惯性环节，可以采用图中的闭环控制，也可以采用开环控制；转速的被控对象存在积分环节，为不稳定结构，必须用转速负反馈控制。

电流跟随控制有两种方式：①三相电流定时跟踪 PWM 控制，如图 2-20 所示，定子电流给定值 i_{sm}^* 和 i_{st}^* 经过按转子磁链定向的 dq 逆变换，再经 2/3 变换，得到定子三相电流的给定 i_A^*、i_B^*、i_C^*，电流跟踪 PWM 控制使定子电流跟随给定值。图 2-20 中，内环为电流环，外环为转子磁链环和转速环。ASR 为转速调节器，FBS 为转速传感器，AFR 为磁链调节器，磁链计算环节将在后续介绍。基频以下，磁链给定为额定磁链，基频以上，减弱磁链给定；②电流闭环控制，如图 2-21 所示，定子电流给定值 i_{sm}^* 和 i_{st}^* 分别与异步电动机实际电流反馈值 i_{sm} 和 i_{st} 相减，偏差经调节器运算，得到 mt 坐标系的调制信号 u_{sm}^* 和 u_{st}^*，经过按转子磁链定向的 dq 逆变换，得到 αβ 坐标系调制信号 $u_{sα}^*$ 和 $u_{sβ}^*$，经 SPWM 或 SVPWM 脉冲发生器产生 PWM 脉冲控制逆变电路。ACMR（Automatic Current/M Regulator）和 ACTR（Automatic Current/T Regulator）分别为定子电流励磁分量和转矩分量调节器。

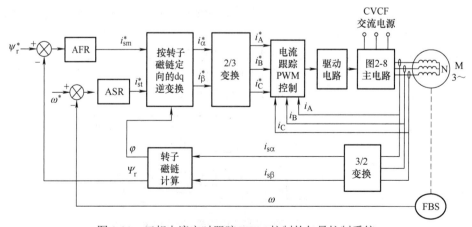

图 2-20 三相电流定时跟踪 PWM 控制的矢量控制系统

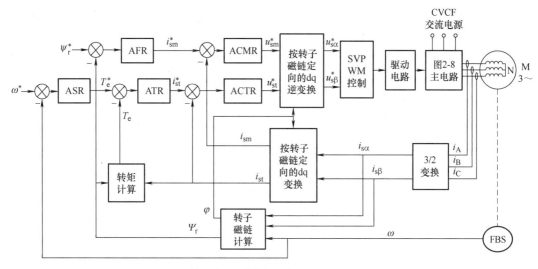

图 2-21 电流闭环控制的异步电动机矢量控制系统

4. 按转子磁链定向的异步电动机矢量控制系统电磁转矩控制

转子磁链扰动影响电磁转矩,虽然图 2-20 中转速反馈能稳定转速,但只有当转速变化后,转速负反馈才能起作用。控制转速最直接的物理量是电磁转矩,为了提高动态性能,采用直接控制电磁转矩。常用的转矩控制方式有转矩闭环控制和转矩调节器输出加除法器。图 2-21 中有转矩反馈控制环,转矩计算环节计算电磁转矩,转矩调节器(Automatic Torque Regulator, ATR)输出定子电流的转矩分量。图 2-22 中 ASR 输出的 T_e^* 除以转子磁链得到定子电流转矩分量给定值 i_{st}^*,若转子磁链减小,定子电流转矩分量增加,维持电磁转矩不变。控制电磁转矩提高了动态性能,同时增加了系统的复杂性。

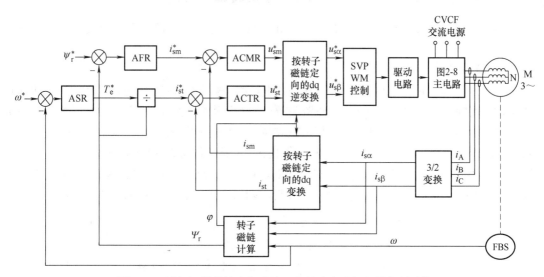

图 2-22 转矩调节器输出加除法器的异步电动机矢量控制系统

5. 转子磁链的计算

按转子磁链定向的矢量控制系统需要转子磁链的大小 ψ_r 和空间位置 φ,若控制电磁转矩,还需要电磁转矩。测量转子磁链和电磁转矩困难,可以利用易测量的电压、电流和速度等信号计算出转子磁链和电磁转矩。计算模型分为电流模型和电压模型，下面介绍 mt 坐标系中计算转子磁链的电流模型。

应用式（2-90）和式（2-92），测量得到的转速角频率 ω 加转差角频率 ω_s 为磁链的转速角频率 ω_1，积分可得磁链转角 φ。定子电流磁链分量经过惯性环节 $\dfrac{L_m}{T_r s+1}$ 得到转子磁链的大小 ψ_r，计算模型如图 2-23 所示。电动机参数变化影响计算结果，电动机温升和频率变化导致 R_r 变化，磁饱和程度影响 L_m 和 L_r。

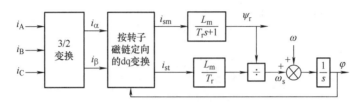

图 2-23 mt 坐标系中转子磁链的电流计算模型

6. 矢量控制系统的特点和不足

矢量控制系统的特点：①按转子磁链定向，实现了定子电流励磁分量和转矩分量的解耦，需要对两个电流分量闭环控制；②转子磁链的控制对象是惯性环节，可以闭环控制，也可以开环控制，转速需闭环控制；③PI 控制转矩与磁链，变化平稳，PI 控制电流可有效地限制起、制动电流。

矢量控制系统的不足：①转子电阻变化影响转子磁链计算精度，转子磁链角度精度影响定向的准确性；②矢量变换使系统结构复杂，运算量大。

2.2.6　异步电动机按定子磁链定向的直接转矩控制系统

直接转矩控制系统（Direct Torque Control，DTC）是继矢量控制系统后又一种高动态性能的异步电动机变频调速系统。

1. 逆变电路输出电压的矢量

图 2-8 的逆变电路如图 2-24 所示。电压型逆变电路一般采用 180° 导通方式，忽略开关时间，每相半桥有两种状态：上桥臂导通、下桥臂关断；上桥臂关断、下桥臂导通。每相半桥的开关状态用开关变量 S_X(X=A，B，C)表示，X 相上桥臂导通、下桥臂关断，S_X=1；X 相上桥臂关断、下桥臂导通，S_X=0。三相逆变电路共有 8 种工作状态，8 种工作状态导通的器件为：VT_4、VT_6、VT_2（000），VT_1、VT_6、VT_2（100），VT_1、VT_3、VT_2（110），VT_4、VT_3、VT_2（010），VT_4、VT_3、VT_5（011），VT_4、VT_6、VT_5（001），VT_1、VT_6、VT_5（101），VT_1、VT_3、VT_5（111）。

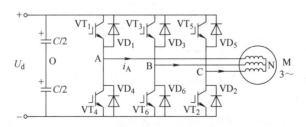

图 2-24　逆变电路

图 2-25a 三相静止 ABC 坐标系中，3 个轴相差 120° 电角度，3 个轴的空间位置表示为 e^{j0}、$e^{j\frac{2\pi}{3}}$、$e^{-j\frac{2\pi}{3}}$。逆变电路输出三相电压 u_{AN}、u_{BN}、u_{CN} 分别落在 A、B 和 C 轴，相电压大于 0，相电压矢量落在正半轴；相电压小于 0，相电压矢量落在负半轴（负半轴未画出）。三相相电压矢量 u_{AN}、u_{BN}、u_{CN} 的合成矢量称为三相电压矢量 u_s，有

$$u_s = u_{AN} + u_{BN} + u_{CN}$$

$$= \sqrt{\frac{2}{3}}\left(u_{AN}e^{j0} + u_{BN}e^{j\frac{2\pi}{3}} + u_{CN}e^{-j\frac{2\pi}{3}}\right)$$

$$u_s = \sqrt{\frac{2}{3}}\left(u_{AO}e^{j0} + u_{BO}e^{j\frac{2\pi}{3}} + u_{CO}e^{-j\frac{2\pi}{3}}\right) \tag{2-93}$$

其中，O 为直流电压中点。图 2-25a 为 A、B 相电压为正，C 相电压为负时三相相电压矢量和三相电压矢量。$S_A=1$、$S_B=1$、$S_C=0$，$u_{AO}=\dfrac{U_d}{2}$、$u_{BO}=\dfrac{U_d}{2}$、$u_{CO}=-\dfrac{U_d}{2}$，代入式（2-93）可得

$$u_1 = \sqrt{\frac{2}{3}}\left(\frac{U_d}{2}e^{j0} + \frac{U_d}{2}e^{j\frac{2\pi}{3}} + \frac{U_d}{2}e^{-j\frac{2\pi}{3}}\right) = \sqrt{\frac{2}{3}}U_d e^{j\frac{\pi}{3}} \tag{2-94}$$

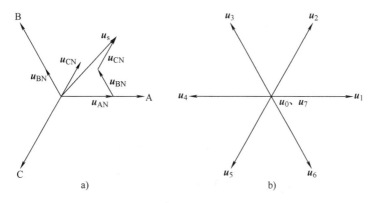

a)　　　　　　　　b)

图 2-25　三相电压矢量

求出 8 种工作状态的基本电压矢量，见表 2-1。u_0 和 u_7 称为零矢量，$u_1 \sim u_6$ 为 6 个有效矢量，大小相等，空间互差 60° 电角度。三相基本电压矢量如图 2-25b 所示。

表 2-1　逆变电路的基本电压矢量

S_A	S_B	S_C	u_{AO}	u_{BO}	u_{CO}	合成矢量	u_s
0	0	0	$-\dfrac{U_d}{2}$	$-\dfrac{U_d}{2}$	$-\dfrac{U_d}{2}$	0	u_0
1	0	0	$\dfrac{U_d}{2}$	$-\dfrac{U_d}{2}$	$-\dfrac{U_d}{2}$	$\sqrt{\dfrac{2}{3}}U_d$	u_1
1	1	0	$\dfrac{U_d}{2}$	$\dfrac{U_d}{2}$	$-\dfrac{U_d}{2}$	$\sqrt{\dfrac{2}{3}}U_d e^{j\frac{\pi}{3}}$	u_2
0	1	0	$-\dfrac{U_d}{2}$	$\dfrac{U_d}{2}$	$-\dfrac{U_d}{2}$	$\sqrt{\dfrac{2}{3}}U_d e^{j\frac{2\pi}{3}}$	u_3
0	1	1	$-\dfrac{U_d}{2}$	$\dfrac{U_d}{2}$	$\dfrac{U_d}{2}$	$\sqrt{\dfrac{2}{3}}U_d e^{j\frac{3\pi}{3}}$	u_4

（续）

S_A	S_B	S_C	u_{AO}	u_{BO}	u_{CO}	合成矢量	u_s
0	0	1	$-\dfrac{U_d}{2}$	$-\dfrac{U_d}{2}$	$\dfrac{U_d}{2}$	$\sqrt{\dfrac{2}{3}}U_d e^{j\frac{4\pi}{3}}$	u_5
1	0	1	$\dfrac{U_d}{2}$	$-\dfrac{U_d}{2}$	$\dfrac{U_d}{2}$	$\sqrt{\dfrac{2}{3}}U_d e^{j\frac{2\pi}{3}}$	u_6
1	1	1	$\dfrac{U_d}{2}$	$\dfrac{U_d}{2}$	$\dfrac{U_d}{2}$	0	u_7

异步电动机定子电压方程写成矢量形式为

$$u_s = i_s R_s + \frac{d\boldsymbol{\psi}_s}{dt} \qquad (2\text{-}95)$$

电动机转速不是很低时，忽略定子电阻压降，有

$$u_s \approx \frac{d\boldsymbol{\psi}_s}{dt} \qquad (2\text{-}96)$$

增量式为

$$\Delta\boldsymbol{\psi}_s \approx u_s \Delta t \qquad (2\text{-}97)$$

式（2-97）的物理意义为，电压矢量 u_s 作用时间 Δt 引起的磁链矢量增量的大小与电压矢量的大小和作用时间成正比，方向与电压矢量相同。设

$$\boldsymbol{\psi}_s = \psi_s e^{j(\omega_1 t + \varphi)} \qquad (2\text{-}98)$$

$$u_s \approx \frac{d\boldsymbol{\psi}_s}{dt} = \omega_1 \psi_s e^{j\left(\omega_1 t + \frac{\pi}{2} + \varphi\right)} \qquad (2\text{-}99)$$

电压矢量的大小是磁链矢量大小的 ω_1 倍，电压矢量的方向与磁链矢量方向垂直，如图 2-26 所示。

2. 按定子磁链定向的 dq 坐标系中的异步电动机状态方程

使 d 轴与定子磁链矢量重合，得到按定子磁链定向的 dq 坐标系。在此坐标系中，$\psi_s = \psi_{sd}$，$\psi_{sq} = 0$，代入式（2-82）和式（2-84）第 3 式，分别得

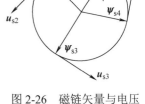

图 2-26 磁链矢量与电压矢量的位置关系

$$T_e = n_p i_{sq} \psi_s \qquad (2\text{-}100)$$

$$u_{sq} = \psi_s \omega_1 + R_s i_{sq} \qquad (2\text{-}101)$$

将式（2-101）代入式（2-84），可得

$$\begin{cases} \dfrac{d\omega}{dt} = \dfrac{n_p^2}{J} i_{sq}\psi_s - \dfrac{n_p}{J} T_L \\[2mm] \dfrac{d\psi_s}{dt} = -R_s i_{sd} + u_{sd} \\[2mm] \dfrac{di_{sd}}{dt} = -\dfrac{R_s L_r + R_r L_s}{\sigma L_s L_r} i_{sd} + \dfrac{1}{\sigma L_s T_r}\psi_s + (\omega_1 - \omega)i_{sq} + \dfrac{u_{sd}}{\sigma L_s} \\[2mm] \dfrac{di_{sq}}{dt} = -\dfrac{1}{\sigma T_r} i_{sq} + \dfrac{1}{\sigma L_s}(\omega_1 - \omega)(\psi_s - \sigma L_s i_{sd}) \end{cases} \qquad (2\text{-}102)$$

由式（2-102）第 2、3 式和图 2-27 可以看出，u_{sd} 与 ψ_s 重合，u_{sd} 决定 ψ_s 幅值的增减；u_{sq} 决定 ψ_s 旋转的速度，从而决定电磁转矩。

3. 定子电压矢量对定子磁链和电磁转矩的控制作用

图 2-28 将磁链圆划分为 Ⅰ、Ⅱ、Ⅲ、Ⅳ、Ⅴ、Ⅵ共 6 个扇区，第 Ⅰ 扇区磁链 $\psi_{sⅠ}$ 在 6 个电压矢量作用下，磁链的幅值和转向不同，使磁链幅值增加的电压矢量有 u_1、u_2、u_6，使磁链幅值减小的电压矢量有 u_3、u_4、u_5；使磁链正转的电压矢量有 u_3、u_2、u_4，使磁链反转的电压矢量有 u_1、u_6、u_5。第 Ⅳ 扇区磁链 $\psi_{sⅣ}$ 在 6 个电压矢量作用下，磁链的幅值和转向不同，使磁链幅值增加的电压矢量有 u_5、u_4、u_3，使磁链幅值减小的电压矢量有 u_1、u_2、u_6；使磁链正转的电压矢量有 u_5、u_6、u_4，使磁链反转的电压矢量有 u_1、u_2、u_3。零矢量 u_0、u_7 作用不会引起磁链幅值和位置的改变。

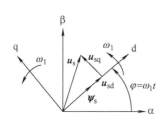

图 2-27 按定子磁链定向的 dq 坐标系

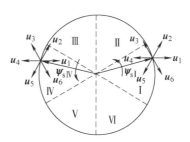

图 2-28 定子磁链圆扇区图

有效电压矢量可以沿着磁链方向和其垂直方向分解为 u_{sd}、u_{sq}。u_{sd} 引起磁链幅值增加为正、减小为负。u_{sq} 引起磁链正转为正、反转为负。有效电压矢量两个分量的作用效果见表 2-2。u_{sd} 为正，定子磁链幅值增加；u_{sd} 为 0，定子磁链幅值不变；u_{sd} 为负，定子磁链幅值减小。u_{sq} 为正，定子磁链正转，定子电流转矩分量 i_{sq} 和电磁转矩 T_e 加大；u_{sq} 为 0，定子磁链矢量不转动，$\omega_1=0$，定子电流转矩分量 i_{sq} 和电磁转矩 T_e 减小。u_{sq} 为负，定子磁链反转，定子电流转矩分量 i_{sq} 变负，电磁转矩 T_e 为制动转矩。第 Ⅰ 扇区电压矢量对定子磁链和电磁转矩的控制作用可以推广到其他 5 个扇区。

表 2-2　第 Ⅰ 扇区电压矢量两个分量的作用效果

磁链位置	电压矢量						
	u_1	u_2	u_3	u_4	u_5	u_6	u_0、u_7
	u_{sd}、u_{sq}	u_{sd}、u_{sq}	u_{sd}、u_{sq}	u_{sd}、u_{sq}	u_{sd}、u_{sq}	u_{sd}、u_{sq}	u_{sd}、u_{sq}
$-\pi/6$	+、+	0、+	−、+	−、−	0、−	+、−	0、0
$-\pi/6\sim0$	+、+	+、+	−、+	−、−	−、−	+、−	0、0
0	+、0	+、+	−、0	−、−	−、−	+、−	0、0
$0\sim\pi/6$	+、−	+、+	−、+	−、+	−、−	+、−	0、0
$\pi/6$	+、−	+、+	0、+	−、+	−、−	0、−	0、0

4. 按定子磁链定向的直接转矩控制系统

异步电动机直接转矩控制系统结构图如图 2-29 所示，图中 ASR、AFR 和 ATR 分别为转速调节器、定子磁链调节器和转矩调节器。转速调节器采用 PI 调节器，定子磁链调节器采用双位式滞环比较器，如图 2-30a 所示，转矩调节器采用三位式滞环比较器，如图 2-30b 所示。在额定转速以下，定子磁链给定为额定值，额定转速以上，减小定子磁链，转速增加。

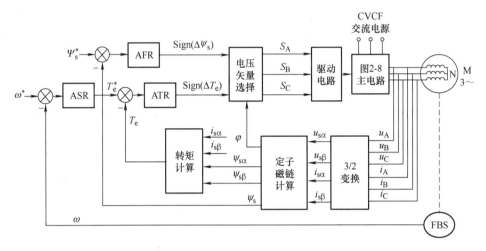

图 2-29 异步电动机直接转矩控制系统结构图

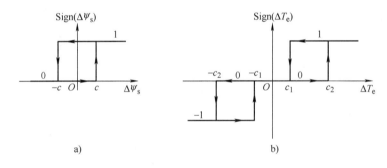

a)   b)

图 2-30 双位式和三位式滞环比较器

图 2-30a 中，AFR 的输入（定子磁链偏差）$\Delta\psi_s < -c$ 时，AFR 的输出 $\mathrm{Sign}(\Delta\psi_s)=0$；$-c \leqslant \Delta\psi_s < c$ 时，初始输入，AFR 的输出 $\mathrm{Sign}(\Delta\psi_s)=0$；$-c \leqslant \Delta\psi_s < c$ 时，非初始输入，AFR 的输出 $\mathrm{Sign}(\Delta\psi_s)$ 不变；$\Delta\psi_s \geqslant c$ 时，AFR 的输出 $\mathrm{Sign}(\Delta\psi_s)=1$。$\mathrm{Sign}(\Delta\psi_s)=1$，选择合适的电压矢量使定子磁链幅值增加；$\mathrm{Sign}(\Delta\psi_s)=0$，选择合适的电压矢量使定子磁链幅值减小。

图 2-30b 中，ATR 的输入（电磁转矩偏差）$\Delta T_e < -c_2$ 时，ATR 的输出 $\mathrm{Sign}(\Delta T_e)=-1$；$-c_2 \leqslant \Delta T_e < -c_1$ 时，初始输入，ATR 的输出 $\mathrm{Sign}(\Delta T_e)=-1$；$-c_2 \leqslant \Delta T_e < -c_1$ 时，非初始输入，ATR 的输出 $\mathrm{Sign}(\Delta T_e)$ 不变；$-c_1 \leqslant \Delta T_e < c_1$ 时，ATR 的输出 $\mathrm{Sign}(\Delta T_e)=0$；$c_1 \leqslant \Delta T_e < c_2$ 时，初始输入，ATR 的输出 $\mathrm{Sign}(\Delta T_e)$ 不变；$c_1 \leqslant \Delta T_e < c_2$ 时，非初始输入，ATR 的输出 $\mathrm{Sign}(\Delta T_e)$ 不变；$\Delta T_e > c_2$ 时，ATR 的输出 $\mathrm{Sign}(\Delta T_e)=1$。$\mathrm{Sign}(\Delta T_e)=1$ 时，选择合适的电压矢量使定子磁场正转，电磁转矩加大；$\mathrm{Sign}(\Delta T_e)=0$ 时，选择合适的电压矢量使定子磁场停止转动，电磁转矩减小；$\mathrm{Sign}(\Delta T_e)=-1$ 时，选择合适的电压矢量使定子磁场反转，电磁转矩反向加大。

当定子磁链矢量位于第 I 扇区不同位置时，按 $\mathrm{Sign}(\Delta\psi_s)$ 和 $\mathrm{Sign}(\Delta T_e)$ 的值查表 2-3 选取电压矢量，若磁链控制与转矩控制发生冲突，转矩控制优先，零矢量按开关损耗最小的原则选取。其他磁链扇区的电压矢量选取以此类推。

表 2-3 磁链位于第 Ⅰ 扇区时定子电压矢量的选择

Sign($\Delta\psi_s$)	Sign(ΔT_e)	$-\pi/6$	$-\pi/6\sim0$	0	$0\sim\pi/6$	$\pi/6$
1	1	u_1	u_2	u_2	u_2	u_2
	0	u_0 或 u_7				
	-1	u_6	u_6	u_6	u_6	u_1
0	1	u_3	u_3	u_3	u_3	u_4
	0	u_0 或 u_7				
	-1	u_4	u_5	u_5	u_5	u_5

5. 定子磁链和转矩计算

由式（2-62）第 1、2 式得 αβ 轴定子电压方程为

$$\begin{cases} \dfrac{\mathrm{d}\psi_{s\alpha}}{\mathrm{d}t} = -R_s i_{s\alpha} + u_{s\alpha} \\[2mm] \dfrac{\mathrm{d}\psi_{s\beta}}{\mathrm{d}t} = -R_s i_{s\beta} + u_{s\beta} \end{cases} \tag{2-103}$$

式（2-103）求积分，可得

$$\begin{cases} \psi_{s\alpha} = \int\left(-R_s i_{s\alpha} + u_{s\alpha}\right)\mathrm{d}t \\[2mm] \psi_{s\beta} = \int\left(-R_s i_{s\beta} + u_{s\beta}\right)\mathrm{d}t \end{cases} \tag{2-104}$$

定子磁链幅值和旋转角度为

$$\begin{cases} \psi_s = \sqrt{\psi_{s\alpha}^2 + \psi_{s\beta}^2} \\[2mm] \varphi = \arctan\dfrac{\psi_{s\beta}}{\psi_{s\alpha}} \end{cases} \tag{2-105}$$

将 $\omega_1=0$ 代入同步旋转 dq 坐标系中以 ω-i_s-ψ_r 为状态变量的状态方程式（2-78）～式（2-85），得到 αβ 坐标系以 ω-i_s-ψ_r 为状态变量的状态方程，式（2-82）变为

$$T_e = n_p\left(i_{s\beta}\psi_{s\alpha} - i_{s\alpha}\psi_{s\beta}\right) \tag{2-106}$$

式（2-106）即为电磁转矩计算公式。

6. 直接转矩控制系统的特点与不足

直接转矩控制系统的特点：①转矩和磁链的控制采用滞环比较器控制，根据比较器输出选择逆变电路输出电压，省去了坐标变换和电流控制，简化了系统结构；②计算定子磁链不受转子参数变化的影响，提高了控制系统的鲁棒性；③直接转矩控制可以使系统获得快速的转矩响应，但必须限制过大的冲击电流损坏功率器件，因此实际的转矩响应速度也是有限的。

直接转矩控制系统的不足：①滞环比较器控制使实际转矩在上下限内脉动；②定子磁链计算采用带积分环节的电压模型，积分初值、累积误差和定子电阻的变化都会影响磁链计算的精度。

直接转矩控制系统与矢量控制系统相比，两者都基于异步电动机动态数学模型，电磁转矩和磁链分别闭环控制，都能实现高动态性能调速，系统的特点与性能比较见表 2-4。

表 2-4 直接转矩控制系统和矢量控制系统的特点与性能比较

特点与性能	矢量控制系统	直接转矩控制系统
磁链控制	转子磁链闭环控制或开环控制	定子磁链闭环控制
转矩控制	连续控制、比较平滑	滞环比较器，转矩脉动
电流控制	闭环控制	无闭环控制
坐标变换	旋转坐标变换，较复杂	静止坐标变换，较简单
磁链定向	按转子磁链定向	知道定子磁链位置，无须精确定向
调速范围	比较宽	不够宽
转矩动态响应	不够快	较快

矢量控制系统通过矢量变换实现定子电流的励磁分量和转矩分量的解耦，从而实现电磁转矩和定子磁链的解耦，有利于设计转速与磁链调节器；闭环控制可获得较宽的调速范围；电动机转子参数的变化影响定向精度，降低了系统的鲁棒性。

直接转矩控制系统根据定子磁链幅值偏差的极性、电磁转矩偏差的极性、定子磁链矢量所在的位置，选取逆变电路输出的电压矢量，避开了坐标变换，简化了结构；定子磁链不受转子参数变化的影响；转矩脉动影响低速性能，调速范围受到限制。

高性能调速系统需要转速负反馈，需要测量转速的传感器，如测速发电机、光电编码器、磁性编码器等，转速传感器要与电动机同轴安装。不用转速传感器，用测量得到的电压、电流等信号计算出转速，用计算出的转速取代测量转速构成无速度传感器交流调速系统。

2.3 交流调速系统仿真

2.3.1 异步电动机矢量控制系统仿真

命令窗口输入"ac3_example"并执行，或打开示例"AC3-Field-Oriented Control Induction 200 HP Motor Drive"（路径：Simscape Electrical/Specialized Power Systems/Electric Drives），显示如图 2-31 所示异步电动机矢量控制系统仿真模型。图中左上方的"Speed reference"为速度参考输入，"Load torque"为负载转矩。单击"Field-Oriented Control Induction Motor Drive"模块，参数设置对话框如图 2-32 所示。打开"Field-Oriented Control Induction Motor Drive"模块，内部结构如图 2-33 所示，主电路为交-直-交变频电路，直流侧的泵升电压限制电路（Braking Chopper）如图 2-34 所示。"Speed Controller"的内部结构如图 2-35a 所示，其方框的内部结构如图 2-35b 所示，"Ref_in"为速度给定输入，"Meas"为速度反馈，速度用 PI 控制，控制输出为转矩给定。图 2-35b 的输出"Ref_out"经过弱磁控制得到磁链，电动机转速低于额定值时，磁链指令为额定值，而电动机转速高于额定转速后，磁链指令与转速成反比。"MagC"为一个使能信号，其作用是先建立电动机磁场，当转子磁链大于某阈值后，"MagC"信号才触发"Speed Controller"工作。

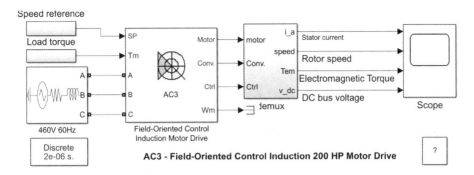

图 2-31 异步电动机矢量控制系统仿真模型

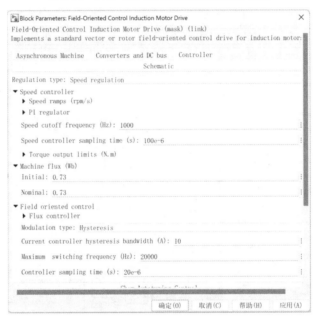

图 2-32 "Field-Oriented Control Induction Motor Drive" 模块参数设置对话框

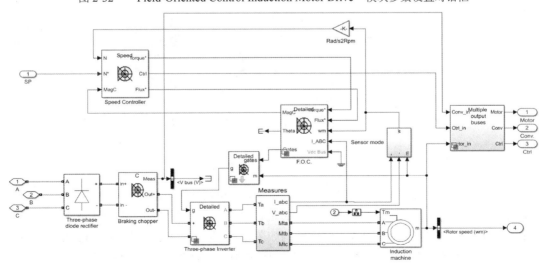

图 2-33 "Field-Oriented Control Induction Motor Drive" 模块内部结构

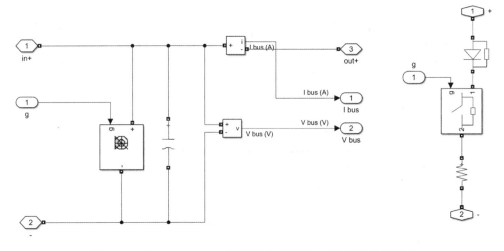

图 2-34   "Braking chopper"（泵升电压限制电路）模块内部结构

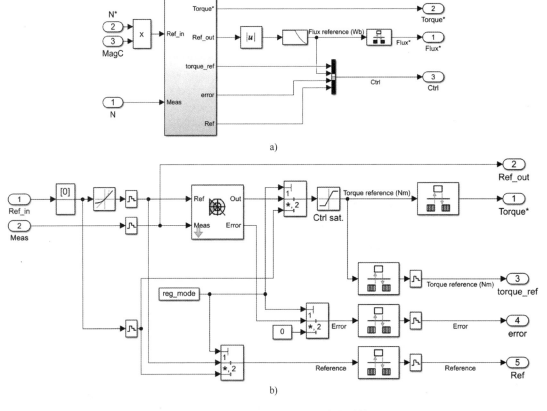

图 2-35   "Speed Controller"内部结构

矢量控制模块内部结构如图 2-36 所示，"Teta Calculation"为磁链角度计算模块，内部结构如图 2-37a 所示，"Flux Calculation"为磁链计算模块，内部结构如图 2-37b 所示。"iqs* Calculation"为转矩电流计算模块，内部结构如图 2-38 所示。"Flux_PI"为磁链 PI 控制器模块，内部结构如图 2-39 所示，对转子磁链值闭环控制，可降低转矩与磁链之间的耦合关系。"Current Regulator"为滞环跟踪 PWM 控制模块，内部结构如图 2-40 所示，采用的是滞环跟踪 PWM 控制，直接得到 PWM 脉冲。

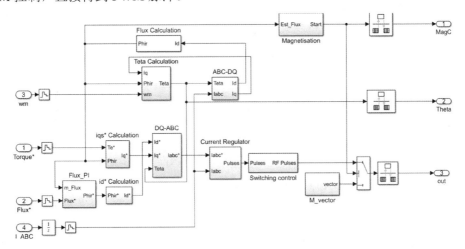

图 2-36　矢量控制模块内部结构

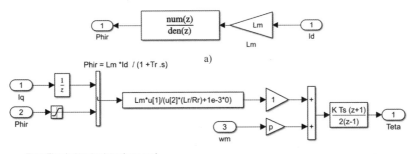

图 2-37　磁链及其角度计算模块内部结构

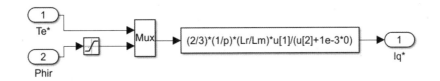

图 2-38　转矩电流计算模块内部结构

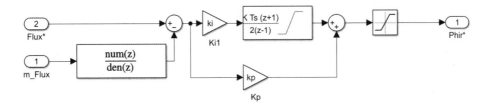

图 2-39　磁链 PI 控制器模块内部结构

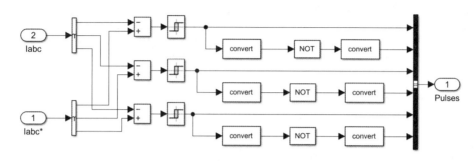

图 2-40 滞环跟踪 PWM 控制模块内部结构

异步电动机矢量控制系统仿真波形如图 2-41 和图 2-42 所示，"Speed reference"为速度参考输入，"N*"为速度参考输入经变化率限制后控制器的速度给定，"N"为速度反馈，"Stator current"为定子相电流，"TL"为负载转矩，"Te*"为电磁转矩给定，"Te"为电磁转矩，"DC bus voltage"为直流侧电压。

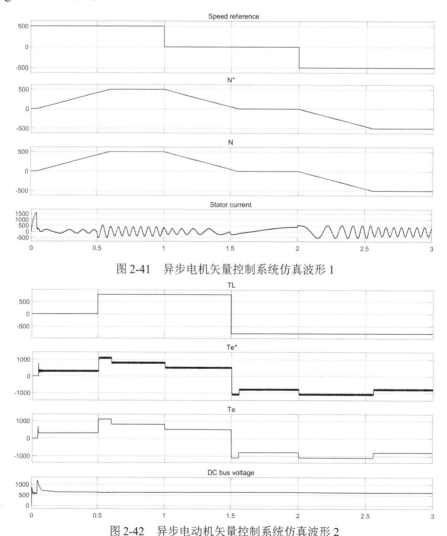

图 2-41 异步电机矢量控制系统仿真波形 1

图 2-42 异步电动机矢量控制系统仿真波形 2

2.3.2 异步电动机直接转矩控制系统仿真

命令窗口输入"ac4_example"并执行，或打开示例"AC4 - DTC Induction 200 HP Motor Drive"（路径：Simscape Electrical/Specialized Power Systems/Electric Drives/），显示如图 2-43 所示的异步电动机直接转矩控制系统仿真模型。单击"DTC Induction Motor Drive"模块，参数设置对话框如图 2-44 所示，内部结构如图 2-45 所示，主电路的结构与异步电动机矢量控制的主电路相似，速度控制器也与异步电动机矢量控制的速度控制器相似。其中"DTC"模块内部结构如图 2-46 所示，"Torque & Flux calculator"为转矩和磁链计算模块，内部结构如图 2-47 所示。"Flux & Torque hysteresis"为磁链和转矩滞环比较模块，如图 2-48 所示。根据滞环比较结果及定子磁链区域，"Switching table"模块选择合适的开关状态，其内部结构如图 2-49 所示。异步电动机直接转矩控制仿真波形如图 2-50 和图 2-51 所示，显示的参数、转速的给定、负载转矩的变化同异步电动机矢量控制仿真。

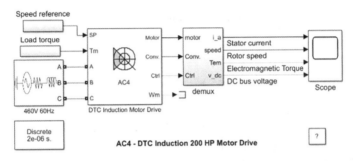

图 2-43　异步电动机直接转矩控制系统仿真模型

图 2-44　"DTC Induction Motor Drive"模块参数设置对话框

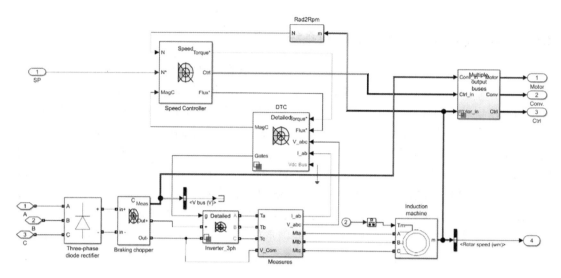

图 2-45 "DTC Induction Motor Drive"模块内部结构

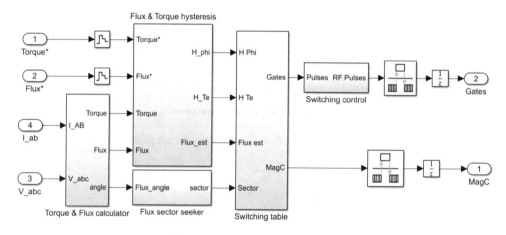

图 2-46 "DTC"模块内部结构

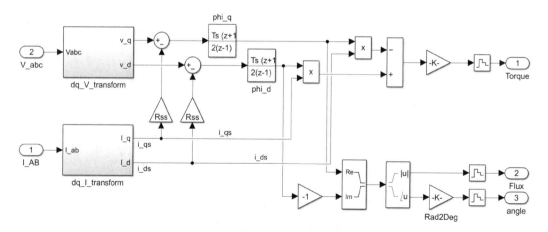

图 2-47 转矩和磁链计算模块内部结构

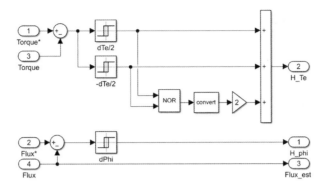

图 2-48 磁链和转矩滞环比较模块内部结构

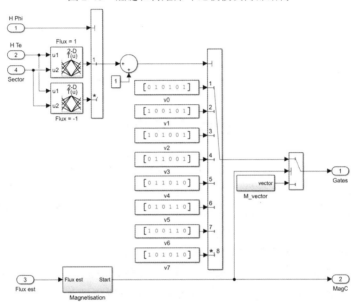

图 2-49 开关状态选择模块内部结构

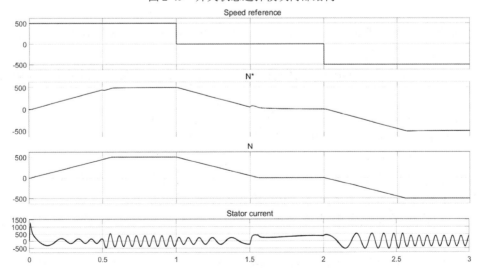

图 2-50 异步电动机直接转矩控制仿真波形 1

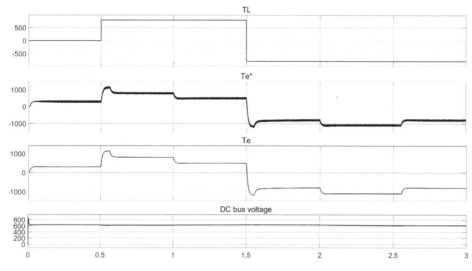

图 2-51　异步电动机直接转矩控制仿真波形 2

思考题与习题

2.1　一台三相笼型异步电动机铭牌数据为：额定电压 $U_N = 380V$，额定转速 n_N=960r/min，额定频率 f_N=50Hz，定子绕组丫联结。由实验测得定子电阻 R_s=0.35Ω，定子漏感 L_{ls}=0.006H，定子绕组产生气隙主磁通的等效电感 L_m=0.26H，转子电阻 $R_r' = 0.5Ω$，转子漏感 $L_{lr}' = 0.007H$，转子参数已折合到定子侧，忽略铁心损耗。

1）画出异步电动机的 T 形等效电路和简化等效电路。

2）额定运行时的转差率 s_N，定子额定电流 I_{1N} 和额定电磁转矩。

3）定子电压和频率均为额定值时，理想空载时的励磁电流 I_0。

4）定子电压和频率均为额定值时，临界转差率 s_m 和临界转矩 T_m，画出异步电动机的机械特性。

2.2　异步电动机参数同题 2.1，若定子每相绕组匝数 N_s=125，定子基波绕组系数 k_{Ns}=0.92，定子电压和频率均为额定值。求：

1）忽略定子漏阻抗，每极气隙磁通量 Φ_m 和气隙磁通在定子每相绕组感应电动势有效值 E_g。

2）考虑定子漏阻抗，在理想空载和额定负载时的 Φ_m 和 E_g。

3）比较上述两种情况下 Φ_m 和 E_g 的差异，并说明原因。

2.3　接 2.2 题，求：

1）在理想空载和额定负载时的定子磁通 Φ_{ms} 和定子每相绕组感应电动势 E_s。

2）转子磁通 Φ_{mr} 和转子绕组感应电动势（折合到定子侧）E_r。

3）分析与比较在额定负载时 Φ_m、Φ_{ms} 和 Φ_{mr} 的差异，以及 E_g、E_g 和 E_r 的差异，并说明原因。

2.4　异步电动机参数同题 2.1，逆变器输出频率 f 等于额定频率 f_N 时，输出电压 U 等于额定电压 U_N。考虑低频补偿，当频率 f=0，输出电压 U=10% U_N。

1）求基频以下，电压频率特性曲线 $U=f(f)$ 的表达式，并画出特性曲线。

2）当 $f=5\text{Hz}$ 时，比较补偿与不补偿的异步电动机机械特性曲线，以及两种情况下的临界转矩 T_{emax}。

2.5　两电平 PWM 逆变器电路，采用双极性调制时，用"1"表示上桥臂开通、下桥臂关断，"0"表示上桥臂关断、下桥臂开通，共有几种开关状态？写出其开关函数。根据开关状态写出其电压空间矢量表达式，画出空间电压矢量图。

2.6　三相电压分别为 u_{AO}、u_{BO}、u_{CO}，如何定义三相定子电压空间矢量 $\boldsymbol{u}_{\text{AO}}$、$\boldsymbol{u}_{\text{BO}}$、$\boldsymbol{u}_{\text{CO}}$ 和合成矢量 $\boldsymbol{u}_{\text{s}}$，写出它们的表达式。

2.7　忽略定子电阻的影响，讨论定子电压空间矢量 $\boldsymbol{u}_{\text{s}}$ 与定子磁链 $\boldsymbol{\psi}_{\text{s}}$ 的关系，当三相电压 u_{AO}、u_{BO}、u_{CO} 为正弦对称时，写出电压空间矢量 $\boldsymbol{u}_{\text{s}}$ 与定子磁链 $\boldsymbol{\psi}_{\text{s}}$ 的表达式，画出各自的运动轨迹。

2.8　按磁动势等效、功率相等的原则，三相坐标系变换到两相静止坐标系的变换矩阵为

$$C_{3\text{s}/2\text{s}} = \sqrt{\frac{2}{3}} \begin{bmatrix} 1 & -\dfrac{1}{2} & -\dfrac{1}{2} \\ 0 & \dfrac{\sqrt{3}}{2} & -\dfrac{\sqrt{3}}{2} \end{bmatrix}$$

现有三相正弦对称电流 $i_{\text{A}} = I_{\text{m}}\sin\omega t$，$i_{\text{B}} = I_{\text{m}}\sin\left(\omega t - \dfrac{2\pi}{3}\right)$，$i_{\text{C}} = I_{\text{m}}\sin\left(\omega t + \dfrac{2\pi}{3}\right)$，求变换后两相静止坐标系中的电流 $i_{\text{s}\alpha}$ 和 $i_{\text{s}\beta}$，分析两相电流的基本特征与三相电流的关系。

2.9　两相静止坐标系到两相旋转坐标系的变换矩阵为

$$C_{2\text{s}/2\text{r}} = \begin{bmatrix} \cos\varphi & \sin\varphi \\ -\sin\varphi & \cos\varphi \end{bmatrix}$$

将题 2.8 中的两相静止坐标系中的电流 $i_{\text{s}\alpha}$ 和 $i_{\text{s}\beta}$ 变换为两相旋转坐标系中的电流 $i_{\text{s}d}$ 和 $i_{\text{s}q}$，坐标系旋转速度 $\dfrac{\text{d}\varphi}{\text{d}t} = \omega_1$。分析当 $\omega_1 = \omega$ 时，$i_{\text{s}d}$ 和 $i_{\text{s}q}$ 的基本特征，电流矢量幅值 $i_{\text{s}} = \sqrt{i_{\text{s}d}^2 + i_{\text{s}q}^2}$ 与三相电流幅值 I_{m} 的关系，其中 ω 为三相电源角频率。

2.10　三相笼型异步电动机铭牌数据为：额定功率 $P_{\text{N}}=3\text{kW}$，额定电压 $U_{\text{N}}=380\text{V}$，额定电流 $I_{\text{N}}=6.9\text{A}$，额定转速 $n_{\text{N}}=1400\text{r/min}$，额定频率 $f_{\text{N}}=50\text{Hz}$，定子绕组丫联结。由实验测得定子电阻 $R_{\text{s}}=1.85\Omega$，转子电阻 $R_{\text{r}}=2.658\Omega$，定子自感 $L_{\text{s}}=0.294\text{H}$，转子自感 $L_{\text{r}}=0.2898\text{H}$，定、转子互感 $L_{\text{m}}=0.2838\text{H}$，转子参数已折合到定子侧，系统转动惯量 $J=0.1284\text{kg·m}^2$，电动机稳定运行在额定工作状态，假定电流闭环控制性能足够好。试求转子磁链 ψ_{r} 和按转子磁链定向的定子电流的两个分量 i_{sm}、i_{st}。

2.11　城市自来水公司的供水水压不能满足高楼供水的要求，高楼供水需要增加水压，控制水压的水柱高度为高楼的高度。画出高楼供水水压控制系统原理图，假设采用异步电动机拖动增压水泵。

第3章 永磁同步电动机控制系统

内容提要：永磁同步电动机的物理模型、数学模型和转矩角特性，永磁同步电动机只能运行在电压极限圆和电流极限圆的公共区域；永磁同步电动机矢量控制的关键是由电磁转矩给定值计算定子电流给定值；转折速度以下计算定子电流给定值的两种方法、转折速度以上弱磁Ⅰ区和弱磁Ⅱ区每个区计算定子电流给定值的一种方法；无刷直流电动机的结构、控制要求和转速、电流双闭环控制系统。

3.1 永磁同步电动机数学模型

同步电动机的定子与异步电动机的定子相同，一般为三相绕组。按励磁方式，同步电动机分为可控励磁同步电动机和永磁同步电动机。可控励磁同步电动机转子有独立的直流励磁绕组，改变直流励磁电流改变磁场。永磁同步电动机转子用永磁材料制作，无须励磁。按气隙磁场分布，永磁同步电动机分为两种：正弦波永磁同步电动机和梯形波永磁同步电动机。正弦波永磁同步电动机定子输入三相正弦波电流时，气隙磁场按正弦波分布，简称永磁同步电动机（Permanent Magnet Synchronous Motor，PMSM）。梯形波永磁同步电动机定子输入方波电流，气隙磁场呈梯形波分布，用其构成的自控变频同步电动机又称无刷直流电动机（Brushless DC Motor，BLDM）。

同步电动机转子转速等于旋转磁场的同步转速，$\omega = \omega_1$，要改变转子转速只能通过改变旋转磁场的同步转速，需要改变定子供电电压的频率，即变频调速。

交流异步电动机质量大、控制相对复杂、功率密度不够高，永磁同步电动机体积小、质量小、功率密度大、效率高，具有较好的弱磁升速性能，在电动车驱动应用中的占比已经达80%以上。

根据永磁体在电动机转子安装位置的差异，将永磁同步电动机分为表贴式、嵌入式和内置式3类，分别如图3-1所示。表贴式电动机的永磁体贴于转子表面，如图3-1a所示，通常也称其为隐极电动机，嵌入式和内置式电动机的永磁体内嵌或内埋于转子铁心中，如图3-1b、c所示也称凸极电动机。

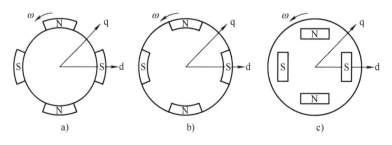

图3-1 永磁同步电动机转子

永磁同步电动机的物理模型如图 3-2 所示。定子 A、B、C 三相绕组，一般由逆变器供给定子三相交流电压，改变交流电压频率即改变转子转速。转子的转速等于旋转磁场的同步转速，永磁同步电动机转子磁场由永磁体决定，转子磁链矢量 ψ_r 幅值恒定、旋转速度等于转子转速 ω。设 dq 坐标系按转子磁链矢量 ψ_r 定向，d 轴与转子磁链矢量 ψ_r 重合。

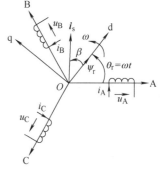

图 3-2 永磁同步电动机的物理模型

ABC 坐标系下，永磁同步电动机的定子电压方程和定子磁链方程分别为

$$\begin{bmatrix} u_A \\ u_B \\ u_C \end{bmatrix} = \begin{bmatrix} R_s & 0 & 0 \\ 0 & R_s & 0 \\ 0 & 0 & R_s \end{bmatrix} \begin{bmatrix} i_A \\ i_B \\ i_C \end{bmatrix} + \frac{d}{dt}\begin{bmatrix} \psi_A \\ \psi_B \\ \psi_C \end{bmatrix} \tag{3-1}$$

$$\begin{bmatrix} \psi_A \\ \psi_B \\ \psi_C \end{bmatrix} = \begin{bmatrix} L_{AA} & L_{AB} & L_{AC} \\ L_{BA} & L_{BB} & L_{BC} \\ L_{CA} & L_{CB} & L_{CC} \end{bmatrix} \begin{bmatrix} i_A \\ i_B \\ i_C \end{bmatrix} + \psi_r \begin{bmatrix} \cos\theta_r \\ \cos(\theta_r - 2\pi/3) \\ \cos\left(\theta_r + \dfrac{2\pi}{3}\right) \end{bmatrix} \tag{3-2}$$

对方程式（3-1）、式（3-2）进行 Clark 变换和 Park 变换，同步旋转 dq 坐标系下，永磁同步电动机的定子电压方程和定子磁链方程分别为

$$\begin{bmatrix} u_{sd} \\ u_{sq} \end{bmatrix} = \begin{bmatrix} R_s & 0 \\ 0 & R_s \end{bmatrix} \begin{bmatrix} i_{sd} \\ i_{sq} \end{bmatrix} + \frac{d}{dt}\begin{bmatrix} \psi_{sd} \\ \psi_{sq} \end{bmatrix} + \omega \begin{bmatrix} -\psi_{sq} \\ \psi_{sd} \end{bmatrix} \tag{3-3}$$

$$\begin{bmatrix} \psi_{sd} \\ \psi_{sq} \end{bmatrix} = \begin{bmatrix} L_d & 0 \\ 0 & L_q \end{bmatrix} \begin{bmatrix} i_{sd} \\ i_{sq} \end{bmatrix} + \psi_r \begin{bmatrix} 1 \\ 0 \end{bmatrix} \tag{3-4}$$

式中，u_{sd}、u_{sq} 分别为定子电压 d 轴和 q 轴分量；i_{sd}、i_{sq} 分别为定子电流 d 轴和 q 轴分量；ψ_{sd}、ψ_{sq} 分别为定子磁链 d 轴和 q 轴分量，L_d、L_q 分别为 d 轴和 q 轴等效电感，隐极电动机 $L_d = L_q$，凸极电动机 $L_d \neq L_q$。

电磁转矩方程为

$$T_e = n_p \left(\psi_{sd} i_{sq} - \psi_{sq} i_{sd} \right) \tag{3-5}$$

将式（3-4）代入式（3-5），有

$$T_e = n_p \psi_r i_{sq} + n_p \left(L_d - L_q \right) i_{sd} i_{sq} \tag{3-6}$$

式中，等号右边第 1 项与转子永磁体的磁链成正比，称为永磁转矩；第 2 项与凸极程度有关，称为磁阻转矩。设定子电流矢量 i_s 与 d 轴的夹角为 β，有

$$\begin{cases} i_{sd} = i_s \cos\beta \\ i_{sq} = i_s \sin\beta \end{cases} \tag{3-7}$$

将式（3-7）代入式（3-6），有

$$T_e = n_p \psi_r i_s \sin\beta + \frac{1}{2} n_p \left(L_d - L_q \right) i_s^2 \sin 2\beta \tag{3-8}$$

式（3-8）反映了电磁转矩与 β 的关系，称为转矩角特性，如图 3-3 所示。

考虑到逆变器输出电压和电动机绝缘等级以及逆变器输出电流和电动机散热条件的限制，逆变器驱动的永磁电动机在运行过程中除了受到额定电流的限制外，还会受到最大电压的限制。定子电压满足

$$u_s = \sqrt{u_{sd}^2 + u_{sq}^2} \leqslant u_{max} \tag{3-9}$$

稳态时，忽略定子电阻 R_s，将式（3-3）代入式（3-9），有

$$\left(L_d i_{sd} + \psi_r \right)^2 + \left(L_q i_{sq} \right)^2 = \left(\frac{u_s}{\omega} \right)^2 \leqslant \left(\frac{u_{max}}{\omega} \right)^2 \tag{3-10}$$

令 $\rho = L_q/L_d$，称 ρ 为凸极比。$L_d < L_q$，即 $\rho > 1$ 的同步电动机称为凸极式同步电动机。在 i_d-i_q 坐标系中，u_s 取不同电压时，式（3-10）对应曲线是椭圆，称为电压极限圆，如图 3-4 所示，椭圆中心为 O' $(-\psi_r/L_d, \ 0)$，长半轴为 $u_{amx}/(\omega L_d)$，短半轴为 $u_{amx}/(\omega L_q)$，转速 ω 越高，椭圆越小。$L_d = L_q$，即 $\rho = 1$ 的同步机称为隐极电动机，u_s 取不同电压时，式（3-10）对应曲线是圆。

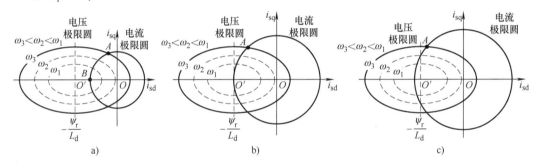

图 3-4　电压极限圆与电流极限圆

电动机存在铜耗，考虑到温升等因素的限制，永磁同步电动机在运行过程中定子电流应该限制在安全范围内，定子电流满足

$$i_{sd}^2 + i_{sq}^2 = i_s^2 \leqslant i_{max}^2 \tag{3-11}$$

i_s 取不同电流时，式（3-11）对应曲线是圆，圆心为坐标原点 O，电流取最大值的圆称为电流极限圆，如图 3-4 所示。最外层电压极限圆与电流极限圆交点 A 称为转折点，此点对应电动机的最大电压和最大电流，A 点的转速称为转折转速，转折速度一般大于额定转速。图 3-4a 椭圆圆心 O' 在电流极限圆外，同步电动机理论最高转速点为 B。图 3-4b、c 椭圆圆心 O' 分别在电流极限圆圆周上和圆内，同步电动机理论最高转速点为 O'，理论最高转速为无穷大。本书仅介绍图 3-3c 的情形。

3.2　永磁同步电动机矢量控制系统

永磁同步电动机矢量控制系统结构如图 3-5 所示，为转速、电流双闭环调速系统，外

环是转速环，内环为电流环。旋转变压器与电动机同轴相连，通过解码电路得到永磁同步电动机转子的转速 n 和转角 θ_r。dq 坐标系按转子磁场定向。转速调节器输出电磁转矩值，由转矩值计算得到定子电流给定 i_{sd}^* 和 i_{sq}^*，对定子电流闭环控制。下面讨论由电磁转矩计算定子电流给定值。

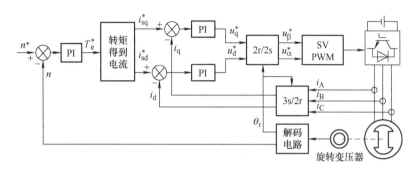

图 3-5　永磁同步电动机矢量控制系统结构图

3.2.1　转折速度以下控制方式

1. $i_{sd}=0$ 控制方式

使同步电动机定子 d 轴电流给定 $i_{sd}=0$，仅控制定子 q 轴电流 i_{sq}。由式（3-6）得

$$T_e = n_p \psi_r i_{sq} \tag{3-12}$$

式中，转子磁链 ψ_r 由永磁材料决定，是恒定的，电磁转矩与 i_{sq} 成正比，控制 i_{sq} 即控制电磁转矩，i_{sq} 的最大值为电流极限圆与纵轴交点的值（见图 3-4）。该控制方式的优点就是简单，降低了由于 d 轴去磁电流的去磁效应引起的永磁同步电动机永磁体损坏的可能性。

2. MTPA 控制方式

电动机在基速以下运行时，铁耗占比较小，而铜耗占比较大。对于车用电动机，驱动电动机的输出电磁转矩是重要指标。由电磁转矩计算公式可知，与电磁转矩对应的多种交、直轴电流的组合，可使用电动机在相同的电流下输出最大转矩，或者输出相同电磁转矩电动机定子电流最小，使电动机铜耗最小，同时减小了逆变器损耗，从而降低了"三电系统"基速以下总损耗，驱动汽车的永磁同步电动机转折速度以下多采用最大电磁转矩电流比控制（Maximum Torque Per Ampere，MTPA）。

设在 dq 坐标系下

$$i_s = \sqrt{i_{sd}^2 + i_{sq}^2} \tag{3-13}$$

电磁转矩为

$$T_e = n_p \left[\psi_r i_{sq} + \left(L_d - L_q \right) i_{sd} i_{sq} \right] \tag{3-14}$$

为求取电磁转矩的极值，利用拉格朗日极值定理，构造辅助函数

$$F = \sqrt{i_{sd}^2 + i_{sq}^2} + \lambda \left\{ T_e - n_p \left[\psi_r i_{sq} + \left(L_d - L_q \right) i_{sd} i_{sq} \right] \right\} \tag{3-15}$$

为求式（3-15）的极值，求 F 对 i_{sd}、i_{sd}、λ 的偏导数，并令偏导数等于 0，即

$$\frac{\partial F}{\partial \lambda} = 0 \qquad (3\text{-}16)$$

$$\frac{\partial F}{\partial i_{sd}} = 0 \qquad (3\text{-}17)$$

$$\frac{\partial F}{\partial i_{sq}} = 0 \qquad (3\text{-}18)$$

求解式（3-16）~式（3-18），可得同步机定子直轴、交轴电流的关系为

$$\begin{cases} i_{sd} = -\dfrac{\psi_r}{2(L_d - L_q)} - \sqrt{\dfrac{\psi_r^2}{4(L_d - L_q)^2} + i_{sq}^2} \\ i_{sq} = \sqrt{i_s^2 - i_{sq}^2} \end{cases} \qquad (3\text{-}19)$$

解方程组式（3-19），可得 MTPA 控制时 i_{sd} 和 i_{sq} 与 i_s 的函数关系，其函数表达式为

$$\begin{cases} i_{sd} = \dfrac{-\psi_r + \sqrt{\psi_r^2 + 8(L_d - L_q)^2 i_s^2}}{4(L_d - L_q)} \\ i_{sq} = \sqrt{\dfrac{8(L_d - L_q)^2 i_s^2 - 2\psi_r^2 + 2\psi_r\sqrt{\psi_r^2 + 8(L_d - L_q)^2 i_s^2}}{16(L_d - L_q)^2}} \end{cases} \qquad (3\text{-}20)$$

i_s 与 d 轴夹角为 β，有

$$\begin{cases} i_{sd} = i_s\cos\beta \\ i_{sq} = i_s\sin\beta \end{cases} \qquad (3\text{-}21)$$

$$\beta = \arccos\frac{-\psi_r + \sqrt{\psi_r^2 + 8(L_d - L_q)^2 i_s^2}}{4(L_d - L_q)i_s} \qquad (3\text{-}22)$$

在实际控制计算时，根据式（3-22）计算 i_s 对应的 β，根据式（3-21）计算 i_{sd}、i_{sq}，根据式（3-14）计算 T_e，建立 i_{sd}、i_{sq} 与 T_e 的对应关系，闭环调速时，速度调节器输出转矩 T_e^*，根据对应关系可以求出 i_{sd}、i_{sq}，从而实现 MTPA 控制，MTPA 控制曲线如图 3-6 中的曲线 AOA'。MTPA 控制时磁通基本恒定，电动机能输出的最大电磁转矩基本恒定，MTPA 控制属于恒转矩控制。

表面式永磁同步电动机的交直轴电感几乎相等，磁阻转矩忽略不计，对于表面式永磁同步电动机而言，$i_{sd}=0$ 控制是一种很好的控制方式。

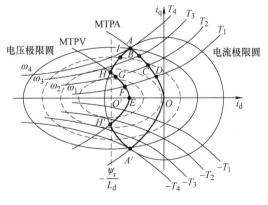

图 3-6 弱磁控制

MTPA 控制适用于对电动机转矩输出能力要求较高的工程应用场合，如电动汽车的驱动。

3.2.2 转折速度以上控制方式

反电动势与磁通和转速成正比。高于转折速度时增加速度，若磁通不变，反电动势也随之增加，受定子电压的限制，不允许反电动势增加，可以减弱磁通使反电动势不变。转折速度以上，通过削弱气隙磁通提升速度的方法称为弱磁。永磁同步电动机转子磁场恒定，可以利用定子电流的直轴分量减弱磁通，使定子直轴分量电流 i_{sd} 产生的磁场与永磁体磁场的方向相反，起到削弱电动机磁场的作用，控制定子电流直轴分量 i_{sd} 的大小可以控制弱磁程度。理论上可以任意提高去磁电流，但是为了保证永磁体不会永久退磁，必须保证电动机的定子电流在一定的范围内，所以永磁同步电动机通过弱磁控制的转速有上限值。

下面通过图 3-6 介绍弱磁控制。图中给出了等电磁转矩曲线，等电磁转矩曲线方程可由式（3-14）得到，有

$$\left(\frac{\psi_r}{L_d - L_q} - i_{sd}\right)i_{sq} = \frac{T_e}{n_p\left(L_d - L_q\right)} \tag{3-23}$$

图 3-6 的 4 条等电磁转矩曲线的电磁转矩 $T_4 > T_3 > T_2 > T_1$，4 条等电磁转矩曲线与 MTPA 曲线的交点分别为 A、B、C、D。转折速度以下，用 MTPA 控制定子电流。转折速度以上，有不同的弱磁控制策略。不同弱磁控制策略对应的电动机输出转矩能力、电动机效率以及逆变器电压利用率不同。

弱磁 I 区：电动机定子电压取最大值、电流取最大值，式（3-10）式（3-11）等号右边取最大值，分别有

$$i_{sd}^2 + i_{sq}^2 = i_{max}^2 \tag{3-24}$$

$$\left(L_d i_{sd} + \psi_r\right)^2 + \left(L_q i_{sq}\right)^2 = \left(\frac{u_{max}}{\omega}\right)^2 \tag{3-25}$$

联立求解式（3-24）、式（3-25），可得

$$i_{sd} = \frac{L_d \psi_r - L_q \sqrt{\psi_r^2 + \left(L_d^2 - L_q^2\right)\left(i_{max}^2 - \dfrac{u_{max}^2}{\omega^2 L_q^2}\right)}}{L_q^2 - L_d^2} \tag{3-26}$$

$$i_{sq} = \sqrt{i_{max}^2 - i_{sd}^2} \tag{3-27}$$

式（3-26）、式（3-27）对应的曲线为图 3-6 中曲线 AIH。

弱磁 II 区：电动机电压达到逆变器的输出电压极限，为了提高同步电动机输出转矩，即利用有限电压输出尽可能大的转矩，可采用最大电磁转矩电压比控制（Maxium Torque Per Voltage, MTPV）。根据拉格朗日极值定理，引入辅助函数

$$H = \left(\omega L_q i_{sq}\right)^2 + \left(\omega L_q i_{sd} + \omega \psi_r\right)^2 + \lambda\left\{T_e - n_p\left[\psi_r i_{sq} + \left(L_d - L_q\right)i_{sd}i_{sq}\right]\right\} \tag{3-28}$$

式中，λ 为拉格朗日乘子。式（3-28）分别对 i_d、i_q 和 λ 求偏导数，并令其等于 0，可得 i_d、i_q 的关系为

$$L_d^2\left(L_d - L_q\right)i_{sd}^2 + L_d\psi_r\left(2L_d - L_q\right)i_{sq} - L_q^2\left(L_d - L_q\right)i_{sq}^2 + L_d\psi_r^2 = 0 \tag{3-29}$$

式（3-29）与式（3-14）联立求解，可得

$$i_{sd} = \frac{-L_d\left(2L_d - L_q\right) - C}{2L_d^2\left(2L_d - L_q\right)} \tag{3-30}$$

$$i_{sq} = \frac{2T_e L_d^2}{n_p\left[2L_d^2\psi_r - L_d\left(2L_d - L_q\right) - C\right]} \tag{3-31}$$

$$C = \sqrt{L_d^2\psi_r^2\left(2L_d - L_q\right)^2 + 4L_d^2\left(L_d - L_q\right)i_q^2 - 4L_d\psi_r^2} \tag{3-32}$$

式（3-30）～式（3-32）对应的曲线为图 3-6 中的 MTPV（曲线 HEH'）。图 3-6 中的曲线关于横轴对称，横轴上方曲线对应电动机电动状态，下方对应制动状态。最大转矩电压比实际是电压极限椭圆和转矩双曲线切点的连线。通过最大转矩电压比控制，在弱磁控制阶段可以利用逆变器输出交流电压，同步电动机输出较大转矩。

除了按上述介绍的弱磁Ⅰ区、Ⅱ区控制定子电流，还可以有其他的控制方案。沿等电磁转矩曲线控制定子电流，如沿转矩为 T_1 的等电磁转矩曲线控制定子电流从 D 到 F，弱磁升速，加速度小，若驱动汽车，车的乘坐舒适性好。电动机匀速运动时，电动机工作点沿电压极限圆向右移，电动机定子电流下降，损耗下降。永磁同步电动机驱动汽车时，一般省去转速外环，电子加速踏板输出电压可以作为转矩给定。

按上述公式实时计算出定子电流是弱磁控制的一种实现方法，一般称为公式法。除了公式法，另一种实现方法是查表法。查表法先对电动机进行测试并进行标定，测试在不同转速、不同转矩下的定子直轴电流值和交轴电流值，并形成二维表格。将表格放入电动机控制程序中，对电动机控制时，从表中查出不同转矩下的电流值，作为定子直轴电流给定值和交轴电流给定值，对定子电流进行闭环控制。

3.3　无刷直流电动机控制系统

无刷直流电动机定子绕组多采用三相对称星形联结，与三相异步电动机相似。无刷直流电动机转子磁极采用瓦形磁钢，设计专门磁路，气隙磁场是梯形波，感应电动势也是梯形波。在电动机内装有转子位置传感器（一般为霍尔式传感器）检测电动机转子位置。有刷直流电动机通过机械换向器将直流电源供给的直流电流转换成近似梯形波交流电流供给电枢，无刷直流电动机通过电子换向器将直流电源的直流电转换成 120° 方波交流电供给定子三相绕组。如图 3-7 所示，无刷直流电动机指永磁电动机、逆变器和霍尔式传感器的组合，逆变器即为电子换向器。3 个霍尔式传感器固定在定子上，检测转子位置，间隔 60° 或 120° 电角度。

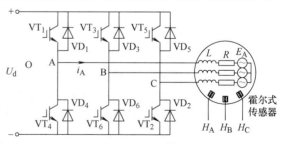

图 3-7　无刷直流电动机

三相无刷直流电动机感应电动势和电流波形如图 3-8a 所示，感应电动势 E_A、E_B、E_C 是三相对称梯形波，梯形波高度为 E_s，梯形波顶部宽 120° 电角度，梯形波底部宽 180° 电角度；电流为三相对称 120° 方波，高度为 I_s。梯形波感应电动势与方波电流相位上同步，即 120° 方波电流落在梯形波感应电动势 120° 平顶内。相隔 120° 电角度布置时，3 个霍尔传感器输出霍尔信号 H_A、H_B、H_C，如图 3-8b 所示，H_A、H_B、H_C 为相差 120° 电角度的 180° 的矩形波，高电平用逻辑"1"表示，低电平用逻辑"0"表示。若给无刷直流电动机供电的是电流型逆变电路，图 3-8b 中 VT$_1$、VT$_2$、VT$_3$、VT$_4$、VT$_5$、VT$_6$ 6 个波形是 6 个 IGBT VT$_1$、VT$_2$、VT$_3$、VT$_4$、VT$_5$、VT$_6$ 的控制脉冲，逻辑"1"表示导通信号，逻辑"0"表示关断信号。控制脉冲与霍尔信号的逻辑关系为

$$
\begin{cases}
VT_1 = H_A \cdot \overline{H_B} \\
VT_3 = H_B \cdot \overline{H_C} \\
VT_5 = H_C \cdot \overline{H_A} \\
VT_4 = \overline{H_A} \cdot H_B \\
VT_6 = \overline{H_B} \cdot H_C \\
VT_2 = \overline{H_C} \cdot H_A
\end{cases}
\tag{3-33}
$$

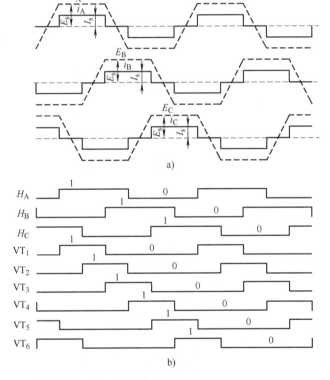

图 3-8 无刷直流电动机感应电动势波形、定子电流波形和霍尔信号波形

VT$_1$ 波形减去 VT$_4$ 波形得到的波形与 i_A 波形形状一样，乘以电流幅值 I_s 得 i_A；VT$_3$ 波形减去 VT$_6$ 波形得到的波形与 i_B 波形形状一样，乘以电流幅值 I_s 得 i_B；VT$_5$ 波形减去 VT$_2$ 波形得到的波形与 i_C 波形形状一样，乘以电流幅值 I_s 得 i_C。6 个 IGBT 的换相顺序同编号顺序，每个周期每个 IGBT 导通 120°，每隔 60° 换相一次，一个周期换相 6 次，每个周期有 6 个工作状态：（VT$_1$、VT$_6$）、（VT$_1$、VT$_2$）、（VT$_2$、VT$_3$）、（VT$_3$、VT$_4$）、（VT$_4$、VT$_5$）、（VT$_5$、VT$_6$），每个状态 60°。改变直流侧电流 I_s 的值，可以改变电动机转速。

若给无刷直流电动机供电的是电压型逆变电路（见图 3-7），直流侧电压 U_d 大小固定，可以用双极性 PWM 控制技术产生 PWM 脉冲，三相桥控制无刷电动机三相电压，从而控制

每相绕组电流。用双极性 PWM 控制时，输出端 A 对直流电压中点 O 的电压 u_{AO} 的波形如图 3-9 所示。每个半桥的上、下桥臂导通状态互斥，VT_1 导通、VT_4 关断时，$u_{AO}=U_d/2$；VT_1 关断、VT_4 导通时，$u_{AO}=-U_d/2$。电流正半周不为 0 的 120° 区间，正脉冲宽度大于负脉冲宽度，平均电压为正；电流负半周不为 0 的 120° 区间，正脉冲宽度小于负脉冲宽度，平均电压为负。占空比 $\rho=0.5$ 时，绕组电压平均值为 0；$\rho \geq 0.5$ 时，绕组电压平均值为正；$\rho<0.5$ 时，绕组电压平均值为负。也可以用电流跟踪 PWM 控制技术直接控制定子绕组电流。

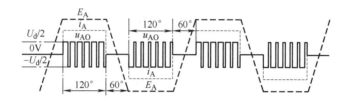

图 3-9 输出端 A 相对于直流电压中点的波形

逆变器给无刷直流电动机的哪一相绕组通电、何时通电取决于转子的位置，这种控制方式称为自控变频调速，这种控制方式根据转子位置控制逆变器输出电压或电流的相位，使转矩角小于 90°，不会出现失步现象。与自控变频调速相对应的是他控变频调速，他控变频调速同步电动机的通电与转子位置无直接关系，若控制不当，会出现失步现象。

忽略换相时间、器件损耗和定子损耗，无刷直流电动机每时刻有两相通电，电磁功率 $P_m=2E_sI_s$，$E_s=k_e\omega$（k_e 为电动势常数），电磁转矩为

$$T_e = \frac{P_m}{\omega_m} = \frac{2n_pE_sI_s}{\omega} = 2n_pk_eI_s \tag{3-34}$$

式中，ω_m 为转子机械角速度；ω 为转子电角速度。VT_1、VT_6 导通时，设其占空比为 ρ，A、B 相间电压平均值 $U_{AB}=\rho U_d$，有电压等式

$$\rho U_d = 2I_sR + 2L\frac{dI_s}{dt} + 2E_s \tag{3-35}$$

$$T_l\frac{dI_s}{dt} + I_s = \frac{\rho U_d - 2E_s}{2R} \tag{3-36}$$

运动方程为

$$J\frac{d\omega}{dt} = n_p(T_e - T_L) = 2n_p^2k_eI_s - n_pT_L \tag{3-37}$$

式（3-36）和式（3-37）为无刷直流电动机的数学模型。无刷直流电动机转速、电流双闭环调速系统框图如图 3-10 所示，点画线框内为无刷直流电动机动态结构图。

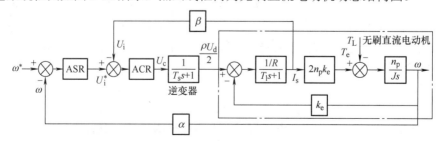

图 3-10 无刷直流电动机转速、电流双闭环调速系统框图

电动自行车的轮毂电动机一般为无刷直流电动机，可以采用单电流环结构，转把（油门）输出信号即为电流给定电压。

3.4 永磁同步电动机控制系统仿真

3.4.1 永磁同步电动机控制系统仿真

命令窗口输入"ac6_example"并执行，或打开示例"AC6-PM Synchronous 3HP Motor Drive"（路径：Simscape Electrical/Specialized Power Systems/Electric Drives/），显示如图 3-11 所示的控制系统仿真模型。"PM Synchronous Motor Drive"模块参数设置对话框如图 3-12 所示，其内部结构如图 3-13 所示，主电路的结构与异步电动机矢量控制的主电路相似，速度控制器也与异步电动机矢量控制的速度控制器相似。"VECT"模块的内部结构如图 3-14，速度控制器输出的电磁转矩转换为 q 轴电流给定，d 轴电流给定为 0，Park 逆变换得到三相电流给定值，电动机实际电流经滞环比较 PWM 闭环控制产生 PWM 信号。永磁同步电动机控制系统仿真波形如图 3-15 和图 3-16 所示。

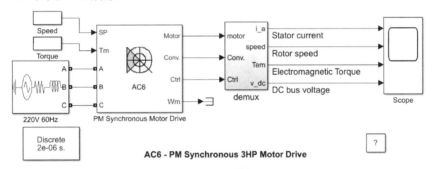

图 3-11 永磁同步电动机控制系统仿真模型

图 3-12 "PM Synchronous Motor Drive"模块参数设置对话框

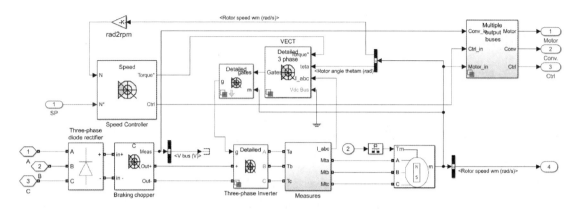

图 3-13 "PM Synchronous Motor Drive"模块内部结构

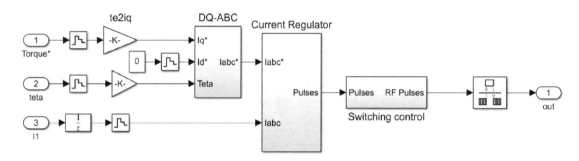

图 3-14 "VECT"模块内部结构

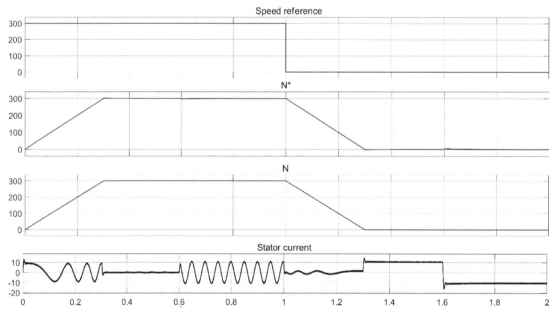

图 3-15 永磁同步电动机控制系统仿真波形 1

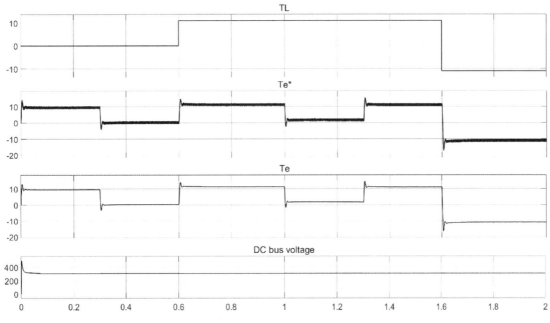

图 3-16　永磁同步电动机控制系统仿真波形 2

3.4.2　无刷直流电动机控制系统仿真

命令窗口输入"ac7_example"并执行，或打开示例"AC7-Brushless DC Motor Drive During Speed Regulation"（路径：Simscape Electrical/Specialized Power Systems/Electric Drives/），显示如图 3-17 所示的控制系统仿真模型。"Brushless DC Motor Drive"模块参数设置对话框如图 3-18 所示，其内部结构如图 3-19 所示，主电路的结构与异步电动机矢量控制的主电路相似，速度控制器也与异步电动机矢量控制的速度控制器相似。"Current Controller"模块内部结构如图 3-20 所示，速度控制器输出的电磁转矩转换为电流幅值，"Decoder"（译码器）模块输出幅值为 1 的三相电流波形，乘以幅值得到三相电流给定值，"Current Regulator"模块为滞环比较 PWM 控制产生 PWM 控制信号，译码器内部结构如图 3-21 所示，无刷直流电动机控制系统仿真波形如图 3-22 和图 3-23 所示。

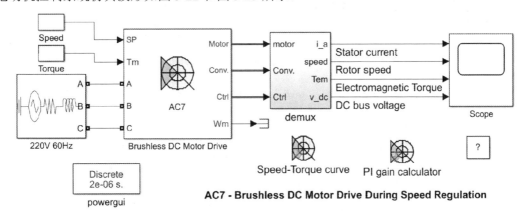

图 3-17　无刷直流电动机控制系统仿真模型

图 3-18 "Brushless DC Motor Drive"模块参数设置对话框

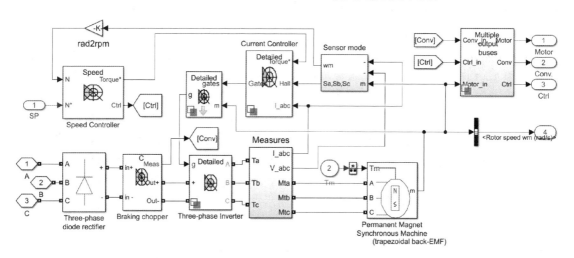

图 3-19 "Brushless DC Motor Drive"模块内部结构

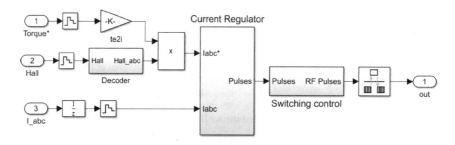

图 3-20 "Current Controller"模块内部结构

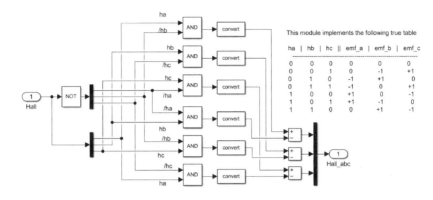

图 3-21 "Decoder" 模块内部结构

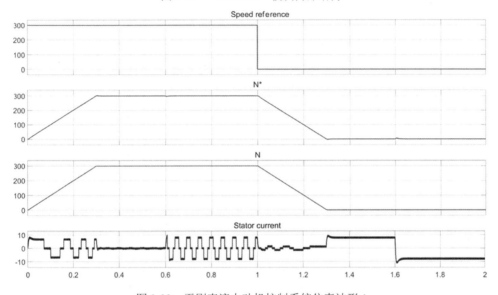

图 3-22 无刷直流电动机控制系统仿真波形 1

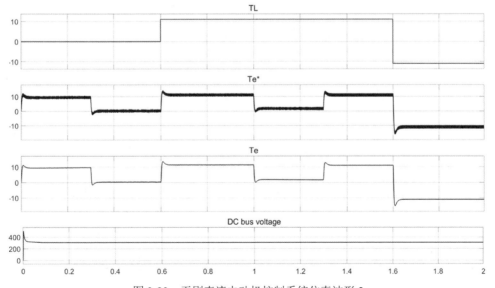

图 3-23 无刷直流电动机控制系统仿真波形 2

思考题与习题

3.1 比较同步电动机和异步电动机的差异。同步电动机稳定运行时,转速等于同步转速,电磁转矩的变化体现在哪里?

3.2 什么是同步电动机的起动和失步问题,如何解决?

3.3 参照异步电动机数学模型,写出永磁同步电动机的状态方程。

3.4 论述永磁同步电动机按转子定向矢量控制系统的工作原理,并与异步电动机矢量控制系统做比较。

3.5 论述永磁同步电动机直接转矩控制系统的工作原理,并与异步电动机直接转矩控制系统做比较。

3.6 就电压频率协调控制而言,同步电动机调速与异步电动机调速有无差异?

3.7 在动态过程中,同步电动机的电流角频率 ω_{is}、气隙磁链的角频率 ω_1 和转子旋转角速度 ω 是否相等?达到稳态时,三者是否相等?

第2篇　新能源发电变流器控制系统

　　随着人类的开发使用，石油、煤炭等不可再生化石能源的储量越来越少，而且化石能源的使用污染环境。2020年我国在第75届联合国大会一般性辩论上向世界宣布了碳达峰和碳中和的目标。实现这一目标的一个途径是推广可再生能源的开发与利用，因此光伏发电和风力发电等可再生能源发电有着不可估量的发展潜力。本篇介绍新能源发电中应用较广泛的并网光伏发电逆变器控制系统和风力发电变流器控制系统。

第4章 并网光伏逆变器控制系统

内容提要： 并网光伏发电系统的结构，光伏电池的特性及最大功率点跟踪技术，扰动观察法和滞环比较扰动观察法；并网逆变器的数学模型及其矢量控制系统，软件锁相技术，移频法孤岛保护技术；并网逆变器矢量控制系统仿真。

4.1 光伏发电系统

光伏发电依靠太阳能电池，将太阳辐射的太阳能转换成电能。太阳能电池基于半导体的光伏效应，光伏效应也称光生伏特效应，指受到光辐射时半导体能产生电动势。单体太阳能电池是光电转换的最小单元，面积一般为 4～100cm²。太阳能电池单体的工作电压约为 0.5V，工作电流为 20～25mA/cm²，一般不能单独作为电源使用。将太阳能电池单体进行串并联封装后，成为太阳能电池组件，其功率一般为几瓦至几百瓦，是可以单独作为电源使用的最小单元。太阳能电池组件经过串并联构成太阳能电池阵列，加上汇流箱、光伏逆变器、连接电缆、配电柜，构成光伏发电系统。

按是否与电网相连，光伏发电系统分为离网光伏发电系统和并网光伏发电系统。离网光伏发电系统不与电力系统相连，电能直接供给负载，主要用于边远缺电地区的供电。并网光伏发电系统是光伏电池发出的直流电能经并网变流器并入电网，若并入交流电网，并网变流器是并网光伏逆变器，若并入直流电网，并网变流器是并网 DC/DC 变换器。交流并网光伏发电系统是当下光伏发电系统的主流。

并网光伏发电系统可以分为集中式并网光伏发电系统和分布式光伏发电系统。集中式并网光伏发电系统结构如图 4-1 所示，由光伏组件构成的光伏阵列经汇流箱连接光伏逆变器，光伏逆变器将光伏阵列输出的直流电逆变成交流电，经变压器升压后并入交流电网，光伏逆变器使光伏阵列输出最大功率。

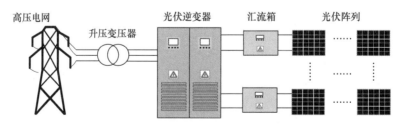

图 4-1 集中式并网光伏发电系统

分布式光伏发电系统指在用户附近建设，倡导就近发电、就近并网、就近转换、就近使用的原则，自发自用、多余电量上网，或全额上网。建在建筑物屋顶的光伏发电项目属于分布式光伏发电系统。如图 4-2 所示，光伏阵列安装在屋顶，其输出的直流电经光伏逆变器逆变成交流电，经发电计量表接入低压公共电网，公共电网经用电计量表给用户供电。政府为了鼓励用户建设光伏发电项目，光伏电能上网价高于用户用电价，让用户得到更多效益。

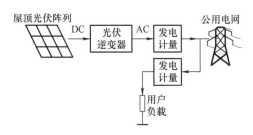

图 4-2　屋顶分布式光伏发电系统

4.2　光伏电池的特性和最大功率点跟踪技术

4.2.1　光伏电池的特性

光伏电池是将光能转换为电能的器件，其发电原理是半导体材料的光生伏特效应。光生伏特效应是当半导体材料受到光照射后会在内部产生电子空穴对，电子空穴对受到 PN 结的电场力作用而产生运动，空穴带正电向 P 区运动，电子带负电向 N 区运动，在外端口产生电压，当外端口连接负载时形成电流回路，有电流通过。

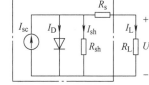

图 4-3　光伏电池等效电路

图 4-3 点画线框内部分是光伏电池等效电路，R_L 为光伏电池带的负载电阻，I_{sc} 为光伏电池激发的电流，大小由光辐射强度、电池面积和电池温度 T 决定，I_D 为 PN 结的扩散电流，且

$$I_D = I_{D0}\left(\mathrm{e}^{\frac{qE}{AKT}} - 1 \right) \tag{4-1}$$

式中，q 为电子的电荷；K 为玻耳兹曼常数；A 为常数；I_{D0} 为光伏电池无光照时的饱和电流。R_s 为串联电阻，由电池的体电阻、表面电阻、电极导体电阻、电极与硅表面间接触电阻组成；R_{sh} 为并联电阻，由硅片边缘不清洁或体内缺陷引起。串联电阻 R_s 很小、并联电阻 R_{sh} 很大，通常忽略，光伏电池的输出电流为

$$I_L = I_{sc} - I_{D0}\left(\mathrm{e}^{\frac{qE}{AKT}} - 1 \right) \tag{4-2}$$

式（4-2）为光伏电池的输出特性，也是光伏电池的外特性，是光伏发电系统设计的重要基础。辐射强度和温度是影响光伏电池输出特性的两个重要参数。图 4-4 为温度不变、不同辐射强度时，光伏电池的伏安特性和输出功率与电压的关系。图 4-5 为辐射强度不变、不同温度时，光伏电池的伏安特性和输出功率与电压的关系。光伏电池是非线性直流电源，输出电功率的大小取决于辐射强度、温度和面积。在恒定的辐射强度（图 4-4 中的一条曲线）或恒定温度（图 4-5 中的一条曲线）下，从 0 开始增加负载电阻 R_L，输出电压 U 和输出功率从 0 开始增加，$R_L=0$ 时的输出电流是短路电流 I_{sc}；当输出电压达到一定值时，输出功率最大，

继续增加电阻 R_L，输出电压增加，输出电流下降，输出功率下降，输出电流为 0 时的输出电压是开路电压 U_{oc}。

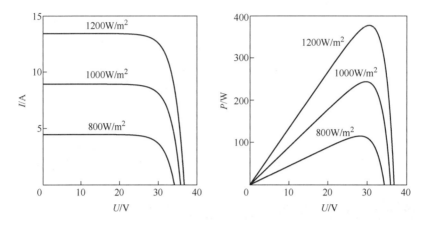

图 4-4　不同辐射强度时光伏电池的伏安特性和输出功率特性

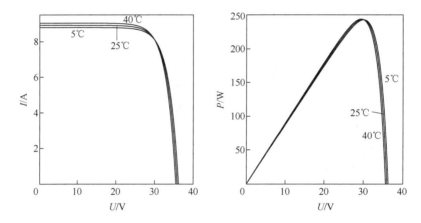

图 4-5　不同温度时光伏电池的伏安特性和输出功率特性

4.2.2　最大功率点跟踪技术

光伏电池输出功率最大的点称为最大功率点（Maximum Power Point，MPP），不同辐射强度、不同温度，最大功率点不同，即最大功率点对应的电压 U_{max}、电流 I_{max} 和功率 P_{max} 不同。为了使光伏电池输出最大功率，需要寻找不同环境条件下的最大功率点，即寻找最大功率点的电压 U_{max} 或电流 I_{max}，称为电池的最大功率点跟踪技术（Maximum Power Point Tracking，MPPT）。找到 U_{max}，把 U_{max} 作为电池输出电压负反馈控制的给定值，控制电池实际输出电压跟随 U_{max}，电池输出最大功率。MPPT 方法有传统 MPPT 方法，如扰动观察法、恒定电压法、电导增量法等，和智能 MPPT 方法，如模糊理论 MPPT 方法和粒子群算法 MPPT 方法。

1.　扰动观察法

扰动观察法是常用的自寻优 MPPT 方法。当辐射强度和温度等环境条件不变时，光伏电池的 P-U 特性是单峰值函数，有一个最大功率点（MPP），定步长扰动观察法过程如图 4-6 所示。

1）增加光伏电池的输出电压，$U(k)=U(k-1)+\Delta U$，ΔU 为步长，检测光伏电池当前输出电

压 $U(k)$ 和输出电流 $I(k)$，计算光伏电池输出功率 $P(k)=U(k)I(k)$，输出功率 $P(k)$ 大于上一次输出功率 $P(k-1)$，当前工作点在 MPP 左侧，如图 4-6a 所示，增加 1 个步长到下一个电压 $U(k+1)=U(k)+\Delta U$。

2）增加光伏电池的输出电压，$U(k)=U(k-1)+\Delta U$，检测光伏电池当前输出电压 $U(k)$ 和输出电流 $I(k)$，计算光伏电池输出功率 $P(k)=U(k)I(k)$，输出功率 $P(k)$ 小于上一次输出功率 $P(k-1)$，当前工作点在 MPP 右侧，如图 4-6a 所示，减小 1 个步长到下一个电压 $U(k+1)=U(k)-\Delta U$。

3）减小光伏电池的输出电压，$U(k)=U(k-1)-\Delta U$，检测光伏电池当前输出电压 $U(k)$ 和输出电流 $I(k)$，计算光伏电池输出功率 $P(k)=U(k)I(k)$，输出功率 $P(k)$ 大于上一次输出功率 $P(k-1)$，当前工作点在 MPP 右侧，如图 4-6b 所示，减小 1 个步长到下一个电压 $U(k+1)=U(k)-\Delta U$。

4）减小光伏电池的输出电压，$U(k)=U(k-1)-\Delta U$，检测光伏电池当前输出电压 $U(k)$ 和输出电流 $I(k)$，计算光伏电池输出功率 $P(k)=U(k)I(k)$，输出功率 $P(k)$ 小于上一次输出功率 $P(k-1)$，当前工作点在 MPP 左侧，如图 4-6b 所示，增加 1 个步长到下一个电压 $U(k+1)=U(k)+\Delta U$。

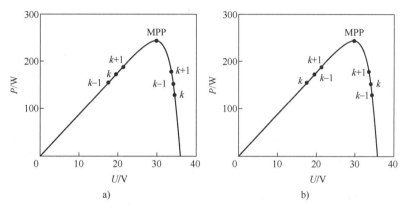

图 4-6　定步长扰动观察法过程示意图

定步长扰动观察法流程图如图 4-7 所示，寻优过程向着输出功率增加的方向，直到工作点接近最大功率点。

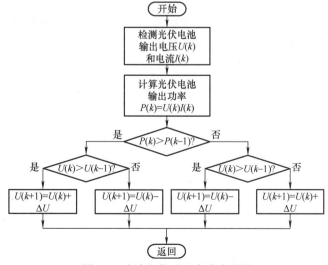

图 4-7　定步长扰动观察法流程图

2. 扰动观察法的振荡和误判

MPPT 方法实际应用时，受检测和控制精度的限制，扰动观察法的最小步长是一定的，当前工作点靠近 MPP，当前工作点电压与 MPP 电压的差小于步长时，工作点在最大功率点两侧变动，达不到最大功率点，这种现象称为扰动观察法的振荡。

以上讨论的是环境条件不变的情况，实际上，辐射强度、温度等环境条件是变化的，P-U 曲线是变化的。如图 4-8 所示，当前工作点为 a 点，在最大功率点左侧，光伏电池输出电压为 U_a。若环境条件不变，电压增加 1 个

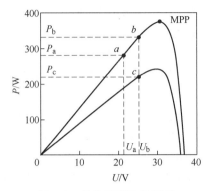

图 4-8 扰动观察法的误判

步长 ΔU，$U_b=U_a+\Delta U$，下一个工作点是 b 点。但由于辐射强度变小，下一个工作点不是 b 点，而是 c 点，输出功率 $P_c<P_a$，按寻优规律，电压要降低，工作点左移回到 a 点。若辐射强度继续变小，工作点不断左移。从实际需要来看，工作点应该右移，电压应该增加。寻优方向与实际需要的方向不一致，这是误判。扰动观察法会误判电压变化的方向，使光伏电池的输出功率下降。严重时，光伏电池输出电压过低，光伏逆变器欠电压保护，停止工作。辐射强度等环境条件变化时，扰动观察法的误判可以看作是光伏电池动态条件下的振荡问题。

3. 基于滞环比较的扰动观察法

定步长扰动观察法存在振荡和误判问题，需要改进。改进的方法有基于变步长的扰动观察法、基于功率预测的扰动观察法和基于滞环比较的扰动观察法，下面介绍最后一种方法。非线性的滞环特性能抑制振荡。人为加入的、抑制扰动观察法振荡的滞环比较特性如图 4-9 所示，当功率在所设的滞环内（P_1-P_2）出现波动时，光伏电池的工作点电压保持不变，只有当功率的波动量超出所设的滞环时，即 $P>P_2$ 或 $P<P_1$ 时，工作点电压才按照一定规律改变。可见，滞环比较特性可以有效地抑制扰动观测法的振荡现象。误判看作是外部环境发生变化时的一种动态的振荡过程，因此滞环比较特性也可以克服扰动观测法的误判现象。

定步长的扰动观测法只是通过比较电压变化前、后两点的功率差来决定是增大还是减小工作点电压，虽然造成振荡或误判的原因不同，但每次变化都是基于前、后两点瞬时测量值的单向扰动，如果再增加另外一点的测量信息并进行具有滞环比较特性的双向变动，则有可能克服扰动观测法的振荡或误判问题，具体如下。

在扰动观测法的 MPPT 过程中，已知当前工作点 a 和 b 点（按照上一步寻优给出的方向将要测量的点），增加 c 点，c 点的确定有两个选择，即 b 点反方向 2 个步长对应的工作点或正方向 1 个步长所对应的工作点，如图 4-10 所示。

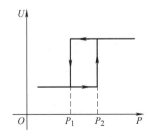

图 4-9 人为加入的、抑制扰动观察法振荡的滞环比较特性

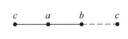

图 4-10 c 点位置

假定当前工作点 a 点没有误判，应以当前工作点 a 点为中心，左、右各取一点形成滞环，如图 4-10 中实线所示。在基于滞环的扰动观测法 MPPT 过程中，若以当前工作点 a 点为出发点，依据寻优方向变化至 b 点，之后再反向 2 个步长变化至 c 点，如果 c、a、b 点的功率测量值分别为 P_c、P_a、P_b，比较功率值，可能有如图 4-11 所示 9 种情形。图中定义：$P_a>P_c$ 时记为"+"，$P_b \geqslant P_a$ 时记为"+"，反之均记为"−"。基于滞环比较特性的电压变化规则如下：

规则 1，如果两次扰动的功率比较均为"+"，则向电压值增大方向扰动。

规则 2，如果两次扰动的功率比较均为"−"，则向电压值减小方向扰动。

规则 3，如果两次扰动的功率比较有"+"、有"−"，可能已经达到最大功率点或者外部辐射强度变化很快，则电压值不变。

由上述变化规则不难看出，基于滞环比较的扰动观察法实际上是通过双向扰动来保证动作的可靠性以避免误判，有效地抑制了最大功率点附近的振荡。基于滞环比较的扰动观察法抑制振荡和误判的原理分析如下。

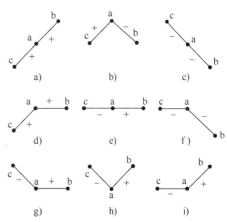

图 4-11 3 点功率值大小关系示意图

以如图 4-12 所示 3 种情形为例进行分析。3 种情形均满足 $P_b>P_a$。采用定步长的扰动观测法时，工作点电压应增加。但是仅有图 4-12a 的情形，继续增大工作点电压是正确的，另外两种情形，即图 4-12b、c 继续增大工作点电压会使工作点朝远离最大功率点方向移动。采用基于滞环比较的扰动观察法，对于图 4-12a 的情形，依据规则判定为向电压值增大方向扰动，而对于图 4-12b、c 的情形，则判定达到最大功率点或者外部辐射强度变化很快，电压值保持不变，从而避免了误判，减小了损耗。针对扰动观测法的振荡问题，依据上述规则 3，当工作点在最大功率点附近时，电压值保持不变，可以避免在最大功率点附近的振荡。

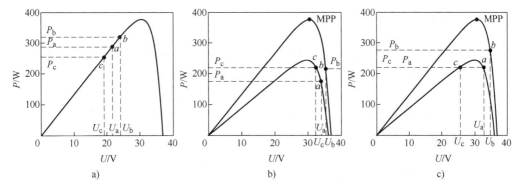

图 4-12 3 种情形

滞环比较扰动观察法流程图如图 4-13 所示。虽然滞环比较扰动观察法可以有效避免振荡和误判现象，但如果步长过大，工作点可能会停在离最大功率点较远的区域，如果步长过小，在新一轮搜索开始时，工作点会在远离最大功率点区域内长时间的搜索，速度和精度的矛盾仍然存在，可以用变步长的滞环比较扰动观察法进行改善。

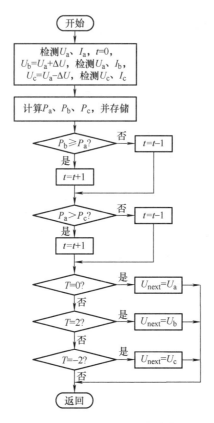

图 4-13 滞环比较扰动观察法流程图

4.3 并网逆变器矢量控制系统

4.3.1 并网逆变器

二电平三相电压源并网逆变器主电路如图 4-14 所示，若直流侧电压 U_d 为光伏阵列的输出直流电压，相应的逆变电路称为并网光伏逆变电路。在后续章节中，用 u_a、u_b、u_c 表示逆变电路输出的三相交流电压，u_A、u_B、u_C 表示并网点的三相交流电压，电网电压角频率为 ω_1。图 4-14 中，L、R 为逆变电路并网电感和电阻。用 PWM 控制技术控制逆变电路，逆变电路输出三相可控交流电压 u_a、u_b、u_c，用 SPWM 控制技术时电压利用率为 0.866，用 SVPWM 控制技术时电压利用率为 1，输出三相相电压的基波分量幅值受正弦调制信号的调制度控制，相电压基波分量频率等于正弦调制信号频率，基波分量相位等于正弦调制信号相位，三相调制信号控制三相输出电压，从而控制并网电流 i_a、i_b、i_c。逆变电路输出三相电压方程为（分析时仅考虑基波分量）

$$\begin{cases} \dot{U}_a = \dot{I}_a R + j\omega_1 L\dot{I}_a + \dot{U}_A \\ \dot{U}_b = \dot{I}_b R + j\omega_1 L\dot{I}_b + \dot{U}_B \\ \dot{U}_c = \dot{I}_c R + j\omega_1 L\dot{I}_c + \dot{U}_C \end{cases} \qquad (4\text{-}3)$$

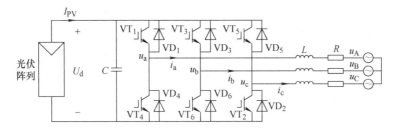

图 4-14　二电平三相电压源并网逆变器主电路

式（4-3）写成矢量形式为

$$u_{abc} = i_{abc}R + j\omega_1 L i_{abc} + u_{ABC} \qquad (4-4)$$

控制逆变电路输出 u_a、u_b、u_c 的大小和相位，逆变电路可运行于如图 4-15 所示 5 种不同的工作状态，图中仅画出 A 相电压相量图。图 4-15a 中，A 相并网电流 $\dot{I}_a$ 与电网 A 相电压 $\dot{U}_A$ 同相位，逆变电路工作在有源逆变状态，向电网输出有功功率，向电网输出的无功功率为 0。图 4-15b 中，A 相并网电流 $\dot{I}_a$ 与电网 A 相电压 $\dot{U}_A$ 相差 180°，电网的交流电能整流后给直流负载供电，逆变电路工作在单位功率因数整流状态。图 4-15c 中，逆变电路输出电流超前电网电压 90°，逆变电路从电网吸取感性无功功率，即从电网吸收无功功率，逆变电路对电网为纯电感运行状态。图 4-15d 中，逆变电路输出电流滞后电网电压 90°，逆变电路从电网吸取容性无功功率，即向电网输出无功功率，逆变电路对电网为纯电容运行状态。图 4-15e 中，逆变电路输出电流滞后电网电压的角度小于 90°，逆变电路既从电网吸取容性无功功率（向电网输出无功功率），又向电网输出有功功率。

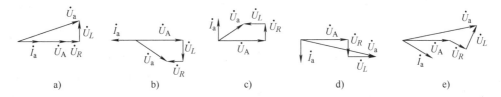

图 4-15　逆变电路 5 种工作状态

给定三相并网电流，根据式（4-3）计算得到逆变电路三相输出电压，并控制逆变电路的输出电压等于计算得到的电压，从而间接控制并网电流的控制方法称为间接电流控制（Indirect Current Control，ICC）。间接电流控制存在对参数变化敏感等缺点，实际应用中通常采用直接电流控制（Direct Current Control，DCC）。

如图 4-16 所示，在按电网电压矢量 u_{ABC} 定向的同步旋转 dq 坐标系下，d 轴与电网电压矢量 u_{ABC} 重合，并网电流矢量 i_{abc} 在 d 轴的分量为有功电流分量，在 q 轴的分量为无功电流分量，无功电流分量与 q 轴方向相同为感性无功，相反为容性无功。通过控制逆变器输出的并网电流矢量的幅值和相位，控制并网有功功率和无功功率，这种系统称为按电压定向的矢量控制系统。在按电网电压定向的 dq 坐标系中，除了直接控制并网电流，另一种方法是直接控制并网的有功功率和无功功率，称为按电

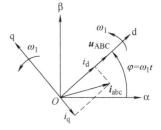

图 4-16　按电网电压矢量定向的
同步旋转 dq 坐标系

网电压定向的直接功率控制。当电网电压含有谐波时，电网电压检测值除基波分量外还含有谐波分量，按基波电压定向存在误差，降低了功率控制性能。按虚拟磁链定向是一种解决方法，虚拟磁链实际上是电网电压的积分，具有低通特性的积分对谐波电压有一定抑制作用，能克服谐波电压对定向精度的影响。直接控制并网电流以及直接控制并网的有功功率和无功功率还可以在按虚拟磁链定向的 dq 坐标系下进行，分别称为按虚拟磁链定向的矢量控制系统和按虚拟磁链定向的直接功率控制系统。

4.3.2 同步旋转 **dq** 坐标系下的并网逆变器数学模型

式（4-3）是三相静止坐标系下的并网逆变器数学模型，对其进行 Clark 变换和 Park 变换，忽略很小的并网电阻，可以得到按电网电压矢量定向的同步旋转 dq 坐标系下的并网逆变器数学模型为

$$
\begin{cases}
u_{\mathrm{d}} = L \dfrac{\mathrm{d}i_{\mathrm{d}}}{\mathrm{d}t} - \omega_1 L i_{\mathrm{q}} + u_{\mathrm{sd}} \\[2mm]
u_{\mathrm{q}} = L \dfrac{\mathrm{d}i_{\mathrm{q}}}{\mathrm{d}t} + \omega_1 L i_{\mathrm{d}} + u_{\mathrm{sq}}
\end{cases}
\tag{4-5}
$$

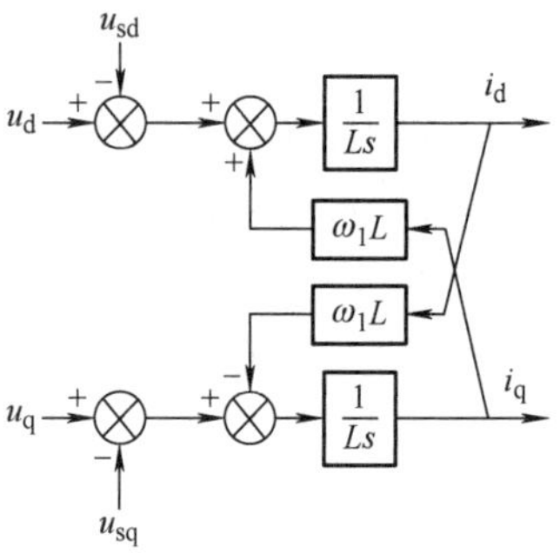

式中，u_{sd}、u_{sq} 分别为电网电压矢量 $\boldsymbol{u}_{\mathrm{ABC}}$ 的 d、q 轴分量；u_{d}、u_{q} 分别为逆变电路输出电压矢量 $\boldsymbol{u}_{\mathrm{abc}}$ 的 d、q 轴分量；i_{d}、i_{q} 分别为并网电流矢量 $\boldsymbol{i}_{\mathrm{abc}}$ 的 d、q 轴分量。根据式（4-5）画出并网逆变器动态结构图，如图 4-17 所示。

图 4-17 并网逆变器动态结构图

4.3.3 并网逆变器矢量控制系统

图 4-17 中，并网逆变器动态结构图的输入是逆变器的输出电压 u_{d}、u_{q}，输出是并网电流 i_{d}、i_{q}，对并网电流的控制要通过其负反馈，可以用 PI 调节器。电网电压变化时，u_{sd}、u_{sq} 变化，引起并网电流的变化，u_{sd}、u_{sq} 的前馈补偿控制可以消除其对并网电流的影响。i_{d}、i_{q} 间存在交叉耦合，利用交叉反馈消除耦合。并网逆变器电流环结构图如图 4-18 所示，右侧点画线框内是并网逆变器动态结构图，左侧点画线框内是电流控制器，电流控制器包含 PI 调节器，消除电网电压影响的 u_{sd}、u_{sq} 前馈控制，解除输出电流耦合的 i_{d}、i_{q} 交叉反馈。u_{dc}、u_{qc} 为电流控制器输出的控制电压，电流控制器控制电压的数学表达式为

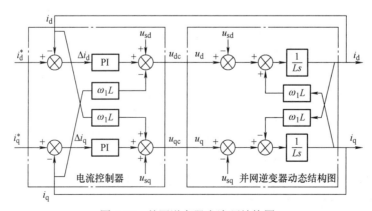

图 4-18 并网逆变器电流环结构图

$$\begin{cases} u_{dc} = K_{iP}\Delta i_d + K_{iI}\int \Delta i_d dt - \omega_1 L i_q + u_{sd} \\ u_{qc} = K_{iP}\Delta i_q + K_{iI}\int \Delta i_q dt + \omega_1 L i_d + u_{sq} \end{cases} \tag{4-6}$$

由图 4-18 可以看出，若参数 u_{sd}、u_{sq}、i_d、i_q、L 能准确测量，u_{sd}、u_{sq} 的前馈补偿能消除电网电压扰动对电流的影响，i_d、i_q 交叉反馈能消除并网电流交叉耦合，从而实现 i_d、i_q 的解耦。

同步 dq 坐标系下，并网逆变器并网有功功率 p 和无功功率 q 分别为

$$\begin{cases} p = \dfrac{3}{2}(u_{sq}i_q + u_{sd}i_d) \\ q = \dfrac{3}{2}(u_{sd}i_q - u_{sq}i_d) \end{cases} \tag{4-7}$$

按电网电压定向的同步 dq 坐标系下，$u_{sq}=0$，式（4-7）变为

$$\begin{cases} p = \dfrac{3}{2}u_{sd}i_d \\ q = \dfrac{3}{2}u_{sd}i_q \end{cases} \tag{4-8}$$

并网有功功率 p 和无功功率 q 分别与 i_d、i_q 成正比，控制并网电流 i_d 分量可以控制并网有功功率 p，控制并网电流 i_q 分量可以控制并网无功功率 q。光伏并网发电系统电池阵列输出功率一般都作为有功功率并入电网，即 $U_d I_{PV}=p=3u_{sd}i_d/2$，光伏电池阵列直流电压可以通过控制并网有功功率 p 或并网电流 i_d 实现。并网逆变器双闭环矢量控制系统结构图如图 4-19 所示，外环为采用 PI 控制的直流电压环，其给定为 MPPT 得到的最大功率点电压 U_{max}，反馈为光伏阵列的直流电压，直流电压调节器的输出是 d 轴电流给定 i_d^*，q 轴电流给定 $i_q^*=0$，并网无功功率等于 0，并网电流与电网电压同频同相，并网逆变器工作在单位功率因数模式。若需要并网光伏发电系统补偿无功功率，根据无功需求计算得到 q 轴电流给定 i_q^*，d 轴电流给定 i_d^* 应降低，逆变器输出视在功率不大于其额定值。电流环的控制结构见图 4-19，锁相环（PLL）检测电网电压的相位 φ，供按电压定向的 dq 变换和逆变换使用。

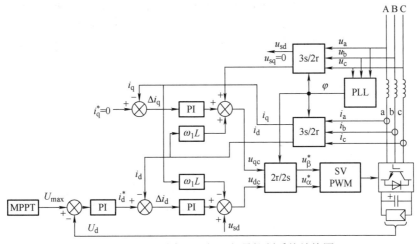

图 4-19 并网逆变器双闭环矢量控制系统结构图

4.4 锁相环和孤岛保护

4.4.1 锁相环

图 4-19 按电网电压定向的矢量控制系统需要电网电压矢量 $\boldsymbol{u}_{ABC}$ 的相位 φ，用于 dq 变换和逆变换。锁相环能检测被测信号的相位、频率等信息。电网电压作为锁相环的被测信号，锁相环能检测出电网电压的相位。锁相环可分为硬件锁相环和软件锁相环。本节讨论一种三相软件锁相技术，称为同步坐标系软件锁相环，检测并网逆变器矢量控制需要的电网电压相位。

假设电网电压三相对称，令 A 相电压的初相位为 0，三相电网电压表示为

$$\begin{cases} u_A = \sqrt{2}U\cos(\omega_1 t) \\ u_B = \sqrt{2}U\cos(\omega_1 t - 2\pi/3) \\ u_C = \sqrt{2}U\cos(\omega_1 t + 2\pi/3) \end{cases} \tag{4-9}$$

式中，U 为电压的有效值；ω_1 为电压的角频率。将三相电网电压由三相静止 ABC 坐标系变换到两相静止 αβ 坐标系，再由两相静止 αβ 坐标系变换到同步旋转 dq 坐标系，可得

$$\begin{bmatrix} u_\alpha \\ u_\beta \end{bmatrix} = \frac{2}{3}\begin{bmatrix} 1 & -1/2 & -1/2 \\ 0 & \sqrt{3}/2 & \sqrt{3}/2 \end{bmatrix}\begin{bmatrix} u_A \\ u_B \\ u_C \end{bmatrix} = \boldsymbol{u}\begin{bmatrix} \cos\omega_1 t \\ \sin\omega_1 t \end{bmatrix} \tag{4-10}$$

$$\begin{bmatrix} u_d \\ u_q \end{bmatrix} = \begin{bmatrix} \cos\theta & \sin\theta \\ -\sin\theta & \cos\theta \end{bmatrix}\begin{bmatrix} u_\alpha \\ u_\beta \end{bmatrix} \tag{4-11}$$

式中，$\omega_1 t$ 为电网电压矢量的角度；θ 为 d 轴相对于水平轴的夹角。经推导，得到电网电压的 d、q 分量为

$$\begin{bmatrix} u_d \\ u_q \end{bmatrix} = \boldsymbol{u}\begin{bmatrix} \cos(\omega_1 t - \theta) \\ \sin(\omega_1 t - \theta) \end{bmatrix} \tag{4-12}$$

图 4-20 中，αβ 为两相静止坐标系，$\boldsymbol{u}$ 为电网电压矢量，与水平轴的夹角为 $\omega_1 t$，dq 为两相同步旋转坐标系，d 轴相对于水平轴的夹角为 θ。当 dq 坐标系 d 轴与电网电压矢量 $\boldsymbol{u}$ 重合时，即 $\theta = \omega_1 t$ 时，$u_d = U$，$u_q = 0$。同步坐标系软件锁相环结构框图如图 4-21 所示，图中首先对电网电压进行 Clark 变换和 Park 变换，当 $\theta = \omega_1 t$ 时，同步旋转 dq 坐标系的 q 轴分量等于 0，$u_q = 0$，实现了锁相。对 u_q 进行闭环控制，给定为 0（$u_q^* = 0$），由于 PID 调节器具有稳态无静差的特性，闭环控制能让 u_q 稳态为 0，实现了锁相。

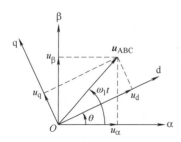

图 4-20　同步坐标系软件锁相环矢量图

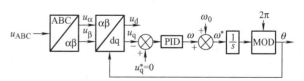

图 4-21　同步坐标系软件锁相环结构框图

当电网电压不平衡时，三相电网电压包含基波正序电压和基波负序电压，三相电网电压表示为

$$\begin{cases} u_A = U_m^+ \cos\omega_1 t + U_m^- \cos(\omega_1 t + \theta) \\ u_B = U_m^+ \cos(\omega_1 t - 2\pi/3) + U_m^- \cos(\omega_1 t + 2\pi/3 + \theta) \\ u_C = U_m^+ \cos(\omega_1 t + 2\pi/3) + U_m^- \cos(\omega_1 t - 2\pi/3 + \theta) \end{cases} \tag{4-13}$$

式中，3 个等式等号右侧第 1 项为基波正序电压；第 2 项为基波负序电压。将三相电网电压变换到两相静止 αβ 坐标系，可得

$$\begin{bmatrix} u_\alpha \\ u_\beta \end{bmatrix} = U_m^+ \begin{bmatrix} \cos\omega_1 t \\ \sin\omega_1 t \end{bmatrix} + U_m^- \begin{bmatrix} \cos(\omega_1 t + \theta) \\ \sin(\omega_1 t + \theta) \end{bmatrix} \tag{4-14}$$

电网电压矢量的幅值和相位分别为

$$|U| = \sqrt{(U_m^+)^2 + (U_m^-)^2 + 2U_m^+ U_m^- \cos(-2\omega_1 t + \theta)} \tag{4-15}$$

$$\varphi = \omega_1 t + \arctan \frac{U_m^- \sin(-2\omega_1 t + \theta)}{U_m^+ + U_m^- \sin(-2\omega_1 t + \theta)} \tag{4-16}$$

式（4-15）、式（4-16）表明，同步坐标系软件锁相环在电压含有基波负序时，矢量不再具有恒定的幅值和旋转频率，不能准确锁相。对称分量法能将基波正序电压从三相不平衡电压中分离出来，将分离出来的基波正序电压作为同步坐标系软件锁相环的输入，能有效抑制电网电压负序电压的影响。用对称分量法求正序电压的公式为

$$\begin{bmatrix} u_A^+ \\ u_B^+ \\ u_C^+ \end{bmatrix} = \frac{1}{3} \begin{bmatrix} 1 & \alpha & \alpha^2 \\ \alpha^2 & 1 & \alpha \\ \alpha & \alpha^2 & 1 \end{bmatrix} \begin{bmatrix} u_A \\ u_B \\ u_C \end{bmatrix} = \begin{bmatrix} \dfrac{1}{2}u_A - \dfrac{1}{2\sqrt{3}\mathrm{j}}(u_B - u_C) \\ -\left(u_A^{+1} + u_C^{+1}\right) \\ \dfrac{1}{2}u_C - \dfrac{1}{2\sqrt{3}\mathrm{j}}(u_A - u_B) \end{bmatrix} \tag{4-17}$$

其中 $\alpha = -\dfrac{1}{2} + \mathrm{j}\dfrac{\sqrt{3}}{2}$，$\dfrac{1}{\mathrm{j}}$ 的物理意义是对信号 90° 相移，用对称分量法从不平衡电压中分离正序电压，正序电压作为图 4-21 的输入可抑制基波负序电压分量的影响。

4.4.2　孤岛保护

1. 孤岛效应

根据美国桑迪亚（Sandia）国家实验室的报告，孤岛效应指电网因故障或停电维修跳闸时，光伏并网发电系统未能及时检测出电网停电状态，没有脱离电网继续运行，形成由光伏并网发电系统和本地负载组成的一个电力公司无法掌握的自给供电孤岛。如图 4-22 所示，当断路器 QF1 断开后，并网逆变器没有脱网（QF2 闭合）继续运行，与本地负载（QF3 闭合）就可能形成一个自给供电的孤岛发电系统。尽管非计划孤岛的出现概率较低，但是一旦出

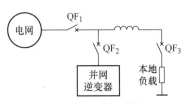

图 4-22　孤岛系统

现，它将对检修人员和电气设备构成重大安全隐患，并且孤岛系统与电网的非同步现象将妨碍电力系统恢复正常供电。因此，研究孤岛检测方法，使光伏并网发电系统具有孤岛保护功能，即发生孤岛时并网逆变器脱网（QF_2 断开），便能降低孤岛危害。

IEEE Std 929—2000、IEEE Std 1547—2003 规定并网逆变器必须具有防孤岛功能，并规定了脱网的时间。我国于 2005 年颁布了 GB/T 19939—2005《光伏系统并网技术要求》，规定"应设置至少各一种主动和被动防孤岛效应保护"，当电网失电压时，防孤岛效应保护应在 2s 内动作，将光伏发电系统与电网断开。

国内外学者提出了多种孤岛检测方法，基本上可分为被动法、主动法、远程法 3 类。被动法是通过检测并网逆变器输出的端电压幅值、频率、相位、谐波是否出现异常来判断是否产生孤岛。主动法是在并网逆变器输出电流的幅值、频率或相位上加入一个扰动，当逆变器正常并网运行时，由于大电网钳制作用，小的扰动不会使公共连接点（PCC）处的电压幅值或频率造成明显影响，但当孤岛发生时，这些扰动的作用就比较明显，可通过检测 PCC 处的电压幅值或频率来判断是否有孤岛发生。远程孤岛检测法主要是在电网侧和并网逆变器侧分别装设信号发生器和信号接收器，运用通信技术检测孤岛。被动法对电能质量没有影响，只能在并网逆变器与负载不匹配程度较大时才能有效，检测盲区（Non-Detection Zone，NDZ）范围比较大；主动法检测盲区小，但仍然存在不可检测区，即电压幅值和频率变化范围较小时，检测不到孤岛，对电能质量有一定的影响；远程法对电能质量无影响，但成本较高。

2. 孤岛效应的功率匹配问题

图 4-23 并网光伏发电系统等效模型中，并网光伏发电逆变器和电网连接在 PCC 处，为本地负载供电，并联的电阻 R、电感 L、电容 C 模拟本地负载，本地负载消耗的有功、无功功率分别为 P_{load}、Q_{load}；光伏并网逆变器向负载提供的有功、无功功率分别为 P、Q，一般情况下，$Q=0$，即并网逆变器仅输出有功；电网向负载提供的有功、无功功率分别为 P_{grid}、Q_{grid}。

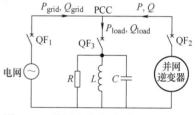

图 4-23 并网光伏发电系统等效模型

当系统正常工作时，即 QF_1、QF_2 和 QF_3 闭合，光伏发电系统和电网同时为本地负载供电，用 U 和 f_1 分别表示光伏系统正常并网运行 PCC 处的电压与频率，U 和 f_1 受大电网的钳制作用，保持不变。有

$$\begin{cases} P_{load} = P + P_{grid} = \dfrac{U^2}{R} \\ Q_{load} = Q + Q_{grid} = U^2\left(\dfrac{1}{\omega_1 L} - \omega_1 c\right) = P_{load}Q_f\left(\dfrac{f_0}{f_1} - \dfrac{f_1}{f_0}\right) \end{cases} \tag{4-18}$$

式中，Q_f 为负载品质因数，$Q_f = R\sqrt{\dfrac{L}{C}}$；$f_0$ 为负载谐振频率，$f_0 = \dfrac{1}{2\pi\sqrt{LC}}$。

孤岛效应发生时，QF_1 断开，QF_2 和 QF_3 闭合，逆变器供给负载需要的有功功率和无功功率，即 $P_{load}=P$、$Q_{load}=Q$，设此时 PCC 处的电压与角频率分别为 U' 和 ω_1'，且

$$U'^2 = PR = Q\dfrac{\omega'L}{1 - \omega_1'^2 LC} \tag{4-19}$$

将 $Q_f = R\sqrt{\dfrac{L}{C}}$ 代入式（4-19）右边等式，得角频率方程为

$$\omega_l'^2 + \frac{R}{Q_f^2 L}\frac{Q}{P}\omega_l' - \left(\frac{R}{Q_f L}\right)^2 = 0 \qquad （4-20）$$

求出角频率为

$$\omega_l' \approx \frac{1}{\sqrt{LC}}\left(\frac{Q}{2PQ_f}+1\right) \qquad （4-21）$$

式（4-19）左等式表明，孤岛发生时，并网逆变器输出电压的二次方与有功功率成正比。光伏发电系统输出的有功功率与负载需要的有功功率不匹配，即 P 与 P_{load} 差值比较大，逆变器输出电压 U' 变化较大。式（4-21）表明，角频率是逆变器输出无功、有功和 LC 参数的函数，光伏发电系统输出的无功功率与负载需要的无功功率不匹配，即 Q 与 Q_{load} 差值比较大，孤岛发生时，逆变器输出电压的角频率 ω_l' 变化较大。孤岛发生时，若逆变器工作在单位功率因数，即 $Q=0$，要求逆变器输出电压频率等于 L、C 谐振频率，R、L、C 并联电路表现为纯电阻。

3. 频移法

主动孤岛检测方法有频移法、功率扰动法和阻抗测量法。频移（Active Frequency Drif, AFD）法的波形如图 4-24 所示，虚线为电网电压波形，T 为电网电压周期，实线为逆变器输出电流波形，电流正、负半周开始点与电网电压同步，电流正、负半周结束点比电网电压提前时间 t_Z，t_Z 时间内，输出电流为零，t_Z 称为置零时间，截断系数 $cf=2t_Z/T$。并网时由于电网的钳制作用，电网电压过零点不变。孤岛发生时，输出电压正、负半周结束点提前；逐步增加 t_Z，输出电压正、负半周结束点进一步提前；一直持续直到频率超出上限，检测到发生孤岛，逆变器停止工作，QF₂ 断开。

若负载呈容性，负载电压滞后电流，滞后作用抵消图 4-24 中带来的电压过零点前移，频率不能超出上限，检测不出孤岛。若负载呈感性，频率减小，同样存在类似情况。AFD 法存在孤岛检测盲区，降低了供电电能质量，若多台并联逆变器频率改变的方向不一致，作用将相互抵消而产生稀释作用。为克服上述缺点，美国 Sandia 国家实验室对其进行了改进，提出频率正反馈主动频移法，即 Sandia 频移法。

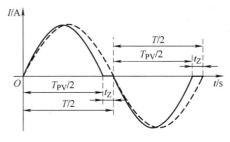

图 4-24　频移法波形

并网逆变器输出基波电流为

$$i = I_m\sin\left(\omega t + \varphi_i\right) \qquad （4-22）$$

Sandia 频移法对逆变器输出基波电流的频率 f 进行正反馈主动式频移，截断系数 cf 根据

当前的频率变化量调整为

$$cf = cf_0 + k\Delta f \tag{4-23}$$

式中，cf_0 为初始截断系数；k 为加速增益系数；Δf 为 PCC 处的电压频率与电网电压频率的差值。逆变器并网运行时，电网电压的频率不变。孤岛运行时，本地负载电压基波频率正反馈增加或减小，直至越限，实现孤岛保护。

由于正反馈作用，孤岛时，Sandia 频移法的频率变化量比 AFD 法大，电能质量差，并网逆变器台数增加，问题严重，可能导致逆变器不能稳定运行，其优点是检测盲区比 AFD 法小。

4.5　并网光伏发电系统仿真

打开示例"250-kW Grid-Connected PV Array"（路径：Simscape Electrical/Specialized Power Systems/ Renewable Energy Systems/），显示如图 4-25 所示 250kW 并网光伏发电系统仿真模型。"PV Array"为光伏电池模块，其参数设置对话框如图 4-26 所示。"Inverter Control"为逆变器控制模块，采用 3 电平逆变器，其输出经 LC 滤波，并经升压变压器升压后并入 25kV 交流电网，B1 点测并网电流和电压。逆变器控制模块参数设置对话框如图 4-27 所示，其内部结构如图 4-28 所示。图 4-28 左边"PandO"模块为采用扰动观察法的最大功率点跟踪模块，模块输出光伏电池最大功率点的电压"Vdc_ref"，直流电压调节器控制电池的实际电压等于最大功率点电压，电压调节器输出为并网有功电流，并网无功电流设为 0。"Current Regulator"为电流调节器模块，其内部结构如图 4-29 所示，包括电网电压前馈、滤波 RL 电压交叉反馈、电流闭环 PI 控制，电流调节器输出的 d 轴电压、q 轴电压经 dq 逆变换得调制信号，调制信号控制生成 PWM 信号。图 4-30 和图 4-31 为 250kW 并网光伏发电系统仿真波形，图 4-30 为辐射量变化时的仿真波形，图 4-31 为温度变化时的仿真波形，波形从上到下依次为辐射量（Ir）、温度（T）、并网点 A 相电压（Va）、并网 A 相电流（Ia）、并网功率（P）。

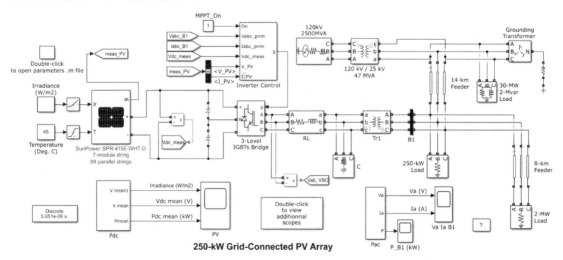

图 4-25　250kW 并网光伏发电系统仿真模型

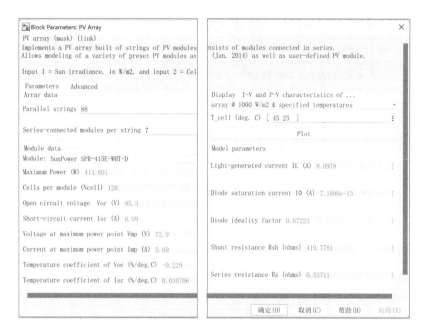

图 4-26 "PV Array"模块参数设置对话框

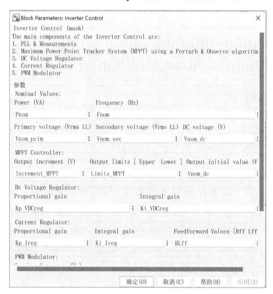

图 4-27 "Inverter Control"模块参数设置对话框

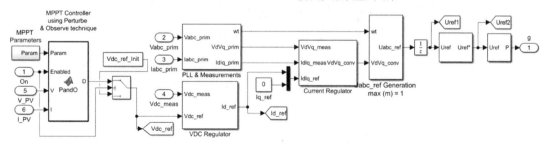

图 4-28 "Inverter Control"模块内部结构

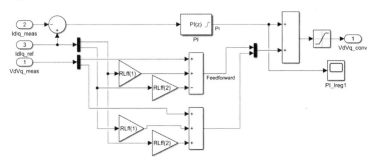

图 4-29 "Current Regulator"模块内部结构

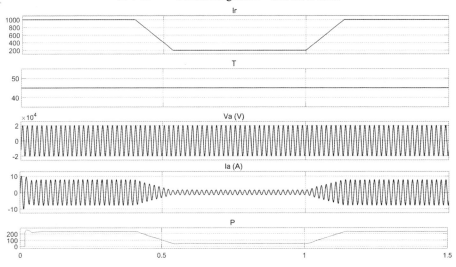

图 4-30 250kW 并网光伏发电系统辐射量变化仿真波形

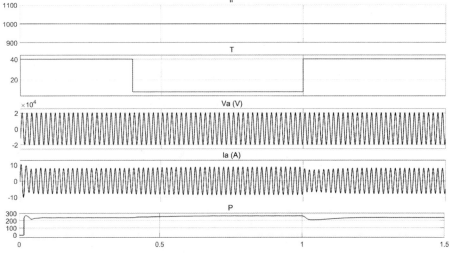

图 4-31 250kW 并网光伏发电系统温度变化仿真波形

思考题与习题

4.1　并网逆变器运行时的典型状态有几种？请画出每种运行状态的矢量图。

4.2　并网光伏发电系统主要由哪几部分构成？

4.3　并网光伏发电系统的最大功率点跟踪方法有哪几种？简要分析扰动观测法的振荡问题。

4.4　试画出基于电网电压矢量定向的并网逆变器双环控制结构图，并简述其基本控制原理。

4.5　在并网逆变器矢量控制策略中，为什么需要加入电流交叉反馈控制？如果不加，对系统的动态性能和稳定性能有没有影响？

4.6　简述同步坐标系软件锁相环的实现过程。

4.7　孤岛效应是什么？孤岛效应的危害有哪些？孤岛检测方法有哪些？

第5章　风电变流器控制系统

内容提要：绕线转子异步电机转子串电压和转子连变频电路调速原理，绕线转子异步电机正转运行 4 种工况的条件、能量传输方向、相量图；绕线转子异步电机串级调速系统原理；双馈型风力发电系统转子侧变流器基于定子磁场定向的矢量控制系统，风电变流器控制系统仿真。

5.1　绕线转子异步电机双馈调速原理

5.1.1　绕线转子异步电机转子串电压调速

如图 5-1a 所示，三相绕线转子异步电机每相转子绕组的感应电压有效值为

$$E_r = sE_{r0} \tag{5-1}$$

式中，s 为转差率；E_{r0} 为转子静止时每相电压（转子开路电压）。E_r 极性如图 5-1a 所示。转子感应电压频率 $f_2 = sf_1$，转子串联如图 5-1a 所示极性、频率为 f_2、有效值为 U_r 的交流电压，转子绕组每相电阻为 R_r，每相电抗为 sX_{r0}，转子每相电流有效值为

$$I_r = \frac{sE_{r0} - U_r}{\sqrt{R_r^2 + \left(sX_{r0}\right)^2}} \tag{5-2}$$

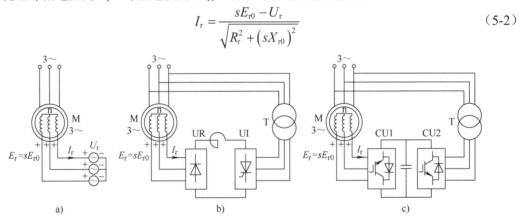

a)　　　　　　　　　b)　　　　　　　　　c)

图 5-1　转子串电压和转子连变频电路

与转子不串交流电压相比，当串联交流电压 U_r 与 E_r 同相位时（反向串联），转子电流下降；当串联交流电压 U_r 与 E_r 相位相反时（顺向串联），转子电流上升。异步电机电磁转矩与转子电流有功分量成正比，改变串联交流电压的极性和大小，就可以改变转子电流的方向和大小，从而改变转速。绕线转子异步电机等效电路如图 5-2 所示，E_g 为感应电动势。

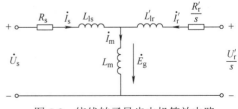

图 5-2　绕线转子异步电机等效电路

定子和转子的电压、电流方程为

$$\dot{U}_{\mathrm{s}} = -\dot{E}_{\mathrm{g}} + \dot{I}_{\mathrm{s}}\left(R_{\mathrm{s}} + \mathrm{j}\omega_{\mathrm{l}}L_{\mathrm{ls}}\right) \tag{5-3}$$

$$\frac{\dot{U}_{\mathrm{r}}'}{s} = -\dot{E}_{\mathrm{g}} + \dot{I}_{\mathrm{r}}'\left(\frac{R_{\mathrm{r}}'}{s} + \mathrm{j}\omega_{\mathrm{l}}L_{\mathrm{lr}}'\right) \tag{5-4}$$

5.1.2 转子连变频电路调速

绕线转子异步电机转子感应电压的频率 $f_2 = sf_1$，与转速有关，转速变化，感应电压频率变化。三相转子电路不能直接连接到恒压恒频的交流电网，必须经过变频电路连接交流电网，如图 5-1b、c 所示。

图 5-1b 中，转子感应电压经二极管整流电路 UR 整流成直流电，再经晶闸管逆变电路 UI 逆变成交流电，接入交流电网，转子绕组只能输出转差功率，经过 UR、UI 回馈到电网，利用图 5-1b 电路控制电机转速的系统称为绕线转子异步电机串级调速系统。图 5-1c 由采用全控器件的变流电路 CU1 和 CU2 组成背靠背变流电路（交-直-交变频电路），背靠背变流电路可以使能量双向流动，转子绕组可以通过背靠背变流电路输出转差功率，也可以通过背靠背变流电路吸收转差功率，转子绕组与电网可以双向传递能量，利用图 5-1c 电路控制电机转速的系统称为绕线转子异步电机双馈调速系统，本章研究其在风力发电中的应用。

5.2 绕线转子异步电机双馈调速 4 种基本工况

图 5-1c 所示绕线转子异步电机定子绕组、转子绕组都可以与电网双向传递电能。转子与生产机械可以双向传递机械能量，电动状态转子拖动生产机械，转子输出机械能；回馈制动状态生产机械拖动转子，转子输入机械能发电。电机通过定子绕组和转子绕组与电网交换能量、通过轴和生产机械交换能量，电机可工作于不同工作状态。定子传递给转子的电磁功率 P_{m} 为

$$P_{\mathrm{m}} = sP_{\mathrm{m}} + \left(1-s\right)P_{\mathrm{m}} \tag{5-5}$$

式中，等式右边第 1 项为转子的转差功率；第 2 项为电机轴输出的机械功率。电动状态，P_{m} 为正，发电状态，P_{m} 为负。正转时，s 和 P_{m} 可正可负，图 5-1c 中电机正转运行时电机有次同步电动状态、超同步电动状态、次同步发电状态、超同步发电状态 4 种基本工作状态，如图 5-3 所示。

1. 次同步电动状态

电机带反抗性负载额定转速以下电动运行，图 5-1a 中，电压源电压 U_{r} 与 E_{r} 同相位（反向串联）时，式（5-2）为

$$I_{\mathrm{r}} = \frac{sE_{\mathrm{r0}} - U_{\mathrm{r}}}{\sqrt{R_{\mathrm{r}}^2 + \left(sX_{\mathrm{r0}}\right)^2}} \tag{5-6}$$

从 0 开始增大 U_{r} 的值，但小于 sE_{r0}，电流 I_{r} 减小，转速减小，s 增大，直到新的平衡。$0<s<1$，s 和 P_{m} 都是正值，能量传输如图 5-3a 所示，定子绕组从电网输入功率 P_1，扣除定子损耗，以电磁功率 P_{m} 传递给转子，其中机械功率 $(1-s)P_{\mathrm{m}}$ 扣除机械损耗后从轴输出，转差

功率 sP_m 扣除转子铜损后，通过背靠背变流器回馈给电网。图 5-1c 中，CU1 工作在整流状态，CU2 工作在逆变状态，相量图如图 5-4a 所示。电机在低于同步转速电动运行。

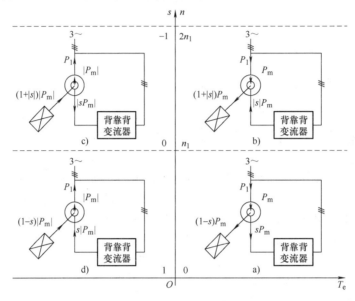

图 5-3　绕线转子异步电机双馈调速基本工况

2. 超同步电动状态

电机带反抗性负载额定转速以下电动运行，电压源电压 U_r 与 E_r 相位相反（顺向串联）时，式（5-2）变为

$$I_r = \frac{sE_{r0} + |U_r|}{\sqrt{R_r^2 + (sX_{r0})^2}} \tag{5-7}$$

从 0 开始增大 U_r 的值，电流 I_r 增加，转速增加，当转速高于同步转速时，s 变负，直到新的平衡。$-1 < s < 0$，式（5-5）变为

$$P_m + |s|P_m = (1 + |s|)P_m \tag{5-8}$$

能量传输如图 5-3b 所示，定子绕组从电网输入功率 P_1，扣除定子损耗，以电磁功率 P_m 传递给转子，转子将电磁功率全部变为机械功率，转子绕组从背靠背变流器吸收的转差功率 $|s|P_m$ 也变为机械功率，总的机械功率 $(1+|s|)P_m$ 扣除机械损耗后从轴输出。图 5-1c 中，CU1 工作在逆变状态，CU2 工作在整流状态，相量图如图 5-4b 所示。电机在高于同步转速电动运行。

3. 超同步发电状态

生产机械（如风力机）拖动异步电机工作在转速高于同步转速的回馈制动状态，P_m 为负，s 变负，$-1 < s < 0$，sP_m 为正。式（5-5）变为

$$|P_m| + |sP_m| = (1 + |s|)|P_m| \tag{5-9}$$

能量传输如图 5-3c 所示，生产机械拖动电机的机械功率 $(1+|s|)|P_m|$ 通过定子绕组和转子绕组回馈给电网，电磁功率 $|P_m|$ 通过定子绕组回馈给电网，转差功率 $|sP_m|$ 通过转子绕组和背

靠背变流器回馈给电网。图 5-1c 中，CU1 工作在整流状态，CU2 工作在逆变状态，相量图如图 5-4c 所示。电机在高于同步转速回馈制动（发电）运行。超同步发电状态与超同步电动状态同种功率（如电磁功率）传输方向相反。

4. 次同步发电状态

生产机械（如风力机）拖动异步电机正转运行，转速低于同步转速，$0<s<1$，电压源电压 U_r 与 E_r 同相位（反向串联）时，式（5-2）为

$$I_r = \frac{sE_{r0} - U_r}{\sqrt{R_r^2 + (sX_{r0})^2}} \tag{5-10}$$

若 U_r 的值大于 sE_{r0}，$I_r<0$，电磁转矩小于 0，$P_m<0$，$sP_m<0$，式（5-5）变为

$$|P_m| = (1-s)|P_m| + s|P_m| \tag{5-11}$$

能量传输如图 5-3d 所示，转子从生产机械吸收的机械功率和从背靠背变流器吸收的转差功率以电磁功率传递给定子绕组，回馈给电网。图 5-1c 中，CU1 工作在逆变状态，CU2 工作在整流状态，相量图如图 5-4d 所示。电机在低于同步转速发电制动运行。次同步发电状态与次同步电动状态同种功率（如电磁功率）传输方向相反。

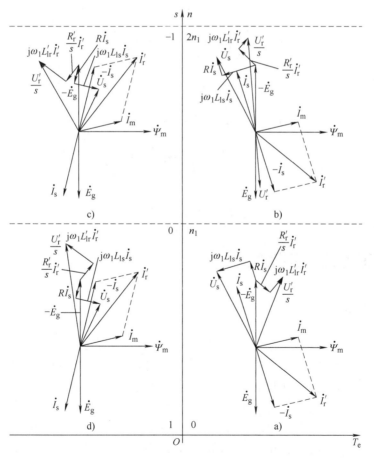

图 5-4　4 种运行状态的相量图

5.3　双闭环控制的串级调速系统

图 5-1b 的串级调速系统只能运行在次同步电动状态，采用转速、电流双闭环控制的串级调速系统如图 5-5 所示。图中，机侧变流器 UR 为三相桥式二极管整流电路，输出平均电压为 U_d，网侧变流器 UI 为三相桥式晶闸管逆变电路，直流侧电压为 U_i。直流侧电压方程为

$$U_d = RI_d - U_i \tag{5-12}$$

$$2.34E_r = RI_d + 2.34U_{T2}\cos\beta \tag{5-13}$$

式中，R 为直流侧总电阻；U_{T2} 为变压器二次电压；β 为逆变角。改变逆变角 β，I_d 改变，I_r 改变，电机电磁转矩改变，电机转速改变。图 5-5 中，转速反馈信号取自与电机同轴相连的测速发电机的电枢电压，电流反馈信号取自逆变电路交流侧的电流互感器，也可以用霍尔式传感器或直流互感器取自直流侧回路。为了防止逆变角太小引起逆变失败，通过电流调节器 ACR 输出电压限幅值限制触发电路的最小逆变角 β_{min}。

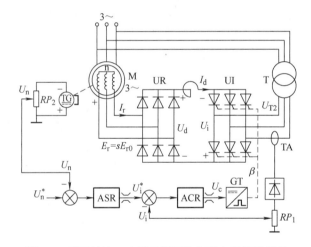

图 5-5　采用转速、电流双闭环控制的串级调速系统

5.4　风电变流器控制系统

5.4.1　风力发电

风力发电将风能转换为电能，包括风力机和发电机，流动的空气作用在风力机的风轮上，推动风轮旋转，将空气的动能转变为风轮旋转的机械能。风轮通过机械传动驱动发电机转子旋转，发电机将机械能转变成电能，供给本地负载或输送给电力系统。

根据旋转速度是否变化，风力发电机可分为定速风力发电机和变速风力发电机。图 5-6a 采用笼型异步发电机（Squirrel Cage Induction Generator，SCIG）作为发电机，通常归为 A 型风力发电机，存在于 20 世纪 80～90 年代。A 型风力发电机的额定功率一般在 1MW 以下，转速变化范围较小（1%～2%)，通常称这一类型的风力发电机为定速型风力发电机。

图 5-6b 采用绕线转子异步发电机（Wound Rotor Induction Generator，WRIG)作为风力发电机，通常归为 B 型风力发电机。改变转子电阻调节风力机的转速，调节范围通常为 5%～10%，不具有无功功率控制和电压控制的能力。

图 5-6c 采用双馈发电机（Double-Fed Induction Generator，DFIG）作为双馈风力发电机，通常归为 C 型风力发电机。发电机定子直连电网，转子通过双向变流器连接电网。C 型风力发电机的优点是变流器容量通常为机组容量的 25%～40%，变流器容量小，能满足风力机调速要求，性价比高，可以实现有功功率-频率控制、无功功率-电压控制等功能。在 1.5MW 及以上的风力发电机中，C 型风力发电机占主导地位。

图 5-6d 采用永磁同步发电机（PMSG）、笼型异步发电机(SCIG)或绕线转子同步发电机（WRSG）等，变流器是全功率变流器，风力发电机能全范围调速，称为 D 型风力发电机。

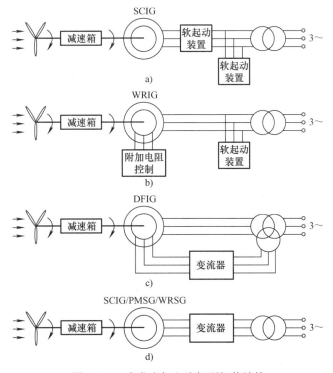

图 5-6 风力发电机主流机型拓扑结构

5.4.2 双馈型风电变流器矢量控制系统

双馈型风电变流器控制系统结构图如图 5-7 所示。图中有两个变流器：网侧变流器和转子侧变流器，各配有控制器，监控系统的其中一个功能是给风电变流器下发功率指令。网侧变流器属于并网逆变器，控制参见 4.3 节。本节讨论转子侧变流器的矢量控制。矢量控制需要坐标变换，同步旋转 dq 坐标系可以按定子磁场定向、定子电压定向、转子磁场定向。下面介绍转子侧变流器按定子磁场定向同步旋转 dq 坐标系下的矢量控制系统。

按定子磁场定向同步旋转 dq 坐标系如图 5-8 所示，d 轴与定子磁链重合，有

$$\begin{cases} \psi_{sq} = 0 \\ \psi_{sd} = \psi_s \end{cases}$$

（5-14）

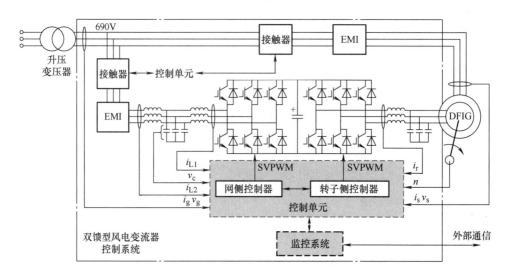

图 5-7 双馈型风电变流器控制系统结构图

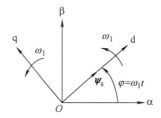

图 5-8 按定子磁场定向同步旋转 dq 坐标系

将式（5-14）代入式（2-66）和式（2-67），可得

$$
\begin{bmatrix} u_{sd} \\ u_{sq} \\ u_{rd} \\ u_{rq} \end{bmatrix} = \begin{bmatrix} R_s & 0 & 0 & 0 \\ 0 & R_s & 0 & 0 \\ 0 & 0 & R_r & 0 \\ 0 & 0 & 0 & R_r \end{bmatrix} \begin{bmatrix} i_{sd} \\ i_{sq} \\ i_{rd} \\ i_{rq} \end{bmatrix} + \frac{\mathrm{d}}{\mathrm{d}t} \begin{bmatrix} \psi_s \\ 0 \\ \psi_{rd} \\ \psi_{rq} \end{bmatrix} + \begin{bmatrix} 0 \\ \omega_1 \psi_s \\ -(\omega_1 - \omega)\psi_{rq} \\ (\omega_1 - \omega)\psi_{rd} \end{bmatrix} \quad (5\text{-}15)
$$

$$
\begin{bmatrix} \psi_s \\ 0 \\ \psi_{rd} \\ \psi_{rq} \end{bmatrix} = \begin{bmatrix} L_s & 0 & L_m & 0 \\ 0 & L_s & 0 & L_m \\ L_m & 0 & L_r & 0 \\ 0 & L_m & 0 & L_r \end{bmatrix} \begin{bmatrix} i_{sd} \\ i_{sq} \\ i_{rd} \\ i_{rq} \end{bmatrix} \quad (5\text{-}16)
$$

由式（5-16）第 1、2 式可得

$$
\psi_s = L_s i_{sd} + L_m i_{rd} = L_m i_{ms} \quad (5\text{-}17)
$$

$$
\begin{cases} i_{sd} = \dfrac{L_m}{L_s}\left(i_{ms} - i_{rd}\right) \\ i_{sq} = -\dfrac{L_m}{L_s} i_{rq} \end{cases} \quad (5\text{-}18)
$$

式中，i_{ms} 为等效励磁电流。将式（5-18）代入式（5-16）第 3、4 式，可得

$$\begin{cases} \psi_{rd} = L_m \dfrac{L_m}{L_s}\left(i_{ms} - i_{rd}\right) + L_r i_{rd} = \dfrac{L_m^2}{L_s}i_{ms} + \sigma L_r i_{rd} \\[3mm] \psi_{rq} = \left(L_r - \dfrac{L_m L_m}{L_s}\right)i_{rq} = \sigma L_r i_{rq} \end{cases} \tag{5-19}$$

式中，σ 为漏磁系数。将式（5-19）代入式（5-15）第 3、4 式，可得转子电压方程为

$$\begin{cases} u_{rd} = R_r i_{rd} + \sigma L_r \dfrac{\mathrm{d}i_{rd}}{\mathrm{d}t} - \omega_s \sigma L_r i_{rq} \\[3mm] u_{rq} = R_r i_{rq} + \sigma L_r \dfrac{\mathrm{d}i_{rq}}{\mathrm{d}t} + \omega_s\left(\dfrac{L_m^2}{L_s}i_{ms} + \sigma L_r i_{rd}\right) \end{cases} \tag{5-20}$$

式（5-20）为转子 d、q 轴电压与电流的关系，控制转子 d、q 轴电压可以控制转子 d、q 轴电流。等式右边第 1 项、第 2 项分别是同轴电流比例项和微分项，$\omega_s L_m^2 i_{ms} / L_s$ 是双馈电机反电动势引起的扰动项，$\omega_s \sigma L_r i_{rd}$ 和 $\omega_s \sigma L_r i_{rq}$ 是旋转电动势引起的交叉耦合扰动项。用 PI 调节器控制转子 d 轴和 q 轴电流，并通过前馈控制补偿扰动量对电流控制的影响。PI 调节器的运算公式为

$$\begin{cases} u_{rd}^* = K_{idP}\left(i_{rd}^* - i_{rd}\right) + K_{idI}\displaystyle\int\left(i_{rd}^* - i_{rd}\right)\mathrm{d}t - \omega_s \sigma L_r i_{rq} \\[3mm] u_{rq}^* = K_{iqP}\left(i_{rq}^* - i_{rq}\right) + K_{iqI}\displaystyle\int\left(i_{rq}^* - i_{rq}\right)\mathrm{d}t + \omega_s\left(\dfrac{L_m^2}{L_s}i_{ms} + \sigma L_r i_{rd}\right) \end{cases} \tag{5-21}$$

式中，u_{rd}^* 和 u_{rq}^* 是控制器输出的控制电压，控制机侧变流器的交流电压。补偿准确时，式（5-21）右边与式（5-20）右边相等，扰动量相互抵消，有

$$\begin{cases} i_{rd}R_r + \sigma L_r \dfrac{\mathrm{d}i_{rd}}{\mathrm{d}t} = K_{idP}\left(i_{rd}^* - i_{rd}\right) + K_{idI}\displaystyle\int\left(i_{rd}^* - i_{rd}\right)\mathrm{d}t \\[3mm] R_r i_{rq} + \sigma L_r \dfrac{\mathrm{d}i_{rq}}{\mathrm{d}t} = K_{iqP}\left(i_{rq}^* - i_{rq}\right) + K_{iqI}\displaystyle\int\left(i_{rq}^* - i_{rq}\right)\mathrm{d}t \end{cases} \tag{5-22}$$

扰动量前馈控制使转子 d 轴和 q 轴电流解耦。机侧变流器的控制系统结构图如图 5-9 所示。将式（5-17）和式（5-18）代入式（2-82），可得

$$T_e = n_p i_{sq}\psi_{sd} = -n_p \dfrac{L_m^2}{L_s}i_{ms}i_{rq} \tag{5-23}$$

定子磁场恒定时，i_{ms} 不变，电磁转矩与转子电流 q 轴分量 i_{rq} 成正比。当采用转矩跟踪控制时，转矩给定由风力机监控系统下发，通过式（5-23）转换成转子 q 轴电流给定。在 dq 坐标系下，基于式（5-18）求双馈电机定子功率，有

$$\begin{cases} P_s = -\dfrac{L_m}{L_s}u_{sq}i_{rq} \\[3mm] Q_s = \dfrac{L_m}{L_s}u_{sq}\left(i_{ms} - i_{rd}\right) \end{cases} \tag{5-24}$$

转子电流 q 轴分量 i_{rq} 控制双馈电机电磁转矩的同时，又控制定子有功功率，定子侧无功功率可通过转子电流 d 轴分量 i_{rd} 控制，其给定值取决于定子电压和无功功率需求。根据监控系统的功率指令计算转子电流。

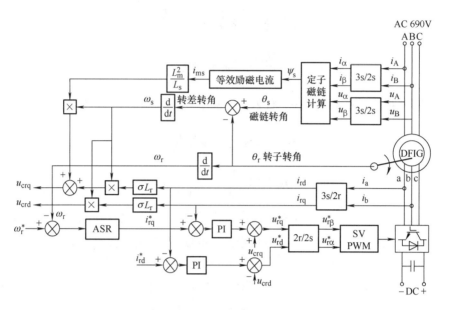

图 5-9 机侧变流器的控制系统结构图

当对双馈电机调速控制时，通常采用转速外环、电流内环的双闭环控制，若速度环用 PI 调节器，K_{nP}、K_{nI} 分别为比例系数和积分系数，电磁转矩给定值为

$$T_e^* = K_{nP}\left(n^* - n\right) + K_{nI}\int\left(n^* - n\right)\mathrm{d}t \tag{5-25}$$

电磁转矩换算成转子电流 q 轴分量给定为

$$i_{rq}^* = -\frac{L_s}{n_p i_{ms} L_m^2} T_e^* \tag{5-26}$$

定子磁链矢量的检测有定子电压法和定子转子电流法。定子电压法的计算公式为

$$\begin{cases} \psi_{s\alpha} = \int\left(u_{s\alpha} - i_{s\alpha} R_s\right)\mathrm{d}t \\ \psi_{s\beta} = \int\left(u_{s\beta} - i_{s\beta} R_s\right)\mathrm{d}t \end{cases} \tag{5-27}$$

定子转子电流法的计算公式为

$$\begin{cases} \psi_{s\alpha} = L_s i_{s\alpha} + L_m i_{r\alpha} \\ \psi_{s\beta} = L_s i_{s\beta} + L_m i_{r\beta} \end{cases} \tag{5-28}$$

定子磁链的大小和角度的计算公式为

$$\begin{cases} \psi_s = \sqrt{\psi_{s\alpha}^2 + \psi_{s\beta}^2} \\ \theta_s = \arctan\left(\dfrac{\psi_{s\beta}}{\psi_{s\alpha}}\right) \end{cases} \tag{5-29}$$

双馈电机参数变化及其检测的准确性、磁化曲线的非线性影响定子转子电流法的检测精度，并网前不能直接与电网同步，不利于软并网的实施。通常采用准积分电压模型法计算定

子磁链，准积分的计算公式为

$$G_{bp}(s) = \frac{s}{s^2 + 3\pi s + 2\pi^2} \tag{5-30}$$

图 5-10 为积分环节和准积分环节的伯德图，可见高频段两个环节的频率特性相同。

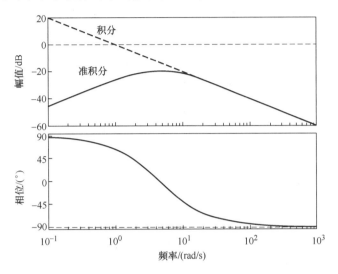

图 5-10　积分环节和准积分环节的伯德图

5.4.3　风电变流器低电压穿越与控制

电网短路故障、大容量电机起动或加速、变压器的投入、雷击等都会引起电网电压暂降。双馈风力发电机定子直接连接电网、与电网直接耦合，转子通过背靠背变流器连接电网。电网电压波动会在电机内部引起电磁过渡过程，甚至会损坏转子变流器。由于双馈风力发电机是 MW 级风力发电机的主流机型，因而双馈风力发电机应具有电网适应性、低电压穿越（Low Voltage Ride Through，LVRT）特性。下面分析电网电压暂降时双馈风力发电机的电磁暂态过程，以及机侧变流器的 LVRT 控制。

1. 电压暂降时双馈风力发电机的电磁暂态过程

定子静止坐标系下双馈风力发电机定子、转子电压方程和磁链方程分别为

$$\boldsymbol{u}_s = R_s \boldsymbol{i}_s + \frac{\mathrm{d}}{\mathrm{d}t}\boldsymbol{\psi}_s \tag{5-31}$$

$$\boldsymbol{u}_r = R_r \boldsymbol{i}_r + \frac{\mathrm{d}}{\mathrm{d}t}\boldsymbol{\psi}_r - \mathrm{j}\omega\boldsymbol{\psi}_r \tag{5-32}$$

$$\boldsymbol{\psi}_s = L_s \boldsymbol{i}_s + L_m \boldsymbol{i}_r \tag{5-33}$$

$$\boldsymbol{\psi}_r = L_r \boldsymbol{i}_r + L_m \boldsymbol{i}_s \tag{5-34}$$

由式（5-33）和式（5-34）可得

$$\boldsymbol{\psi}_r = \frac{L_m}{L_s}\boldsymbol{\psi}_s - \sigma L_r \boldsymbol{i}_r \tag{5-35}$$

其中

$$\sigma = 1 - \frac{L_m^2}{L_s L_r} \tag{5-36}$$

将式(5-35)代入式（5-32），可得转子电压为

$$\boldsymbol{u}_r = \frac{L_m}{L_s}\left(\frac{d}{dt} - j\omega\right)\boldsymbol{\psi}_s + \left[R_r + \sigma L_r\left(\frac{d}{dt} - j\omega\right)\right]\boldsymbol{i}_r \tag{5-37}$$

转子电压包含两部分，第一部分是式（5-37）等号右边第 1 项，为定子磁链感应电压；第二部分是式（5-37）等号右边第 2 项，为转子回路阻抗压降。将定子静止坐标系的转子电压变换到转子坐标系（用上标"r"标注）为

$$\boldsymbol{u}_r^r = \frac{L_m}{L_s}\frac{d\boldsymbol{\psi}_s^r}{dt} + \left(R_r + \sigma L_r\frac{d}{dt}\right)\boldsymbol{i}_r^r \tag{5-38}$$

式（5-38）第 1 项为转子开路电压，表示为

$$\boldsymbol{u}_{r0}^r = \frac{L_m}{L_s}\frac{d\boldsymbol{\psi}_s^r}{dt} \tag{5-39}$$

稳态时，设定子电压矢量为

$$\boldsymbol{u}_s = U e^{j\omega_1 t} \tag{5-40}$$

忽略定子电阻，定子磁链矢量为

$$\boldsymbol{\psi}_s = \int \boldsymbol{u}_s dt = \frac{U}{j\omega_1} e^{j\omega_1 t} \tag{5-41}$$

在转子坐标系中，转子开路电压矢量为

$$\boldsymbol{u}_{r0}^r = \frac{L_m}{L_s}\frac{\omega_1 - \omega}{\omega_1} U e^{js\omega_1 t - \frac{\pi}{2}} = s\frac{L_m}{L_s} U e^{js\omega_1 t - \frac{\pi}{2}} \tag{5-42}$$

设 $t=0$ 时刻之前定子电压和磁链稳定，$t=0$ 时刻定子电压发生三相对称电压暂降，暂降深度为 ρ，则有

$$\boldsymbol{u}_s = \begin{cases} U e^{j\omega_1 t} & t < 0 \\ (1-\rho)U e^{j\omega_1 t} & t \geq 0 \end{cases} \tag{5-43}$$

利用式（5-41），暂降前定子磁链矢量、暂降后定子磁链矢量的稳态分量分别为

$$\boldsymbol{\psi}_{sw} = \begin{cases} \dfrac{U}{j\omega_1} e^{j\omega_1 t} & t < 0 \\ \dfrac{(1-\rho)U}{j\omega_1} e^{j\omega_1 t} & t \geq 0 \end{cases} \tag{5-44}$$

磁链不能突变，定子电压暂降后，定子电流经过过渡过程，最后稳定下来，定子磁链也要经过过渡过程后稳定。

下面求电压暂降后定子磁链的暂态分量。转子开路，转子电流为 0，由式（5-31）和式（5-33）得到关于定子磁链的一阶微分方程为

$$\frac{\mathrm{d}}{\mathrm{d}t}\boldsymbol{\psi}_{\mathrm{s}} + \frac{R_{\mathrm{s}}}{L_{\mathrm{s}}}\boldsymbol{\psi}_{\mathrm{s}} = \boldsymbol{u}_{\mathrm{s}} \tag{5-45}$$

电压发生式（5-43）的暂降，将暂降后的电压代入式（5-45）并求解，初始条件为暂降前后磁链不变。方程的解含有稳态分量和暂态分量，稳态分量为式（5-44）第 2 式，定子暂态分量 $\boldsymbol{\psi}_{\mathrm{sz}}$ 按指数规律衰减，衰减时间常数 $t_1=L_{\mathrm{s}}/R_{\mathrm{s}}$，暂态分量表示为

$$\boldsymbol{\psi}_{\mathrm{sz}} = \boldsymbol{\psi}_{z0}\mathrm{e}^{-t/t_1} \tag{5-46}$$

暂降前后磁链不变，即 $t=0$ 时，式（5-46）与式（5-44）第 2 式的和等于式（5-44）第 1 式，求出 $\psi_{z0} = \rho U / \mathrm{j}\omega_1$。暂降后，定子磁链矢量为

$$\boldsymbol{\psi}_{\mathrm{s}} = \frac{(1-\rho)U}{\mathrm{j}\omega_1}\mathrm{e}^{\mathrm{j}\omega_1 t} + \frac{\rho U}{\mathrm{j}\omega_1}\mathrm{e}^{-t/t_1} \tag{5-47}$$

定子磁链圆由暂降前半径为 U/ω_1 的圆变为暂降后半径为 $(1-\rho)U/\omega_1$ 的圆，两圆的圆心重合。将式（5-47）代入式（5-45），可得定子坐标系中转子开路电压矢量为

$$\boldsymbol{u}_{\mathrm{r}} = \frac{(1-\rho)UL_{\mathrm{m}}}{L_{\mathrm{s}}}s\mathrm{e}^{\mathrm{j}\omega_1 t} - \frac{L_{\mathrm{m}}}{L_{\mathrm{s}}}\left(\frac{1}{t_1} + \mathrm{j}\omega\right)\frac{\rho U}{\mathrm{j}\omega_1}\mathrm{e}^{-t/t_1} \tag{5-48}$$

忽略式（5-48）中较小的项 $1/t_1$，变换到转子坐标系，可得转子坐标系下的转子开路电压矢量为

$$\boldsymbol{u}_{\mathrm{r}}^{\mathrm{r}} = \frac{(1-\rho)UL_{\mathrm{m}}}{L_{\mathrm{s}}}s\mathrm{e}^{\mathrm{j}\omega_1 t} - (1-s)\frac{L_{\mathrm{m}}}{L_{\mathrm{s}}}\rho U\mathrm{e}^{\mathrm{j}\omega t}\mathrm{e}^{-t/t_1} \tag{5-49}$$

双馈风力发电机转差率 s 在 ±0.3 范围内，转子开路电压主要由定子磁链的暂态分量决定，与电网电压暂降深度成正比，其频率为转子旋转频率。

2. 双馈风力发电机的 LVRT 控制方案

双馈风力发电机的转子侧采用背靠背变流器连接电网，当电网电压暂降时，一方面会导致网侧变流器的输出功率快速减小，另一方面，由于双馈电机的定子直接接入电网，双馈电机定、转子的暂态电磁过程会导致双馈电机转子电压和电流的突增，如果不采取 LVRT 控制方案，会导致双馈风力发电机脱网甚至损坏变流器。下面介绍几种双馈风力发电机机侧变流器附加硬件的 LVRT 控制方案。

（1）附加撬棒电路的 LVRT 控制方案

图 5-11 为附加撬棒电路的双馈风力发电机 LVRT 控制方案，电网电压暂降时，IGBT 导通，撬棒电路投入工作，双馈发电机运行在转子串电阻的异步电机运行模式，实现转子变流器的旁路保护。全控器件 IGBT 能实时控制撬棒电路的投入和切除，从而控制变流器保护和正常工作。该方案简单、可靠，不足之处是撬棒投入双馈电机工作在异步电机模式，需要从电网吸收一定的无功功率，导致电压进一步下降。

（2）定子串联变流器的 LVRT 方案

电网电压暂降时，定子电压下降，利用变流器在定子和电网之间串联电压，补偿电网电压下降，使定子电压维持不变。如图 5-12 所示，三相变流器 CU3 将直流电压变为交流电压，串联在定子和电网之间，三相变流器 CU3 具有动态电压恢复器的作用。该方案具有较好的低

电压穿越能力，但增加三相变流器会增加硬件成本、体积和施工费用。

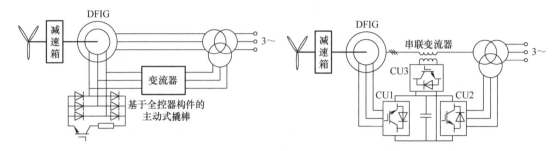

图 5-11　附加撬棒电路的双馈风力发电机 LVRT 控制方案　　图 5-12　定子串联变流器的 LVRT 方案

（3）附加阻抗网络的 LVRT 方案

在双馈电机定子绕组和/或转子绕组串联阻抗可以抑制电压暂降时双馈电机的电磁暂态冲击，阻抗网络含电阻和电感，电感限制暂态电流的峰值。图 5-13 为定子串阻抗网络的 LVRT 方案。双向电子开关 S_1、S_2 用 IGBT 反向串联，电压正常时，S_1 导通、S_2 断开，无源网络被旁路；电压暂降时，S_1 断开、S_2 导通，无源网络接入电路。根据电网电压、电网阻抗、定子电阻和电阻电流，可以计算出电压暂降后定子电压不变所需的阻抗值，投入该值阻抗，理论上定子电压不变。当然，很难准确控制投入阻抗的值，无源阻抗网络增加了损耗和成本。

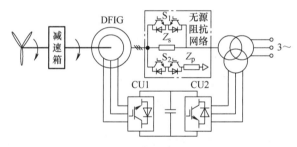

图 5-13　定子串阻抗网络的 LVRT 方案

5.5　风电变流器控制系统仿真

命令窗口输入"power_wind_dfig_det"并执行，或打开示例"Wind Farm - DFIG Detailed Model"（路径：Simscape Electrical/Specialized Power Systems/ Renewable Energy Systems/），显示如图 5-14 所示的双馈风电变流器控制系统仿真模型。

"DFIG Wind Turbine"为双馈发电机风力发电模块，其参数设置对话框如图 5-15 所示，内部结构如图 5-16 所示。图 5-16 中，左上部分为风力机的仿真模型，输出机械转矩给发电机的转子轴，发电机为双馈发电机，其定子并入 575V 交流电网，转子通过交-直-交变流器并入 575V 交流电网。"Wind Turbine Control"（风力发电控制）模块内部结构如图 5-17 所示，包含"Filtering and Measurements"（滤波与测量）、"Grid-Side Converter Control System"（网侧变流器控制）、"Rotor-Side Converter Control System"（转子侧变流器控制）和"Speed regulator & Pitch Control"（调速器及变桨控制）模块。双馈风电变流器控制系统仿真波形如图 5-18、

图 5-19 所示。图 5-18 中从上到下依次显示风速（Wind-speed）、风力发电输出的有功功率（P）、输出的无功功率（Q）、转子转速（wr）的波形，图 5-19 中从上到下依次显示直流侧电压（Vdc）、575V 母线 a 相电压（Va_B575）、575V 母线 a 相电流（Ia_B575）、25kV 母线 a 相电压（Va_B25）、25kV 母线 a 相电流（Ia_B25）波形。

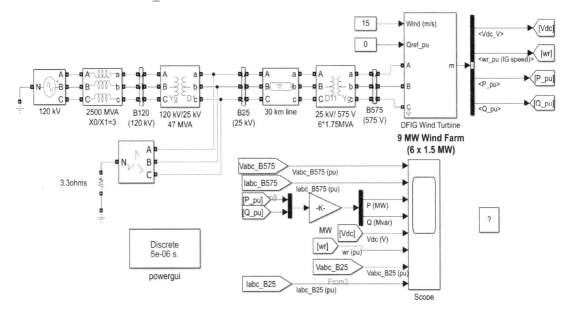

图 5-14　双馈风电变流器控制系统仿真模型

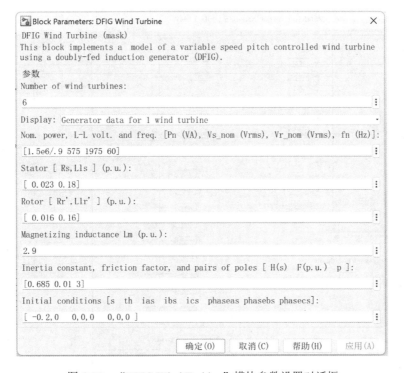

图 5-15　"DFIG Wind Turbine"模块参数设置对话框

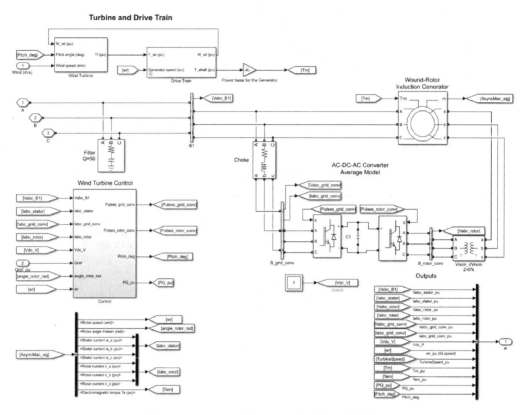

图 5-16　"DFIG Wind Turbine" 模块内部结构

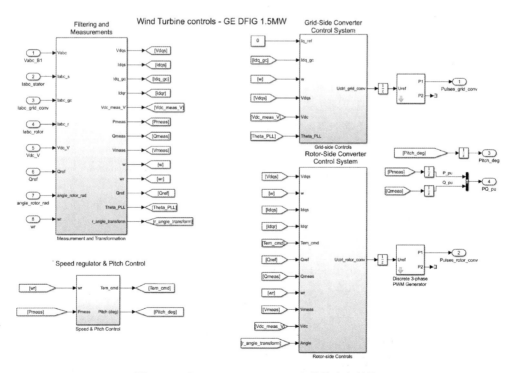

图 5-17　"Wind Turbine Control" 模块内部结构

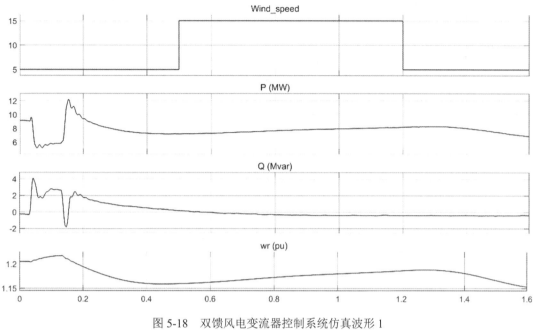

图 5-18　双馈风电变流器控制系统仿真波形 1

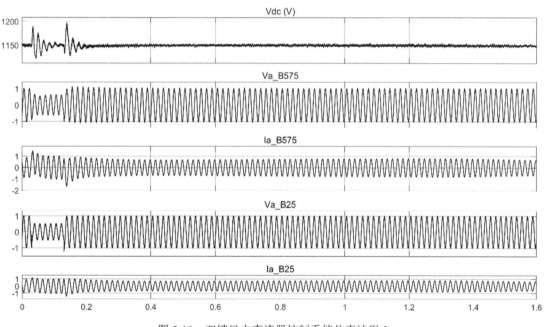

图 5-19　双馈风电变流器控制系统仿真波形 2

思考题与习题

5.1　简要分析双馈电机定子回路与转子回路电流、电压、磁链的频率关系，并讨论双馈电机转子串电压的调速原理以及双馈风力发电机的变速恒频运行原理。

5.2　试分析双馈电机可能的工作状态及其对应的定子侧和转子侧功率流向。

5.3　若将双馈电机定子绕组短接，对转子侧进行变流控制，试讨论此时双馈电机的机械特性。

5.4　双馈电机是否可用于无功功率补偿？请简要分析原理。

5.5　双馈电机矢量控制系统与普通异步电机矢量控制有何异同？

5.6　如何辨识双馈电机转子的初始位置角？

第3篇 柔性输配电变流器控制系统

柔性交流输电系统（Flexible AC Transmission Systems，FACTS）指应用于交流输电系统的电力电子装置，其中柔性是指对电压电流的可控性，如电力电子装置与电力系统并联可以对系统电流和无功功率进行控制，电力电子装置与电力系统串联可以对电压和潮流进行控制。

FACTS分为并联补偿装置、串联补偿装置和综合型补偿装置。并联补偿可以抑制与电流相关的电能质量问题，串联补偿抑制与电压相关的电能质量问题、控制潮流，综合性补偿装置兼有并联补偿装置和串联补偿装置的功能。

第6章　并联补偿装置控制系统

内容提要：并联有源电力滤波器原理、三相四线制配电系统用二电平有源电力滤波器主电路的两种拓扑结构；谐波电流的 i_p-i_q 检测方法和产生补偿电流的定时跟踪 PWM 控制技术；级联多电平 STATCOM 的主电路及其调制技术和控制系统；三相三线制 APF 仿真示例和静止同步补偿器控制系统仿真示例。

6.1　有源电力滤波器控制系统

6.1.1　并联电力有源补偿器原理

电力电子装置等非线性装置的广泛应用给电网带来了电力谐波电流。电力滤波器能抑制电力谐波电流，电力滤波器有两种：无源电力滤波器和有源电力滤波器。LC 滤波器也称无源电力滤波器，LC 滤波器的优点是电路结构简单、可靠性高、成本低廉，缺点是滤波效果受负载变化的影响较大。有源电力滤波器有多重功效，它既能进行动态的谐波治理，又可用于无功功率补偿，提高功率因数。

并联有源补偿的单线原理图如图 6-1 所示，x_s 为电力系统感抗，负载为非线性感性负载，负载电流 i_L 包含基波有功电流 i_{fp}、基波无功电流 i_{fq} 和谐波电流 i_h。电源电流 i_s 等于负载电流 i_L 加并联补偿电流 i_c，即

$$i_s = i_L + i_c = i_{fp} + i_{fq} + i_h + i_c$$

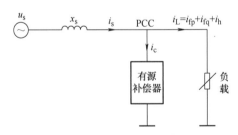

图 6-1　并联有源补偿的单线原理图

若无补偿器，即 $i_c=0$，电源电流 i_s 等于负载电流 i_L，基波无功电流 i_{fq} 流过系统感抗 x_s 产生无功压降；谐波电流 i_h 流过系统感抗 x_s 产生谐波电压，公共连接点电压等于电网电压减去系统感抗的电压，即使电网电压 u_s 波形是正弦波，若 i_s 畸变，公共连接点的电压波形也会畸变。若补偿器产生的补偿电流 i_c 等于基波无功电流 i_{fq} 的负值，没有无功电流流过系统感抗，此种补偿器称为静态同步补偿器（Static Synchronous Compensator，STATCOM）；若补偿器产生的补偿电流 i_c 等于负载谐波电流 i_h 的负值，无谐波电流流过系统感抗，此种补偿器称为有

源电力滤波器（APF）。

6.1.2 三相四线制 APF 主电路结构

用于三相四线制低压配电系统的有源电力滤波器主电路结构有两种：三相四桥臂式 APF 和三相三桥臂电容中分式 APF。二电平三相四桥臂式 APF 和二电平三相三桥臂电容中分式 APF 分别如图 6-2a、b 所示，每个半桥通过电感 L 并网，产生 4 路补偿电流 i_{ca}、i_{cb}、i_{cc}、i_{cn}。其中 i_{ca}、i_{cb}、i_{cc} 补偿每相的谐波电流，i_{cn} 补偿中性线上的零序电流。除了采用二电平变流器，APF 主电路还可以采用三电平变流器。电容中分式 APF 的中性线补偿电流要流经上、下两个电容，由于中性线补偿电流含有大量谐波分量，上、下两电容电压也必有大量谐波分量，电容电压波动较为剧烈，对逆变器的运行性能产生不利影响。为抑制电压波动，必然要增大电容容量。而四桥臂式 APF 中性线由第 4 个半桥引出，不存在上述电压波动问题。

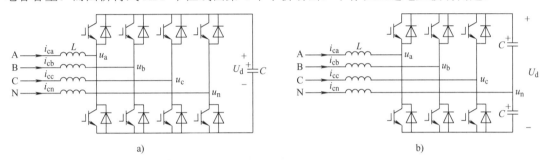

图 6-2 二电平三相四桥臂式 APF 和二电平三相三桥臂电容中分式 APF

二电平三相四桥臂式 APF 主电路如图 6-3 所示。3 个电流传感器测量负载电流 i_L，4 个电流传感器测量补偿电流 i_c，为了滤除谐波，补偿电流等于负载的谐波电流 i_h，需要从负载电流 i_L 检测出谐波电流 i_h，3 个电压传感器测量并网点三相电压 u_s，1 个电压传感器测量直流侧电容电压 U_d。

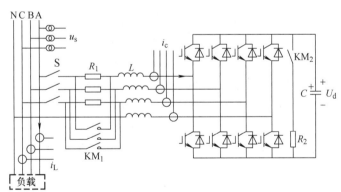

图 6-3 二电平三相四桥臂式 APF 主电路

图 6-3 所示 APF 上电启动、滤波之前经过两个阶段：第 1 阶段为二极管整流桥工作阶段，接触器 KM₁ 断开、KM₂ 断开，S 闭合，通过二极管整流桥给电容充电，电阻 R_1 限制充电电流，经过一段时间，接触器 KM₁ 闭合，电容电压稳定后，转入第 2 阶段；第 2 阶段为 PWM 整流桥工作阶段，控制电路输出 PWM 脉冲控制主电路工作在整流状态，电容电压在第 1 阶

段结束时值的基础上继续上升。当电容电压上升到期望值时，APF 在滤波的同时控制电容电压稳定在期望值。APF 停止工作时，KM₂ 闭合，通过 R_2 对电容 C 放电。

6.1.3 谐波电流检测方法和电流控制方法

从负载电流中检测出谐波电流的方法有多种，如傅里叶变换、神经网络、小波变换、瞬时无功功率理论等。下面介绍基于瞬时无功理论的 i_p-i_q 谐波电流检测算法，算法利用坐标变换。设三相电压为

$$\begin{cases} u_A = \sqrt{2}U\sin\omega_1 t \\ u_B = \sqrt{2}U\sin(\omega_1 t - 2\pi/3) \\ u_C = \sqrt{2}U\sin(\omega_1 t + 2\pi/3) \end{cases} \tag{6-1}$$

dq 坐标系按电压定向，$\varphi = \omega_1 t$，Park 变换矩阵为

$$\boldsymbol{C}_{2s/2r} = \begin{bmatrix} \cos\omega_1 t & \sin\omega_1 t \\ -\sin\omega_1 t & \cos\omega_1 t \end{bmatrix} \tag{6-2}$$

设三相负载电流的 m 次谐波电流含有正序分量和负序分量，表示为

$$\begin{cases} i_{LA} = i_{LA}^+ + i_{LA}^- = I_{mm}^+ \sin\left(m\omega_1 t + \varphi_m^+\right) + I_{mm}^- \sin(m\omega_1 t + \varphi_m^-) \\ i_{LB} = i_{LB}^+ + i_{LB}^- = I_{mm}^+ \sin\left(m\omega_1 t - 2\pi/3 + \varphi_m^+\right) + I_{mm}^- \sin\left(m\omega_1 t + 2\pi/3 + \varphi_m^-\right) \\ i_{LC} = i_{LC}^+ + i_{LC}^- = I_{mm}^+ \sin(m\omega_1 t + 2\pi/3 + \varphi_m^+) + I_{mm}^- \sin\left(m\omega_1 t - 2\pi/3 + \varphi_m^-\right) \end{cases} \tag{6-3}$$

式中，等号右边第 1 项为正序电流，第 2 项为负序电流。对上述电流进行 Clark 变换，即由 ABC 坐标系变换到 αβ 坐标系，然后进行按电压定向的 Park 变换，可得

$$\begin{aligned}
\begin{bmatrix} i_q \\ i_p \end{bmatrix} &= \boldsymbol{C}_{2s/2r}\boldsymbol{C}_{3s/2s}\begin{bmatrix} i_A \\ i_B \\ i_C \end{bmatrix} = \sqrt{\frac{2}{3}}\begin{bmatrix} \cos\omega_1 t & \sin\omega_1 t \\ -\sin\omega_1 t & \cos\omega_1 t \end{bmatrix}\begin{bmatrix} 1 & -\dfrac{1}{2} & -\dfrac{1}{2} \\ 0 & \dfrac{\sqrt{3}}{2} & -\dfrac{\sqrt{3}}{2} \end{bmatrix}\begin{bmatrix} i_{LA} \\ i_{LB} \\ i_{LC} \end{bmatrix} \\[4pt]
&= \sqrt{\frac{2}{3}}\begin{bmatrix} \cos\omega_1 t & \cos(\omega_1 t - 2\pi/3) & \cos(\omega_1 t + 2\pi/3) \\ -\sin\omega_1 t & -\sin(\omega_1 t - 2\pi/3) & -\sin(\omega_1 t + 2\pi/3) \end{bmatrix}\begin{bmatrix} i_{LA} \\ i_{LB} \\ i_{LC} \end{bmatrix} \\[4pt]
&= \sqrt{\frac{3}{2}}\begin{bmatrix} I_{mm}^+ \sin\left((m-1)\omega_1 t + \varphi_m^+\right) \\ -I_{mm}^+ \cos\left((m-1)\omega_1 t + \varphi_m^+\right) \end{bmatrix} + \sqrt{\frac{3}{2}}\begin{bmatrix} I_{mm}^- \sin\left((m+1)\omega_1 t + \varphi_m^-\right) \\ -I_{mm}^- \cos\left((m+1)\omega_1 t + \varphi_m^-\right) \end{bmatrix}
\end{aligned} \tag{6-4}$$

由式（6-4）可以发现坐标变换对谐波次数的变换规律：m 次谐波电流的正序分量经坐标变换后，谐波次数减 1[式（6-4）最后一个等式等号右边第 1 项]；m 次谐波电流的负序分量经坐标变换后，谐波次数加 1[式（6-4）最后一个等式等号右边第 2 项]。利用变换规律可以检测谐波电流和无功电流。当 $m=1$ 时，式（6-3）表示基波电流，基波正序电流变换后为直流，基波负序电流变换后谐波次数加 1，为 2 次谐波。

若 dq 坐标轴反转，m 次谐波电流的正序分量经坐标变换后，谐波次数加 1；m 次谐波电流的负序分量经坐标变换后，谐波次数减 1。若谐波电流存在零序分量，可求出零序分量，从三相电流中扣除零序分量，零序分量的求解公式为

$$i_0 = \frac{i_A + i_B + i_C}{3} \tag{6-5}$$

i_p-i_q 算法原理框图如图 6-4 所示（不含点画线框部分），对负载电流进行 Clark 变换和按电网电压定向的 Park 变换，得到 i_p、i_q，经低通滤波器（LPF）滤去谐波分量，得到基波有功直流分量 $\overline{i_p}$ 和无功直流分量 $\overline{i_q}$，经 Park 逆变换和 Clark 逆变换，得到三相基波正序电流 i_{af}、i_{bf}、i_{cf}，负载电流扣除基波正序电流，得到含有基波负序电流和谐波电流的电流 i_{ac}^*、i_{bc}^*、i_{cc}^*，以此电流作为 APF 的给定电流可以补偿负载的基波负序电流和谐波电流。若不需要补偿基波负序电流，可以在 i_p-i_q 算法中采用逆向旋转的 Park 变换，检测出基波负序电流，负载电流扣除基波正序电流和负序电流得到谐波电流。i_0 为中性线需要补偿电流的给定电流。

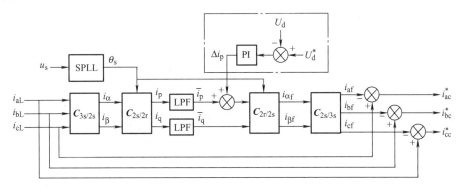

图 6-4　i_p-i_q 算法原理框图

APF 在实际运行时，由于开关器件及电容、电感产生损耗，直流侧电容电压会发生变化，APF 正常工作时要求直流侧电容电压稳定，因此直流侧电容电压的稳压控制十分必要。图 6-4 含有 APF 直流侧电容电压控制环节（点画线框部分），U_d^* 为直流侧电容电压给定，U_d 为直流侧电容电压测量值，直流电压 PI 闭环控制，得到 Δi_p，加到 $\overline{i_p}$。

APF 的基本原理是通过逆变器输出与谐波电流大小相等、方向相反的补偿电流，如何产生与谐波电流大小相等但方向相反的补偿电流对 APF 的补偿性能影响很大。APF 常用的电流控制方法有单周控制、PWM 跟踪控制、重复控制等。在"电力电子技术"课程中学习过 3 种 PWM 跟踪控制技术：滞环比较方式、三角波比较方式、定时比较方式。其中定时比较方式 PWM 跟踪控制技术的原理是：定时比较某相的给定电流和输出电流，输出电流小于给定电流，上桥臂加导通信号、下桥臂加关断信号，输出电流上升；输出大于给定电流，上桥臂加关断信号、下桥臂加导通信号，输出电流下降。对于 APF，输出电流（补偿电流）要跟随谐波电流，检测得到的谐波电流即为 APF 的给定电流。

6.1.4　三相三线制 APF 仿真

三相 APF 仿真模型如图 6-5 所示，左侧为 400V 低压交流电源（400V rms L-L 3-phase

Source）模块及其内阻抗（Source Impedance）模块，右上方为带电阻负载的三相晶闸管整流电路（Thyristor Converter）模块，其产生的特征谐波次数是 $6k\pm1(k=1,2,3,4,5,\cdots)$，右下方为 APF 主电路（APF Main Circuitor）模块及 APF 控制电路（APF Controller）模块。"APF Controller"模块内部结构如图 6-6 所示，包括产生 APF 三相给定电流（Reference）模块和电流调节（Current Regulator）模块内部结构分别如图 6-7、图 6-8 所示。给定电流模块能产生 3 阶段给定电流（I_{abc}^*）：二极管整流阶段（0～0.1s）给定电流是 0，PWM 整流阶段（0.1～0.3s）给定电流等于直流侧电压闭环 PI 控制的输出作为 i_d 值(i_q=0)的 dq 逆变换的结果，APF 滤波阶段(0.3s 以后)给定电流为按图 6-4 运算的结果。

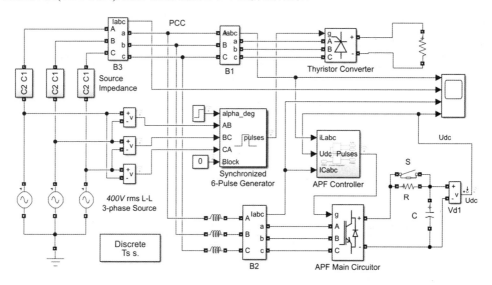

图 6-5　三相 APF 仿真模型

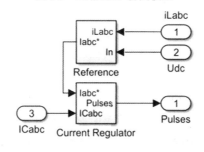

图 6-6　"APF Controller"模块内部结构

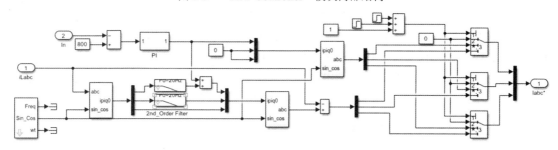

图 6-7　"Reference"模块内部结构

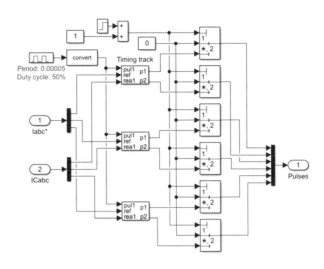

图 6-8　"Current Regulator"模块内部结构

在二极管整流阶段，电流调节模块输出 0 电平。之后，用定时比较 PWM 跟踪控制技术产生 PWM 脉冲，控制 APF 输出的补偿电流（ICabc）跟踪给定电流（Iabc*）。定时比较（Timing track）模块用 S 函数编写，定时比较模块在方波脉冲（Period:0.00005）的上升沿比较给定电流和补偿电路，前者大于后者，后者增加；前者小于后者，后者减小。APF 仿真波形如图 6-9 所示，包括 A 相负载电流（iLa）、A 相电源电流（isa）、A 相补偿电流（ica）、直流侧电容电压波形（Udc）。0～0.1s 二极管整流阶段，电阻串入二极管整流电路直流侧；0.1s 以后，开关 S 闭合，整流器直流侧切除电阻 R，进入 PWM 整流阶段，直流侧电容电压上升并稳定在给定值 800V；0.3s 后，进入滤波阶段，APF 输出补偿电流的同时，稳定直流侧电容电压。0.5s 时三相晶闸管整流电路的控制角由 0° 变为 30°。图 6-10 为 0.6～0.7s 时间轴展开的波形。0.4s 时负载电流畸变率为 29.41%、电源电流畸变率为 8.18%，0.6s 时负载电流畸变率为 36.06%、电源电流畸变率为 17.05%。电源电流畸变率未达标的原因是其含有高次谐波，这些高次谐波可以用 LC 高通滤波器抑制。

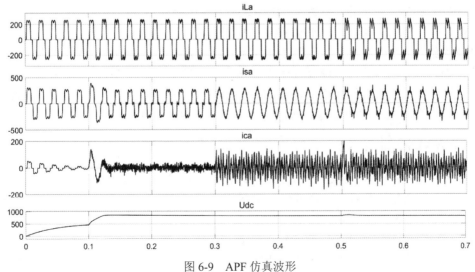

图 6-9　APF 仿真波形

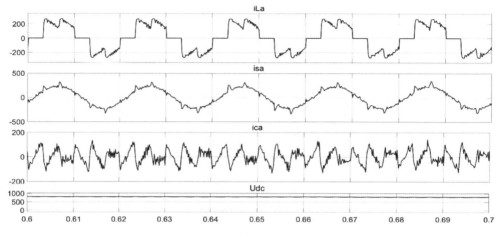

图 6-10　0.6～0.7s 时间轴展开的波形

6.2　静止同步补偿器控制系统

6.2.1　级联多电平 STATCOM 主电路

输电线路和大多数负载消耗无功功率，无功电流流过线路会产生电压降、带来电压偏差，无功动态变化会导致电压的动态变化，引起电压闪变和波动，合理的无功补偿是必需的。无功功率补偿可以实现功率因数校正、改善电压调整率、提高电力系统的静态和动态稳定性、阻尼功率振荡。

6.1 节介绍的二电平 APF 的主要功能是滤波，在容量允许的情况下，也可以补偿无功，将图 6-4 滤波器输出 $\overline{i_q}$ 经 Park 逆变换和 Clark 逆变换可以检测负载无功电流，可控制 APF 既补偿谐波电流又补偿无功电流，但一般用在低压配电网。具有无功功率补偿功能的装置很多，主要有同步调相机、并联电容器、静止无功补偿器(Static Var Compensator、SVC)和静止同步补偿器。STATCOM 主要用于中高压配电系统，其主电路能承受中压或高压，一般采用多重化技术或多电平技术。多电平逆变电路有中性点钳位型逆变电路、飞跨电容型逆变电路、级联多电平逆变电路和模块化多电平逆变电路等。级联 H 桥多电平 STATCOM 具有电路结构灵活、便于模块化设计、高压大容量场合应用、成本较低等优点，是当前高压大容量 STATCOM 采用的方案之一。星形联结的级联 H 桥多电平 STATCOM 主电路如图 6-11 所示。每相由多个 H 桥串联，每个 H 桥的直流侧电源相互独立，三相按星形联结。

6.2.2　PWM 调制技术

多电平逆变电路的调制技术有阶梯波调制法、SVPWM、指定谐波消除法、载波移相 SPWM（CPS-SPWM）和载波层叠 SPWM。采用 CPS-SPWM 时，由于各个模块输出基波电压相等，输入有功功率也相等，有利于实现直流侧电压均衡，适合在级联 H 桥变换器中使用。CPS-SPWM 用于级联多电平 STATCOM 时，每相 N 个 H 桥用相同的正弦调制信号，三相正弦调制信号对称，每相有 N 个三角形载波信号，N 个三角形载波信号相差为载波周期的 N

分之一，即 T_c/N。每个 H 桥采用单极倍频调制技术，以 A 相第 1 个 H 桥为例介绍单极倍频调制技术，如图 6-12 所示，A 相正弦调制信号 u_r 与三角形载波比较产生 PWM 脉冲控制 VT_1，VT_2 的导通状态与 VT_1 相反；负的 A 相正弦调制信号与三角形载波比较产生 PWM 脉冲控制 VT_3，VT_4 的导通状态与 VT_3 相反，第 1 个 H 桥输出脉冲的频率是三角形载波频率的 2 倍，提高了等效开关频率。

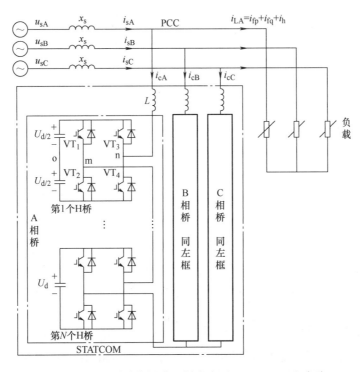

图 6-11　星形联结的级联 H 桥多电平 STATCOM 主电路

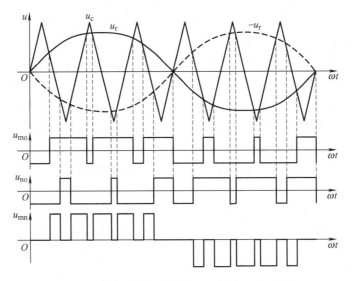

图 6-12　单极倍频调制波形（A 相第 1 个 H 桥）

图 6-13 为每相 5 个 H 桥串联、采用 CPS-SPWM 调制的 A 相相关波形。从上至下第 1 个分图为正弦调制波及其相反的信号和相差 1/5 载波周期的 5 个三角波载波波形,第 2～6 个分图 5 个 H 桥输出电压波形,第 7 个分图为 A 相电压波形。H 桥直流侧电压为 2000V,三角波载波的频率 1kHz,正弦调制波频率为 50Hz,载波比为 20,等效开关频率为 2kHz,等效载波比为 40,一个基波周期有 40 个 PWM 脉冲。

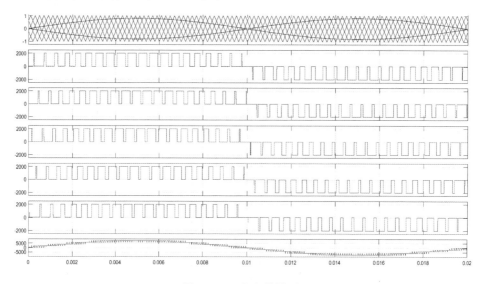

图 6-13 A 相相关波形

6.2.3 级联多电平 STATCOM 控制系统

由于负荷的不对称,以及单相故障或两相故障等非对称故障,电力系统可能对称,也可能不对称,本书仅介绍接入三相对称电力系统中的级联多电平 STATCOM 控制系统,控制目标是无功补偿,即功率因数校正,或者是维持公共连接点电压稳定在给定值。

级联多电平 STATCOM 每相有多个 H 桥,H 桥直流侧并联电容器,靠电容器维持直流侧电压稳定。每相的 H 桥流过相同的电流,但由于功率器件参数的不一致和电容器电容值的不一致,导致同一相每个 H 桥直流侧电容电压有小的差别,小差别的积累导致电容电压有大的误差,即不均压。每相 N 个桥的直流侧电容电压决定每相交流电压,三相电容电压的和值也应该相同。均压问题涉及各相电容电压和值相同及相内各 H 桥电容电压值相同,均压控制可以解决均压问题。功率器件有电压降和损耗、电容器有损耗,需要给 H 桥补充有功功率。直流侧电压的控制方法有硬件方法和软件方法。硬件方法需要增加硬件电路,软件方法不需要增加额外的硬件电路,通过在 STATCOM 电流环控制的基础上叠加直流电压均衡控制算法实现直流均压。

下面介绍一种直流侧电压三层控制方法,第 1 层为总直流侧电压控制,第 2 层为相间均压控制,第 3 层为 H 桥间均压控制。第 1 层总直流侧电压控制与 APF 直流侧电压控制类似,通过直流侧电压负反馈控制 H 桥直流侧电压的平均值为给定值,第 2 层相间均压控制使各相直流侧电压的和为给定值,第 3 层 H 桥间均压控制使各 H 桥直流侧电压为给定值。

图 6-14 为电压、电流双闭环控制系统。其中图 6-14a 用 i_p-i_q 法检测负载无功电流,得到

无功电流给定值 $\overline{i}_q^*$，并直接控制补偿电流等于负载无功电流的负值。三相补偿电流 i_{cA}、i_{cB}、i_{cC} 经 Clark 变换和 Park 变换后，得到 i_p、i_q，滤波后得到 i_q 的直流分量 $\overline{i}_q$、i_p 的直流分量 $\overline{i}_p$。图 6-14 包含均压控制的第 1 层总直流电压控制，H 桥直流电压的给定值 U_d^* 与各 H 桥直流侧电压的平均值 $\overline{U}_d$ 比较后，经 PI 控制得到 $\overline{i}_p^*$，以 $\overline{i}_p^*$ 为给定对 $\overline{i}_p$ 闭环 PI 控制。图 6-14a 的控制目标是无功补偿，对无功电流 $\overline{i}_q$ 闭环 PI 控制，无功电流的给定值为 $\overline{i}_q^*$。图 6-14b 的控制目标是控制公共连接点电压有效值 U_{AC} 跟随给定值 U_{AC}^*，对供电电压有效值 PI 控制得到 $\overline{i}_q^*$。对 u_{1p} 和 u_{1q} 进行 Park 逆变换和 Clark 逆变换，得到 STATCOM 三相调制信号的第一部分 u_{ac1}^*、u_{bc1}^*、u_{cc1}^*。图 6-14 含有电网电压 d、q 分量 u_{sd} 和 u_{sq} 的前馈控制以及补偿电流的 d、q 分量 $\overline{i}_p$ 和 $\overline{i}_q$ 的交叉反馈解耦控制。

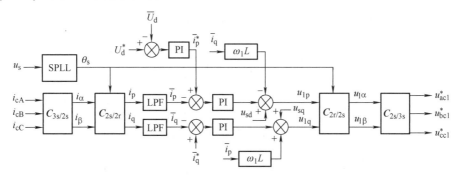

a) 直流电压、交流电流控制(无功补偿、功率因数校正)

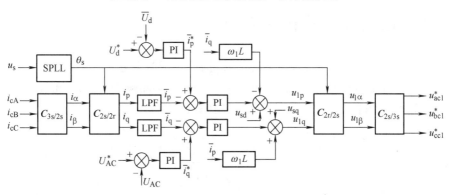

b) 直流电压、交流电压和交流电流控制(稳定交流电压)

图 6-14 电压、电流双闭环控制（含第 1 层总直流电压控制）

第 2 层控制每相 H 桥直流电压，控制框图如图 6-15 所示，U_{dap}、U_{dbp}、U_{dcp} 分别为 A、B、C 三相 H 桥级联逆变器的 N 个直流侧电压的平均值，$\overline{i}_p$ 为补偿电流的有功分量，K_1 和 K_2 为系数，$\sin\omega_1 t$、$\sin(\omega_1 t - 2\pi/3)$、$\sin(\omega_1 t + 2\pi/3)$ 分别为与三相电压同相位的正弦信号。u_{ac2}^*、u_{bc2}^*、u_{cc2}^* 分别与三相电压同相位，它们能改变级联 H 桥逆变器输出电压的大小，从而改变级联逆变器与电力系统间交换的有功功率的大小，改变每相级联 H 桥逆变器的直流电压。

图 6-16 为每相 H 桥逆变器直流电压控制框图，U_{dam}、U_{dbm}、U_{dcm} 分别为 A、B、C 三相级联逆变器第 m 个逆变器的直流电压，对直流电压闭环控制，控制输出分别乘以 $\cos\omega_1 t$、

$\cos(\omega_1 t - 2\pi/3)$、$\cos(\omega_1 t + 2\pi/3)$ 得到 u_{ac3}^*、u_{bc3}^*、u_{cc3}^*，它们分别与 STATCOM 产生的三相容性无功电流同相位，改变 u_{ac3}^*、u_{bc3}^*、u_{cc3}^* 的大小，即改变逆变器吸收的有功功率的大小，从而改变直流电压。图 6-14～图 6-16 的输出分别相加即为 A、B、C 三相级联逆变器第 m 个逆变器的调制信号。

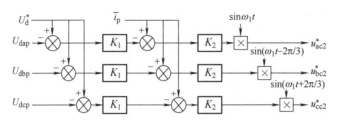

图 6-15 每相 H 桥级联逆变器直流电压控制框图（第 2 层）

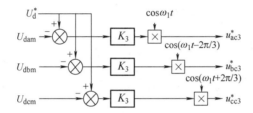

图 6-16 每个 H 桥逆变器直流电压控制框图（第 3 层）

6.3 静止同步补偿器控制系统仿真

命令窗口输入"power_dstatcom_pwm."并执行，或打开示例"D-STATCOM (Detailed Model)"（路径：Simscape Electrical/Specialized Power Systems/ Power Electronics FACTS/），显示如图 6-17 所示的静止同步补偿器控制系统仿真模型。

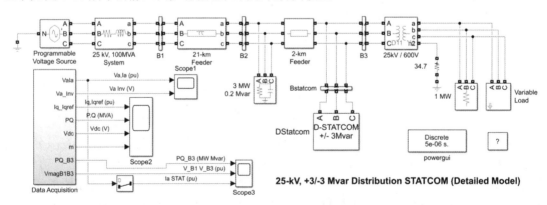

图 6-17 静止同步补偿器控制系统仿真模型

"D_statcom"模块内部结构如图 6-18 所示，主电路采用多重化技术，共用直流电源的两个二电平逆变电路的同名端，经过 LC 滤波后，接至变压器的"1"绕组，"2"绕组一端接地、另一端连交流电网，两个逆变电路输出电压相位相反。"D_statcom Controller"模块参数设置对话框如图 6-19 所示，其内部结构如图 6-20 所示。图中对 7 个信号滤波后，输送到"Controller"模块。"Controller"模块内部结构如图 6-21 所示，"Controller"模块的输出经运算模块"m_Phi->Vabc(t)"产生三相调制信号，相位相反的调制信号经两个 PWM 波发生器产生 PWM 信号(P1、P2)控制逆变电路。"D_statcom"模块的控制目标是稳定交流电压或补偿无功功率，两个目标都是用直流电压闭环 PI 控制产生有功电流给定（Id_Ref），只是产生无功电流给定的方法不同。图 6-21 的控制目标是稳定交流电压，"AC Voltage Regulator"（PI 调节器）模块起作用，其输出为无功电流给定值（Iq_Ref）。控制目标是无功补偿时，"Iq_ref(Manual)"模块起作用，其内部结构如图 6-22 所示，由给定无功功率计算出无功电流给定值（Iq ref*）。Id_Ref 和 Iq_Ref 是 D_statcom 输出电流的给定值，"Current Regulator"模块内部结构如图 6-23 所示，对 d、q 轴电流闭环 PI 控制，得到 Vd、Vq，经运算得到模和角度（m-Phi）。选择无功补偿时，"Programmable Voltage Source"（可编程电源）模块参数设置对话框如图 6-24 所示，电源参数不变。图 6-25 为 D_statcom 不工作时的仿真波形，从上到下为负载功率（P）、B1 母线和 B3 母线电压（V_B1、V_B3）标幺值。D_statcom 工作时的仿真波形如图 6-26 和图 6-27 所示，图 6-26 从上到下为负载功率（P）、B1 母线和 B3 母线电压（V_B1、V_B3）标幺值、D_statcom 输出 a 相电流（IaSTAT）、B3 母线电压（Va）标幺值。图 6-27 从上到下为 D_statcom 输出无功功率（Q）、直流侧电压（Vdc）、无功电流（Iq）标幺值、无功电流给定（Iqref）标幺值。比较图 6-25 和图 6-26 中的电压，D_statcom 能使并网点（B3）的电压稳定在给定值（标幺值 1）。

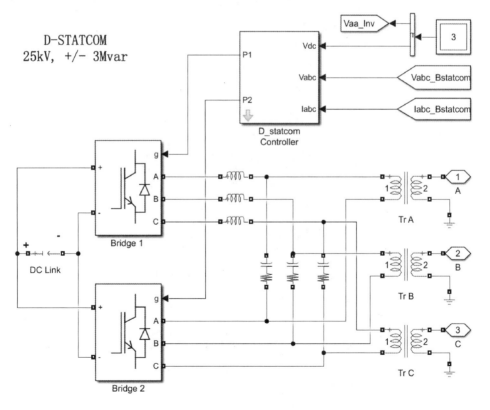

图 6-18　"D_statcom"模块内部结构

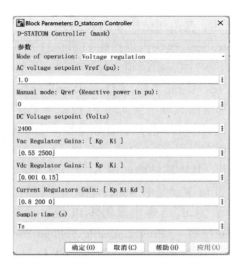

图 6-19 "D_statcom Controller"模块参数设置对话框

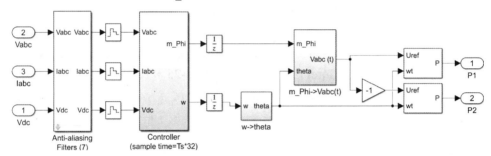

图 6-20 "D_statcom Controller"模块内部结构

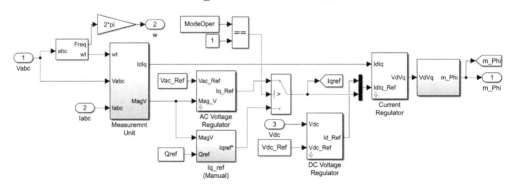

图 6-21 "Controller"模块内部结构

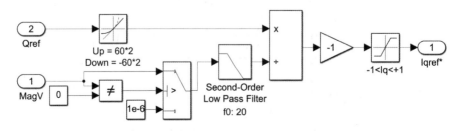

图 6-22 "Iq_ref(Manual)"模块内部结构

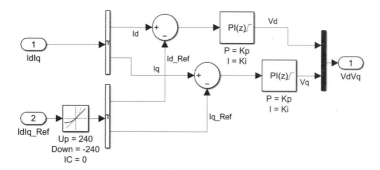

图 6-23　"Current Regulator"模块内部结构

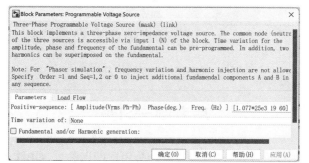

图 6-24　"Programmable Voltage Source"模块参数设置对话框

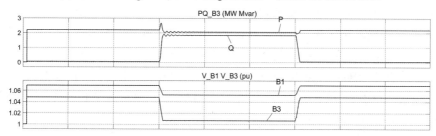

图 6-25　D_statcom 不工作时的仿真波形

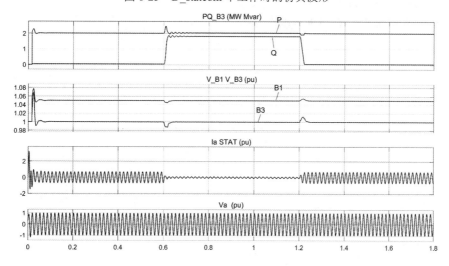

图 6-26　D_statcom 工作时的仿真波形 1

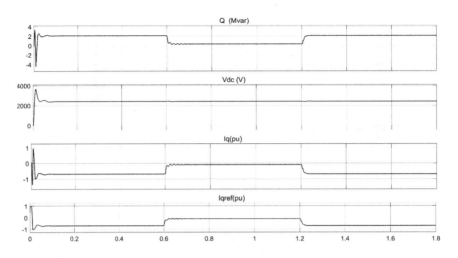

图 6-27　D_statcom 工作时的仿真波形 2

思考题与习题

6.1　查阅 GB/T 14549—1993《电能质量：公用电网谐波》、GB/T 24337—2009《电能质量：公用电网间谐波》。

6.2　简述谐波的产生、危害及抑制技术。

6.3　谐波检测技术有哪些？比较其优缺点。无源电力滤波的原理是什么？无源电力滤波器的结构有哪些？与无源电力滤波比较，APF 有哪些优点？

6.4　查阅 GB/T 15945—2008《电能质量：电力系统频率偏差》、GB/T 12325—2008《电能质量：供电电压偏差》、GB/T 12326—2008《电能质量：电压波动和闪变》、GB/T 15543—2008《电能质量：三相电压不平衡》。

6.5　简述无功功率的产生、危害和无功补偿技术。

6.6　无功功率检测技术有哪些？比较其优缺点。

6.7　级联多电平逆变器均压技术有哪些？

第7章 动态电压恢复器控制系统

内容提要： 电压暂降的成因、危害及抑制技术简介；动态电压恢复器原理；暂降电压检测技术和补偿策略；动态电压恢复器控制系统。

7.1 动态电压恢复器原理

电能质量问题主要分为稳态问题和暂态问题两类。稳态电能质量问题主要包括欠电压、过电压、三相不平衡、谐波、间谐波、频率偏差、噪声，而暂态电能质量问题主要包括电压暂降（跌落）、电压骤升、电压中断、电压瞬变、电压缺口、电压波动。

在众多暂态电能质量问题中，电压暂降受到广泛关注。电网短路故障、大容量感应电机的起动、变压器的突然投入、雷击等都会引起电压暂降。国际电子电气工程师协会（IEEE）将电压方均根值突然下降至额定电压的 10%～90%，且持续 0.5 个周期至 1min 后恢复正常的短时扰动现象定义为电压暂降；而国际电工委员会（IEC）将电压方均根值下降至额定电压的 90%～1% 定义为电压暂降。2013 年颁布的 GB/T 30137—2013《电能质量电压暂降与短时中断》将电压暂降（Voltage Sag）定义为：电力系统中某点工频电压方均根值突然降低至 0.1pu-0.9pu，并在短暂持续 10ms～1min 后恢复稳态的现象。虽然电压暂降没有中断供电，但是其发生频繁，据统计数据表明，由电压暂降引起的事故次数大约是由电压中断引起的事故次数的 10 倍。电压暂降已经成为目前影响供电品质的主要原因，因此必须采取积极有效的措施抑制其影响。

一般从 3 个方面抑制电压暂降的影响：电网改造、降低负载对电压暂降的敏感度、安装补偿装置，其中安装补偿装置抑制电压暂降最经济、最方便。动态电压恢复器（Dynamic Voltage Restorer, DVR）是性价比最高的补偿装置。

DVR 包含储能装置、逆变器、滤波器和变压器，主电路如图 7-1a 所示。DVR 有 3 种工作状态：投入、切除、旁路。QF_1 断开，QF_2、QF_3 和 QF_4 闭合，DVR 工作于投入状态，逆变器输出的交流电压通过变压器得到补偿电压（U_c），补偿电压串联在电网和负载之间，当电网电压暂降时补偿电压与电网电压相加供给负载，当电网电压暂升时补偿电压与电网电压相减供给负载，通过合适的控制，维持负载电压恒定，如图 7-1b 所示。QF_1 闭合，QF_2、QF_3 和 QF_4 闭合，DVR 工作于旁路状态。QF_1 闭合，QF_2、QF_3 和 QF_4 断开，DVR 工作于切除状态。DVR 仅在电网电压暂降时工作，其损耗小、效率高，可用的储能装置有蓄电池、超级电容器、飞轮和超导线圈，储能装置的成本影响 DVR 的经济性。

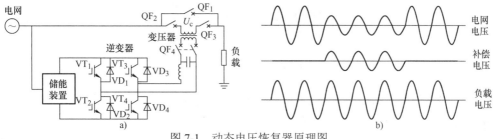

图 7-1 动态电压恢复器原理图

7.2 暂降电压检测与补偿策略

7.2.1 暂降电压检测

DVR 要产生补偿电压，必须准确、快速地检测电网电压异常变化量（基波的跌落或骤升、谐波电压及闪变等），以得到电压补偿的基准信号。DVR 电压检测主要检测基波电压特征值，包括有效值及相位，为 DVR 电压补偿策略的选取及系统性能的优化提供参考。检测方法主要有方均根法、缺损电压法、三角变换法、FFT 算法、小波变换法以及基于瞬时无功功率理论的检测方法等，其中 FFT 算法由于计算量及延迟均较大，目前在 DVR 系统中应用较少；小波变换法对母函数的选取提出了较高的要求，且对电压噪声很敏感，实际应用也很少。发生电压暂降时，可能伴随着相位变化、电压畸变、正负半波不对称等问题出现，为电压检测带来难度。

1. 三相暂降电压检测

根据对称分量法，三相畸变暂降电压 u_A、u_B、u_C 可以分解为正序分量 u_A^+、u_B^+、u_C^+，负序分量 u_A^-、u_B^-、u_C^- 和零序分量 u^0。三相畸变暂降电压经 Clark 变换和 Park 变换，滤除交流成分，得到直流分量，由直流分量可求出基波电压幅值和相位。三相畸变暂降电压表达式为

$$\begin{bmatrix} u_A \\ u_B \\ u_C \end{bmatrix} = \begin{bmatrix} u_A^+ \\ u_B^+ \\ u_C^+ \end{bmatrix} + \begin{bmatrix} u_A^- \\ u_B^- \\ u_C^- \end{bmatrix} + \begin{bmatrix} u^0 \\ u^0 \\ u^0 \end{bmatrix} \tag{7-1}$$

$$\begin{cases} u_A^+ = \sum_{n=1}^{\infty} U_{nm}^+ \sin\left(n\omega_1 t + \varphi_n^+\right) \\ u_B^+ = \sum_{n=1}^{\infty} U_{nm}^+ \sin\left(n\omega_1 t - \dfrac{2\pi}{3} + \varphi_n^+\right) \\ u_C^+ = \sum_{n=1}^{\infty} U_{nm}^+ \sin\left(n\omega_1 t + \dfrac{2\pi}{3} + \varphi_n^+\right) \end{cases} \tag{7-2}$$

$$\begin{cases} u_A^- = \sum_{n=1}^{\infty} U_{nm}^- \sin\left(n\omega_1 t + \varphi_n^-\right) \\ u_B^- = \sum_{n=1}^{\infty} U_{nm}^- \sin\left(n\omega_1 t + \dfrac{2\pi}{3} + \varphi_n^-\right) \\ u_C^- = \sum_{n=1}^{\infty} U_{nm}^- \sin\left(n\omega_1 t - \dfrac{2\pi}{3} + \varphi_n^-\right) \end{cases} \tag{7-3}$$

$$u^0 = \frac{1}{3}\left(u_A + u_B + u_C\right) \tag{7-4}$$

对扣除零序分量后的电压进行 Clark 变换和 Park 变换，得到正序分量 dq 值 u_d^+、u_q^+ 和负序分量 dq 值 u_d^-、u_q^- 为

$$\begin{bmatrix} u_{\mathrm{d}} \\ u_{\mathrm{q}} \end{bmatrix} = \boldsymbol{C}_{\mathrm{dq}} \begin{bmatrix} u_{\mathrm{A}} - u^0 \\ u_{\mathrm{B}} - u^0 \\ u_{\mathrm{C}} - u^0 \end{bmatrix} = \begin{bmatrix} u_{\mathrm{d}}^+ \\ u_{\mathrm{q}}^+ \end{bmatrix} + \begin{bmatrix} u_{\mathrm{d}}^- \\ u_{\mathrm{q}}^- \end{bmatrix} \tag{7-5}$$

$$\begin{bmatrix} u_{\mathrm{d}}^+ \\ u_{\mathrm{q}}^+ \end{bmatrix} = \sqrt{\frac{3}{2}} \sum_{n=1}^{\infty} U_{nm}^+ \begin{bmatrix} \sin\left[(n-1)\omega_1 t + \varphi_n^+\right] \\ \cos\left[(n-1)\omega_1 t + \varphi_n^+\right] \end{bmatrix} \tag{7-6}$$

$$\begin{bmatrix} u_{\mathrm{d}}^- \\ u_{\mathrm{q}}^- \end{bmatrix} = \sqrt{\frac{3}{2}} \sum_{n=1}^{\infty} U_{nm}^- \begin{bmatrix} \sin\left[(n+1)\omega_1 t + \varphi_n^-\right] \\ \cos\left[(n+1)\omega_1 t + \varphi_n^-\right] \end{bmatrix} \tag{7-7}$$

滤除 u_{d}^+、u_{q}^+ 中的交流成分，得其直流分量为

$$\begin{cases} \overline{u}_{\mathrm{d}} = \sqrt{\dfrac{3}{2}} U_{1m}^+ \sin\varphi_1^+ \\ \overline{u}_{\mathrm{d}} = \sqrt{\dfrac{3}{2}} U_{1m}^+ \cos\varphi_1^+ \end{cases} \tag{7-8}$$

求出基波正序分量的幅值和相位为

$$U_{1m}^+ = \sqrt{\frac{2}{3}\left(\overline{u}_{\mathrm{d}}^2 + \overline{u}_{\mathrm{q}}^2\right)} \tag{7-9}$$

$$\varphi_1^+ = \arctan\frac{\overline{u}_{\mathrm{q}}}{\overline{u}_{\mathrm{d}}} \tag{7-10}$$

2. 单相暂降电压检测

对于单相电压暂降，可以用移相法构造出三相对称电压，然后用 Clark 变换和 Park 变换求解。构造三相电压的方法一：认为暂降电压为 A 相电压 u_{A}，A 相电压延时 1/3 周期得到 B 相电压 u_{B}，A 相电压延时 2/3 周期得到 C 相电压 u_{C}；方法二：认为暂降电压为 A 相电压，A 相电压延时 1/6 周期得到负的 C 相电压 $-u_{\mathrm{C}}$，B 相电压 $u_{\mathrm{B}} = -u_{\mathrm{A}} - u_{\mathrm{C}}$。

对于单相电压暂降，还可以构造出正交两相电压 u_α、u_β，然后用 Park 变换求解。方法一：移相法，认为暂降电压为 α 相电压 u_α，暂降电压延时 1/4 周期得到 β 相电压 u_β；方法二：求导法，认为暂降电压为 β 相电压 u_β，对暂降电压求导、除以角频率得到 α 相电压 u_α，即

$$u_\beta = u_{\mathrm{s}} = \sum_{n=1}^{\infty} U_{nm} \sin\left(n\omega t + \varphi_n\right) = U_{1m}\sin\left(\omega_1 t + \varphi_1\right) + u_{\mathrm{sH}} \tag{7-11}$$

$$u_{\mathrm{sH}} = \sum_{n=2}^{\infty} U_{nm}\sin\left(n\omega_1 t + \varphi_n\right) \tag{7-12}$$

$$u_\alpha = \frac{1}{\omega_1}\frac{\mathrm{d}u_{\mathrm{s}}}{\mathrm{d}t} = U_{1m}\cos\left(\omega_1 t + \varphi_1\right) + \frac{1}{\omega_1}\frac{\mathrm{d}u_{\mathrm{sH}}}{\mathrm{d}t} \tag{7-13}$$

若由锁相环得到与暂降基波电压同频率、同相、幅值为 1 的正弦信号 $\sin\left(\omega_1 t + \varphi_1\right)$、余弦信号 $\cos\left(\omega_1 t + \varphi_1\right)$，用此正弦信号和余弦信号对 u_α、u_β 进行 Park 变换，有

$$\begin{bmatrix} u_{\mathrm{d}} \\ u_{\mathrm{q}} \end{bmatrix} = \begin{bmatrix} \cos\left(\omega_1 t + \varphi_1\right) & \sin\left(\omega_1 t + \varphi_1\right) \\ -\sin\left(\omega_1 t + \varphi_1\right) & \cos\left(\omega_1 t + \varphi_1\right) \end{bmatrix} \begin{bmatrix} u_{\alpha} \\ u_{\beta} \end{bmatrix}$$

$$= \begin{bmatrix} U_{1\mathrm{m}} + \sin\left(\omega_1 t + \varphi_1\right) u_{\mathrm{sH}} + \dfrac{\cos\left(\omega_1 t + \varphi_1\right)}{\omega_1} \dfrac{\mathrm{d}u_{\mathrm{sH}}}{\mathrm{d}t} \\[3mm] \cos\left(\omega_1 t + \varphi_1\right) u_{\mathrm{sH}} - \dfrac{\sin\left(\omega_1 t + \varphi_1\right)}{\omega_1} \dfrac{\mathrm{d}u_{\mathrm{sH}}}{\mathrm{d}t} \end{bmatrix} \tag{7-14}$$

其中 u_{d} 的直流分量即为基波幅值，用陷波器和低通滤波器滤除其中的交流成分，即可得到基波幅值。

用三角变换检测单相暂降电压，设电压暂降后的电压为

$$u_{\mathrm{s}} = \sum_{n=1}^{\infty} U_{n\mathrm{m}} \sin\left(n\omega_1 t + \varphi_n\right) \tag{7-15}$$

若由锁相环得到与暂降基波电压同频率、同相位、幅值为 1 的正弦信号 $\sin\left(\omega_1 t + \varphi_1\right)$、余弦信号 $\cos\left(\omega_1 t + \varphi_1\right)$，暂降电压分别乘以此正弦信号和余弦信号，得

$$u_{1\mathrm{s}} = u_{\mathrm{s}}\sin\left(\omega_1 t + \varphi_1\right) = \sin\left(\omega_1 t + \varphi_1\right)\sum_{n=1}^{\infty} U_{n\mathrm{m}} \sin\left(n\omega_1 t + \varphi_n\right)$$

$$= \frac{1}{2}U_{1\mathrm{m}}\left[1 - \cos\left(2\omega_1 t + 2\varphi_1\right)\right] + \sin\left(\omega_1 t + \varphi_1\right)\sum_{n=2}^{\infty} U_{n\mathrm{m}} \sin\left(n\omega_1 t + \varphi_n\right) \tag{7-16}$$

$$u_{1\mathrm{c}} = u_{\mathrm{s}}\cos\left(\omega_1 t + \varphi_1\right) = \cos\left(\omega_1 t + \varphi_1\right)\sum_{n=1}^{\infty} U_{n\mathrm{m}} \sin\left(n\omega_1 t + \varphi_n\right)$$

$$= \frac{1}{2}U_{1\mathrm{m}}\sin\left(2\omega_1 t + 2\varphi_1\right) + \cos\left(\omega_1 t + \varphi_1\right)\sum_{n=2}^{\infty} U_{n\mathrm{m}} \sin\left(n\omega_1 t + \varphi_n\right) \tag{7-17}$$

其中 $u_{1\mathrm{s}}$ 含有直流分量和基波分量、2 次谐波分量及 2 次以上次数的谐波分量等交流成分，采用基波陷波器、2 次谐波陷波器、3 次谐波陷波器加低通滤波器滤去 $u_{1\mathrm{s}}$ 中的交流成分，得到直流分量，该直流分量为暂降电压幅值的一半。

上述方法需要基波电压的频率和相位，还可以仅需要暂降基波电压频率，构造与基波电压同频率、初相位为 0、幅值为 1 的正弦信号 $\sin\omega t$ 和余弦信号 $\cos\omega t$，暂降电压分别乘以此正弦信号和余弦信号，得

$$u_{1\mathrm{s}} = u_{\mathrm{s}}\sin\omega_1 t = \sin\omega t\sum_{n=1}^{\infty} U_{n\mathrm{m}} \sin\left(n\omega_1 t + \varphi_n\right)$$

$$= \frac{1}{2}U_{1\mathrm{m}}\left[\cos\varphi_1 - \cos\left(2\omega_1 t + \varphi_1\right)\right] + \sin\omega_1 t\sum_{n=2}^{\infty} U_{n\mathrm{m}} \sin\left(n\omega_1 t + \varphi_n\right) \tag{7-18}$$

$$u_{1\mathrm{c}} = u_{\mathrm{s}}\cos\omega_1 t = \cos\omega_1 t\sum_{n=1}^{\infty} U_{n\mathrm{m}} \sin\left(n\omega_1 t + \varphi_n\right)$$

$$= \frac{1}{2}U_{1\mathrm{m}}\left[\sin\varphi_1 + \sin\left(2\omega_1 t + \varphi_1\right)\right] + \cos\omega_1 t\sum_{n=2}^{\infty} U_{n\mathrm{m}} \sin\left(n\omega_1 t + \varphi_n\right) \tag{7-19}$$

理论上，式（7-18）、式（7-19）含有直流分量和基波分量、2次谐波分量及2次以上次数的谐波分量等交流成分，采用基波陷波器、2次谐波陷波器、3次谐波陷波器和低通滤波器滤去交流成分，得到直流分量分别为

$$U_{1s} = \frac{1}{2}U_{1m}\cos\varphi_1 \tag{7-20}$$

$$U_{1c} = \frac{1}{2}U_{1m}\sin\varphi_1 \tag{7-21}$$

求得基波分量的幅值和相位为

$$U_{1m} = \sqrt{(2U_{1s})^2 + (2U_{1c})^2} \tag{7-22}$$

$$\varphi_1 = \arctan\frac{U_{1c}}{U_{1s}} \tag{7-23}$$

7.2.2　补偿策略

根据负载对供电电压的具体要求，以及DVR的补偿能力，DVR电压补偿策略可分为完全电压补偿、同相电压补偿、最小能量补偿。DVR的电压补偿策略直接决定着DVR的造价，因此选择合适的电压补偿策略对于保障其正常工作、提高其经济性具有重要意义。

1. 完全电压补偿

如图7-2所示，$\dot{U}_A$为暂降前电压相量，$\dot{I}_a$为暂降前负载电流相量，暂降后电压相量为$\dot{U}_s$，电压相位变化量为δ。所谓完全电压补偿是指DVR输出适当补偿电压，使负载电压与跌落前保持一致，幅值和相位都不变。图7-2a为完全电压补偿示意图，DVR输出补偿电压相量$\dot{U}_c$，补偿电压相量加暂降电压相量等于暂降前电压相量，即$\dot{U}_s + \dot{U}_c = \dot{U}_A$。从负载侧而言，该方法具有最佳补偿效果，对负载的供电电压几乎不产生影响，保证了电压跌落前后供电电压的连续性，尤其适合对相位跳变较为敏感的负载。DVR补偿的单相有功功率为

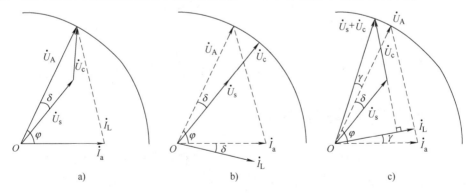

图7-2　完全电压补偿策略

$$P_c = U_A I_a \cos\varphi - U_s I_a \cos(\varphi - \delta) \tag{7-24}$$

补偿电压有效值为

$$U_c = \sqrt{U_A^2 + U_s^2 - U_A U_s \cos\delta} \tag{7-25}$$

补偿电压相位为

$$\angle U_c = \arctan\left[\frac{U_A\sin\varphi - U_s\sin(\varphi-\delta)}{U_A\cos\varphi - U_s\cos(\varphi-\delta)}\right] \tag{7-26}$$

2. 同相补偿

同相补偿指暂降后电压相量加上补偿电压相量，也就是负载电压的相位等于暂降后电压的相位，但不同于暂降前电压的相位，负载电压相位发生变化，幅值不变，如图 7-2b 所示。补偿电压 $\dot{U}_c$ 相位等于暂降后电压 $\dot{U}_s$ 相位，$\dot{U}_s + \dot{U}_c$ 的幅值等于 $\dot{U}_A$。此种补偿策略补偿电压的幅值最小。DVR 补偿的单相有功功率为

$$P_c = U_A I_a\cos\varphi - U_s I_a\cos\varphi \tag{7-27}$$

补偿电压有效值为

$$U_c = |U_A - U_s| \tag{7-28}$$

3. 最小能量补偿

采用最小能量补偿策略的 DVR 输出的补偿电压相量与负载电流相量垂直，如图 7-2c 所示，$\dot{U}_c$ 与 $\dot{I}_L$ 垂直，$\dot{U}_s + \dot{U}_c$ 的幅值等于 $\dot{U}_A$ 的幅值。补偿后负载电压幅值不变，但相位发生了变化。由于 $\dot{U}_c$ 与 $\dot{I}_L$ 垂直，该方法大大减少了 DVR 向电网注入的有功功率。在大多数些情况下，DVR 可以维持无功功率注入，有功功率注入降至最低。最小能量法能充分利用直流储能，延长补偿时间，经济效益显著，因而被广泛应用。

DVR 补偿的单相有功功率为

$$P_c = U_A I_a\cos\varphi - U_s I_a\cos(\varphi-\gamma-\delta) = 0 \tag{7-29}$$

$$\gamma = \varphi - \delta - \arccos\frac{U_A\cos\varphi}{U_s} \tag{7-30}$$

补偿电压有效值为

$$U_c = \sqrt{U_A^2 + U_s^2 - U_A U_s\cos(\delta+\gamma)} \tag{7-31}$$

补偿电压相位为

$$\angle U_c = \arctan\left[\frac{U_A\sin(\varphi+\gamma) - U_s\sin(\varphi-\delta)}{U_A\cos(\varphi+\gamma) - U_s\cos(\varphi-\delta)}\right] \tag{7-32}$$

7.3　动态电压恢复器控制系统

电压暂降时，DVR 迅速输出补偿电压，为满足补偿精度和响应速度等要求，DVR 必须具有较好的动态性能，需要选择合适的控制策略。常用的控制方案有开环控制、单闭环控制、复合控制和双闭环控制。开环控制是给定电压有效值减去暂降电压有效值、乘以比例系数得到调制信号有效值，调制信号控制逆变器产生补偿电压。

单闭环控制是负载电压的负反馈，给定电压减去暂降电压得到偏差电压，偏差电压经 PI 调节器运算得到调制度，生成调制信号，控制逆变器输出补偿电压。在负载电压有效值负反馈内加电流环构成电压、电流双闭环控制系统，电流反馈可以取自滤波电容或者滤波电感。取自滤波电容的电压、电流双闭环控制系统结构图如图 7-3 所示。

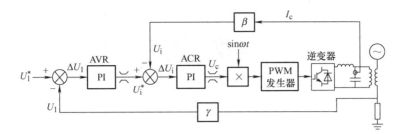

图 7-3 取自滤波电容的电压、电流双闭环控制系统结构图

思考题与习题

7.1 引起电压暂降的原因是什么？简述电压暂降的危害，以及抑制电压暂降的方法。

7.2 电压暂降的检测方法有哪些？比较补偿策略的优缺点。

7.3 存储装置有哪些？比较各自的优缺点。

7.4 查阅 GB/T 18481—2001《电能质量 暂时过电压和瞬态过电压》、GB/T 30137—2013《电能质量 电压暂降与短时中断》。

7.5 变频器抑制电压暂降的技术有哪些？

第8章 潮流控制器控制系统

内容提要： 电力系统潮流控制原理，统一潮流控制器和分布式潮流控制器结构；分布式潮流控制器的基波功率控制特性和 3 次谐波功率控制特性；静止坐标系下的串、并联单相逆变器控制，同步旋转坐标系下的串、并联单相逆变器控制；潮流控制器控制系统仿真。

8.1 潮流控制原理

简化的输电线路如图 8-1 所示，输电距离不超过 240km 的中短距离输电线路，可以不考虑线路电导值和电容值。假设线路首端电压相量为 $\dot{U}_1$、有效值为 U_1、初相位为 δ_1；线路末端电压相量为 $\dot{U}_2$、有效值为 U_2、初相位为 δ_2，线路电流相量为 $\dot{I}$，输电线路的等效电抗和等效电阻值分别用 X 和 R 表示,高压输电线路中的电阻值往往远小于该线路的电抗值,忽略线路电阻，线路电流 $\dot{I}$ 的共轭复数用 $\dot{I}^*$ 表示。线路末端视在功率 S_2 计算公式为

$$S_2 = P_2 + jQ_2 = \dot{U}_2 \dot{I}^* = \dot{U}_2 \left(\frac{\dot{U}_1 - \dot{U}_2}{jX} \right)^*$$

$$= \frac{U_1 U_2}{X} \sin(\delta_1 - \delta_2) + j\left[\frac{U_1 U_2}{X} \cos(\delta_1 - \delta_2) - \frac{U_2^2}{X} \right] \tag{8-1}$$

$$P_2 = \frac{U_1 U_2}{X} \sin(\delta_1 - \delta_2) \tag{8-2}$$

$$Q_2 = \frac{U_1 U_2}{X} \cos(\delta_1 - \delta_2) - \frac{U_2^2}{X} \tag{8-3}$$

图 8-1 简化的输电线路

式（8-1）～式（8-3）表明，线路电抗值、相位和电压幅值是改变电力系统中潮流大小的主要影响因素。若需要控制电力系统中的潮流，则可以控制以上 3 个参数。考虑到系统中某节点的电压幅值变化幅度较小且改变较为困难，改变电压对于潮流的控制范围有限，无法满足大范围调节系统潮流的要求。线路首端和末端电压差别不大，可以认为相等，等于 U，式（8-2）、式（8-3）变为

$$P_2 = \frac{U^2}{X} \sin(\delta_1 - \delta_2) \tag{8-4}$$

$$Q_2 = \frac{U^2}{X}\left[\cos\left(\delta_1 - \delta_2\right) - 1\right] \qquad (8\text{-}5)$$

有功功率的方向和大小可以通过改变线路的电压相位差进行控制，通过改变线路的电压相位差也可以改变无功功率的大小，但不能改变方向（线路的首端电压和末端电压之间的相位差为-90°～90°）。鉴于线路中的阻抗既可能是感性阻抗也可能是容性阻抗，若需要在较大区间内控制无功功率大小、有功功率大小和方向，可以采取改变电力系统中线路等效阻抗大小的方法。一般来说，无功功率可以在负载端就地补偿，因此潮流控制的主要任务是控制线路的有功功率。

在输电线路中接入串联元件是控制有功功率潮流的主要措施，当然使用并联元件也可以有效控制有功功率。接入串联元件可以有效地增强该系统的稳定性能，提高该系统的电能传输能力，其示意图如 8-2 所示，所接入的串联元件的作用等价于输电线路的一个阻抗值可变的阻抗，并且控制器的控制策略和串联元件的自身特性决定串入阻抗的性质。

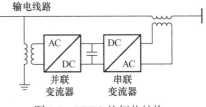

图 8-2 接入串联元件的简化输电线路

串联元件可以是无源元件，也可以是幅值和相位可控的电压源。统一潮流控制器（Unified Power Flow Controller，UPFC）由美国西屋电气公司的久格依（Gyugyi）于 1992 年提出，UPFC 实现交流输电系统的实时控制和动态补偿，为解决电力用户所面临的诸多问题提供多功能、灵活的解决途径。UPFC 的拓扑结构如图 8-3 所示，UPFC 含有一个并联变流器和一个串联变流器，并联变流器通过变压器并入输电线路，串联变流器通过变压器串入输电线路，两个变流器背靠背连接。并联变流器的作用与 STATCOM 类似，从线路吸收或输出有功功率用以控制直流侧电容电压，为串联变流器提供有功功率，也可以为输电线路提供独立可控的无功补偿，调节线路电压。

图 8-3 UPFC 的拓扑结构

串联侧变流器的作用与静止同步串联补偿器（Static Synchronous Series Compensator，SSSC）类似，主要功能是通过串联变压器向线路串联注入一个幅值和相位均可控的电压源，控制线路的潮流。

UPFC 是功能最为强大的控制器，但由于其结构复杂和投资高等原因没有得到广泛的商业应用。分布式潮流控制器（Distributed Power Flow Controller，DPFC），保留了 UPFC 的全部功能，省去 UPFC 中并联变流器直流侧与串联变流器直流侧的连接电路。

分布式潮流控制器主电路如图 8-4 所示，在变压器 T_1 和 T_2 之间的一段输电线路上，线路左端并联 3 个单相变流器，每相并联一个，线路向右分布多组串联单相变流器，每组由 3 个单相变流器组成，3 个单相变流器通过变压器分别串联在三相线路中。并联变流器从线路吸收基波有功功率 P_{h1} 维持其直流侧电容电压 U_{d1} 稳定，与线路交换无功功率 Q_{h1}，无功功率补偿或稳定线路电压，向线路输出 3 次谐波有功功率 P_{h3}。串联变流器从线路吸收 3 次谐波有功功率 P_{h3} 维持其直流电压 U_{d2} 稳定，输出基波有功功率 P_{h1} 控制线路潮流。线路流过 3 次谐波电流，3 次谐波电流属于零序分量，为了不影响其他线路，两个变压器采用 YD 联结。

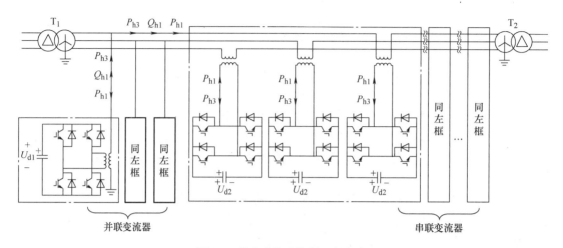

图 8-4　分布式潮流控制器主电路

周期为 $T=2\pi/\omega_1$ 的非正弦电压 $u(t)$，一般满足狄里赫利条件，分解为傅里叶级数为

$$u(t) = U_0 + \sum_{n=1}^{\infty} \sqrt{2}U_n \sin(n\omega_1 t + \varphi_{un}) \tag{8-6}$$

同样，周期为 $T=2\pi/\omega_1$ 的非正弦电压 $i(t)$，一般满足狄里赫利条件，分解为傅里叶级数为

$$i(t) = I_0 + \sum_{n=1}^{\infty} \sqrt{2}I_n \sin(n\omega_1 t + \varphi_{in}) \tag{8-7}$$

n 次谐波电压、电流的相位差为 $\varphi_n = \varphi_{un} - \varphi_{in}$（$n=1,2,\cdots,\infty$），$\sin(\omega_1 t + \varphi_1)$、$\sin(2\omega_1 t + \varphi_2)$、$\sin(3\omega_1 t + \varphi_3)$、$\cdots$ 相互正交，它们中的两个不同频率函数的乘积在一个周期内的积分为 0。所以其有功功率 P 为

$$P = \frac{1}{T}\int_0^T u(t)i(t)\mathrm{d}t = U_0 I_0 + \sum_{n=1}^{\infty} U_n I_n \cos\varphi_n = \sum_{n=0}^{\infty} P_n \tag{8-8}$$

各频率有功功率具有独立性，3 次谐波有功功率独立于基波有功功率。控制并联变流器从线路吸收基波有功功率，维持其电容电压稳定，向线路输出 3 次谐波有功功率；串联变流器从线路吸收 3 次谐波有功功率维持其直流电压稳定，向线路输出幅值和相位可调的基波电压，即基波有功功率，可以控制线路潮流。变流器起到基波功率和 3 次谐波功率转换的作用，并联变流器吸收的基波有功功率转变为 3 次谐波有功功率输出到线路；串联变流器从线路吸收并联变流器输出的 3 次谐波有功功率，转变为基波有功功率，输出到线路。

8.2　DPFC 的功率控制特性

8.2.1　基波功率控制特性

假设图 8-4 三相电路对称，其一相基波等效电路如图 8-5a 所示，相量图如图 8-5b 所示。首端电压相量为 $\dot{U}_1 = U_1 \angle 0$，首端输出视在功率 $S_1 = P_1 + \mathrm{j}Q_1$，末端电压相量为 $\dot{U}_2 = U_2 \angle \delta$，

末端视在功率 $S_2 = P_2 + jQ_2$，每相线路分布着多个串联变流器，设多个串联变流器总的电压相量为 $\dot{U}_3 = U_3\angle\theta$，用电压源代替，电压源输入到线路的视在功率为 $S_3 = P_3 + jQ_3$，线路总的电抗为 X。

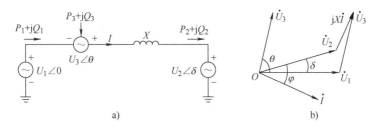

图 8-5　基波等效电路及相量图

忽略线路电阻，线路电流为

$$\dot{I} = \frac{\dot{U}_1 + \dot{U}_3 - \dot{U}_2}{jX} = \frac{U_3\sin\theta - U_2\sin\delta}{X} - j\frac{U_1 + U_3\cos\theta - U_2\cos\delta}{X} \tag{8-9}$$

末端视在功率为

$$S_2 = P_2 + jQ_2 = \dot{U}_2\dot{I}^* = \dot{U}_2\left(\frac{\dot{U}_1 + \dot{U}_3 - \dot{U}_2}{jX}\right)^*$$

$$= \frac{U_2\left[U_3\sin(\theta - \delta) - U_1\sin\delta\right]}{X} + j\frac{U_2\left[U_1\cos\delta + U_3\cos(\theta - \delta) - U_2\right]}{X} \tag{8-10}$$

末端有功功率为

$$P_2 = \frac{U_2\left[-U_1\sin\delta + U_3\sin(\theta - \delta)\right]}{X} \tag{8-11}$$

末端无功功率为

$$Q_2 = \frac{U_2\left[U_1\cos\delta - U_2 + U_3\cos(\theta - \delta)\right]}{X} \tag{8-12}$$

P_2、Q_2 间的函数为

$$\left(P_2 + \frac{U_2U_1\sin\delta}{X}\right)^2 + \left(Q_2 + \frac{U_2\left(U_2 - U_1\cos\delta\right)}{X}\right)^2 = \left(\frac{U_2U_3}{X}\right)^2 \tag{8-13}$$

式（8-14）表明，P_2、Q_2 的函数曲线是以 $\left(-\dfrac{U_2U_1\sin\delta}{X},\ -\dfrac{U_2\left(U_2 - U_1\cos\delta\right)}{X}\right)$ 为圆心、以 $\dfrac{U_2U_3}{X}$ 为半径的圆，函数关系与首端电压、末端电压间的相位差有关，与 θ 无关。仅改变串联变流器电压有效值 U_3 时，圆心位置不变，圆的半径变化；仅改变初相位 δ 时，圆心位置改变，圆的半径不变。当 $\delta=0$ 时，圆心为 $\left(0,\ \dfrac{U_2\left(U_1 - U_2\right)}{X}\right)$，$P_2$、$Q_2$ 的函数关系曲线如图 8-6 所示。

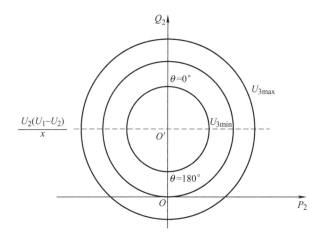

图 8-6 P_2 与 Q_2 的函数关系曲线

串联变流器输出的视在功率为

$$P_3 + \mathrm{j}Q_3 = \dot{U}_3 \dot{I}^* = \dot{U}_3 \left(\frac{\dot{U}_1 + \dot{U}_3 - \dot{U}_2}{\mathrm{j}X} \right)^*$$

$$= \frac{-U_3 \left[U_1 \sin\theta + U_2 \sin(\theta - \delta) \right]}{X} + \mathrm{j} \frac{U_3 \left[U_1 \cos\theta - U_2 \cos(\theta - \delta) + U_3 \right]}{X} \tag{8-14}$$

串联变流器输出到线路的有功功率和无功功率分别为

$$P_3 = \frac{-U_3 \left[U_1 \sin\theta + U_2 \sin(\theta - \delta) \right]}{X} \tag{8-15}$$

$$Q_3 = \frac{U_3 [U_1 \cos\theta - U_2 \cos(\theta - \delta) + U_3]}{X} \tag{8-16}$$

若首端电压、末端电压无相位差，即 $\delta = 0°$，串联电压 $\dot{U}_3$ 与末端电压 $\dot{U}_2$ 同相，$\theta = 0°$，当 $U_3 + U_1 = U_2$ 时，串联变流器仅输出有功功率。

8.2.2 3 次谐波功率控制特性

3 次谐波等效电路如图 8-7 所示，设首端 3 次谐波电压相量为 $\dot{U}_{1h} = U_{1h} \angle 0$，末端 3 次谐波电压相量为 0，即 $\dot{U}_{2h} = 0$，串联变流器输出的 3 次谐波电压为 $\dot{U}_{3h} = U_{3h} \angle \theta_3$。流经线路的 3 次谐波电流为

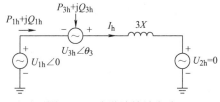

图 8-7 3 次谐波等效电路

$$\dot{I}_h = \frac{\dot{U}_{1h} + \dot{U}_{3h}}{\mathrm{j}3X} = \frac{U_{3h} \sin\theta_3}{3X} - \mathrm{j} \frac{U_{1h} + U_{3h} \cos\theta_3}{3X} \tag{8-17}$$

串联变流器输出到线路的 3 次谐波视在功率为

$$P_{3h} + \mathrm{j}Q_{3h} = \dot{U}_{3h} \dot{I}_h^* = \dot{U}_{3h} \left(\frac{\dot{U}_{1h} + \dot{U}_{3h}}{\mathrm{j}3X} \right)^*$$

$$= \frac{-U_{3h}U_{1h}\sin\theta_3}{3X} + j\frac{U_{3h}[U_{1h}\cos\theta_3 + U_{3h}]}{3X} \qquad (8\text{-}18)$$

串联变流器输出到线路的 3 次谐波有功功率和无功功率分别为

$$P_{3h} = \frac{-U_{3h}U_{1h}\sin\theta_3}{3X} \qquad (8\text{-}19)$$

$$Q_{3h} = \frac{U_{3h}[U_{1h}\cos\theta_3 + U_{3h}]}{3X} \qquad (8\text{-}20)$$

为了充分利用装置容量，令 $Q_{3h} = 0$，可得

$$U_{3h} = -U_{1h}\cos\theta_3 \qquad (8\text{-}21)$$

$$P_{3h} = \frac{U_{1h}^2\sin 2\theta_3}{6X} \qquad (8\text{-}22)$$

当 $\theta_3 = 45°$ 时，串联变流器输出最大 3 次谐波有功功率，最大 3 次谐波有功功率为

$$P_{3h\max} = \frac{U_{1h}^2}{6X} \qquad (8\text{-}23)$$

8.3　DPFC 控制系统

DPFC 由分布在线路上的并联单相变流器和多个串联单相变流器组成，DPFC 控制的实质是单相并网变流器控制。单相并网变流器的控制可以在静止坐标系和同步旋转坐标系下进行。单相并网变流器的某种电量（电压或电流）只有一个，可以构造另一个正交的同种电量，正交的两个电量通过 Park 变换在同步旋转坐标系下进行控制。

8.3.1　静止坐标系下单相并网变流器的控制

1. 并联单相变流器

并联单相变流器的控制目标为从线路吸收基频有功功率维持并联侧变流器的直流侧电容电压稳定；向线路输出基波无功功率以维持母线电压稳定或无功功率补偿；通过向线路输出稳定的 3 次谐波电压，向串联变流器提供 3 次谐波有功功率，串联变流器吸收 3 次谐波有功功率，维持其直流侧电容电压稳定。

并联单相变流器控制系统框图如图 8-8 所示。被控制参数有 3 个：线路上的 3 次谐波电压有效值 U_{3h}，其给定值是设定的；直流侧电容电压值 U_{dc}，其给定值是设定的；无功功率 Q，其给定值由调度系统确定。3 个被控参数均采用双闭环控制，外环为各自参数的负反馈。线路 3 次谐波电压有效值的控制内环为变压器二次侧 3 次谐波电流有效值 I_{3h}，另外两个被控参数的控制内环为变压器二次侧基波电流有功分量 i_{ip} 和无功分量 i_{iq}。设线路基波电压 $u = \sqrt{2}U\sin\omega_1 t$。3 次谐波电压控制的内环电流调节器输出乘以 $\sin 3\omega_1 t$，加上直流侧电容电压控制内环电流调节器的输出乘以 $\sin\omega_1 t$ 的积，再加上无功功率控制内环电流调节器的输出乘以 $\cos\omega_1 t$ 的积，得到调制信号，控制 PWM 信号。

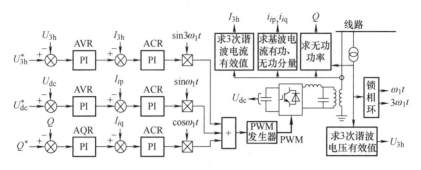

图 8-8　并联单相变流器控制系统框图

2．串联单相变流器

串联单相变流器的控制目标为：吸收线路 3 次谐波分量的有功功率维持其直流侧电容电压稳定；输出符合要求的基频串联电压，调节输电线路潮流。

串联单相变流器分布在线路上，研究一个串联单相变流器，其前一个串联单相变流器串联点后到其串联点后之间的一段线路的控制系统框图如图 8-9 所示，线路末端的基波有功功率和无功功率分别为 P_2、Q_2，从 P_2、Q_2 的计算式（8-12）、式（8-13）可以看出，在首端电压和末端电压稳定的情况下，P_2 与 $U_3 \sin(\theta-\delta)$ 呈线性关系，Q_2 与 $U_3 \cos(\theta-\delta)$ 呈线性关系，$\theta-\delta$ 为串联变流器输出电压相量 $\dot{U}_3$ 与末端电压相量 $\dot{U}_2$ 的相位差，以末端电压 $\dot{U}_2$ 为参考电压，变流器输出电压相量 $\dot{U}_3$ 的正弦分量为 $U_3 \sin(\theta-\delta)$，即与 $\dot{U}_2$ 垂直的 $\dot{U}_3$ 分量可以控制末端的有功功率 P_2，变流器输出电压相量 $\dot{U}_3$ 的余弦分量为 $U_3 \cos(\theta-\delta)$，即与 $\dot{U}_2$ 平行的 $\dot{U}_3$ 分量可以控制末端的无功功率 Q_2。串联单相变流器控制系统框图如图 8-9 所示，以末端电压 $\dot{U}_2$ 为参考电压，锁相环的输入电压取自串联点之后，锁相环输出基波相位为 $\omega_1 t$ 和 3 次谐波相位为 $3\omega_1 t$。控制系统有 3 个被控参数：直流侧电容电压 U_{dc}、末端输出的有功功率 P_2 和无功功率 Q_2，每个被控参数均采用双闭环控制。直流侧电容电压的给定值 U_{dc}^* 为设定值，其采用直流电压外环、3 次谐波电流有效值内环的双闭环控制。线路末端有功功率和无功功率的给定值 P_2^*、Q_2^* 由调度系统确定，有功功率和无功功率均采用功率外环、基波电流有功分量和无功分量的内环结构。直流电压控制的内环电流调节器输出乘以 $\sin 3\omega_1 t$，加上有功功率控制的内环电流调节器输出乘以 $\sin \omega_1 t$ 的积，再加上无功功率控制的内环电流调节器的输出乘以 $\cos \omega_1 t$ 的积，得到调制信号，控制 PWM 信号。

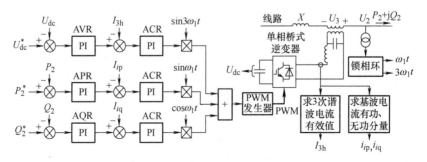

图 8-9　串联单相变流器控制系统框图

8.3.2 同步旋转坐标系下单相并网变流器的控制

同步旋转坐标系需要两个正交的物理量，而单相变流器的输出电压或输出电流只有一个，需要构造正交物理量的方法很多，下面介绍用二阶广义积分器（Second-Order Generalized Integrator，SOGI）方法构造正交物理量，此方法可以对输入信号进行滤波处理且结构简单。由二阶广义积分器构成的正交信号发生器如图 8-10 所示，v 为输入信号，两个输出分别为 v'、qv'。

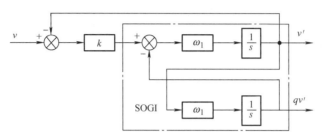

图 8-10 由二阶广义积分器构成的正交信号发生器

输出对输入的传递函数为

$$D(s) = \frac{v'(s)}{v(s)} = \frac{k\omega_1 s}{s^2 + k\omega_1 s + \omega_1^2} \qquad (8\text{-}24)$$

$$Q(s) = \frac{qv'(s)}{v(s)} = \frac{k\omega_1^2 s}{s^2 + k\omega_1 s + \omega_1^2} \qquad (8\text{-}25)$$

$$\begin{cases} |D(s)| = \dfrac{|v'(s)|}{|v(s)|} = \dfrac{k\omega_1\omega}{\sqrt{(k\omega_1\omega)^2 + (\omega^2 - \omega_1^2)^2}} \\[4mm] \angle D(s) = \arctan\dfrac{\omega_1^2 - \omega^2}{k\omega_1\omega} \end{cases} \qquad (8\text{-}26)$$

$$\begin{cases} |Q(s)| = |D(s)|\dfrac{\omega_1}{\omega} \\[4mm] \angle Q(s) = \angle D(s) - \dfrac{\pi}{2} \end{cases} \qquad (8\text{-}27)$$

式中，ω 为输入信号的角频率。若 $\omega_1 = \omega$，则 $|D(s)| = |Q(s)| = 1$，正交信号发生器对频率为 ω 的正弦信号的幅值准确跟踪，输出信号 v' 与输入同相位，两个输出信号 v'、qv' 正交，qv' 总是比 v' 滞后 $90°$，与 ω、ω_1、k 无关。

1. 并联单相变流器

设线路基波电压为 $u = \sqrt{2}U\sin\omega_1 t$，变流器输出的基波电流 $i = \sqrt{2}I\sin(\omega_1 t + \varphi)$ 为图 8-10 的输入，令 i_β 等于 i'，即

$$i_\beta = i' = \sqrt{2}I\sin(\omega_1 t + \varphi) \qquad (8\text{-}28)$$

令 i_α 等于 $-qi'$，即

$$i_\alpha = -qi' = \sqrt{2}I\cos(\omega_1 t + \varphi) \qquad (8\text{-}29)$$

对 i_α、i_β 进行 Park 变换，可得

$$\begin{bmatrix} i_{\rm d} \\ i_{\rm q} \end{bmatrix} = \begin{bmatrix} \cos\omega_1 t & \sin\omega_1 t \\ -\sin\omega_1 t & \cos\omega_1 t \end{bmatrix} \begin{bmatrix} i_{\alpha} \\ i_{\beta} \end{bmatrix} = \sqrt{2}I \begin{bmatrix} \cos\varphi \\ \sin\varphi \end{bmatrix} \tag{8-30}$$

式中，$i_{\rm d}$ 为有功电流幅值；$i_{\rm q}$ 为无功电流幅值。同步旋转坐标系下的并联单相变流器控制系统框图如图 8-11 所示。电压互感器检测并联点电压，经锁相环生成与电压同相位、幅值为 1 的正弦、余弦信号和 3 倍频正弦、余弦信号供坐标变换使用。对并网点 3 次谐波电压生成正交信号且 3 倍频 Park 变换，变换得到的 d 值为 3 次谐波电压有效值 $U_{\rm 3h}$。并网电流的基波分量生成正交信号且 Park 变换得到 $i_{\rm d}$、$i_{\rm q}$。并网 3 次谐波电流生成正交信号且 3 倍频 Park 变换得到 $i_{\rm 3d}$、$i_{\rm 3q}$。3 次谐波电压有效值 $U_{\rm 3h}$、直流侧电压 $U_{\rm dc}$、无功功率 Q 均采用双闭环控制，外环为各自的负反馈。$U_{\rm 3h}$ 的控制内环为并网 3 次谐波电流的 d 值、q 值负反馈 PI 控制，q 值给定为 0，PI 调节器的输出经 3 倍频 Park 逆变换。$U_{\rm dc}$ 的控制内环为并网基波电流 d 值负反馈 PI 控制，Q 的控制内环为并网基波电流 q 值负反馈 PI 控制，PI 调节器的输出经 Park 逆变换。Park 逆变换的 4 个结果相加得到调制信号，由 PWM 发生器生成 4 路 PWM 脉冲，控制变流器。

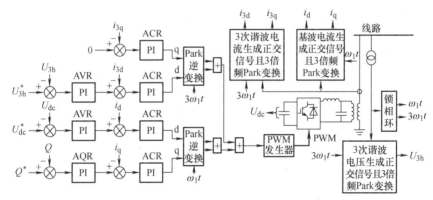

图 8-11 同步旋转坐标系下的并联单相变流器控制系统框图

2. 串联单相变流器

同步旋转坐标系下的串联单相变流器控制系统框图如图 8-12 所示。直流电容电压 $U_{\rm dc}$、末端有功功率 P_2 和无功功率 Q_2 均采用双闭环控制，外环为各自的负反馈。$U_{\rm dc}$ 的控制内环为变流器输出的 3 次谐波电流 d 值、q 值负反馈控制，q 值给定为 0，电流调节器的输出经 3 倍频 Park 逆变换。末端有功功率的控制内环为注入电压 U_3 的 q 值 $U_{\rm q}$，末端无功功率的控制内环为注入电压 U_3 的 d 值 $U_{\rm d}$，调节器的输出经 Park 逆变换。Park 逆变换的 4 个输出相加得到调制信号，控制 PWM 发生器产生 PWM 脉冲。

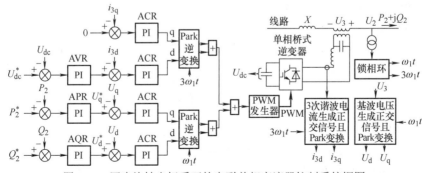

图 8-12 同步旋转坐标系下的串联单相变流器控制系统框图

8.4 潮流控制器控制系统仿真

含有 UPFC 的电力系统仿真模型如图 8-13 所示，仿真模型中有 3 个交流电源，每两个交流电源之间有一条线路，共有 3 条线路：L1、L2、L3。UPFC 位于 500kV 母线 B1 和 B2 之间 75km 线路 L2 左端，用于控制流经母线 B2 的有功和无功功率，同时可以控制母线 B1 处的电压或补偿线路无功功率。UPFC 由两个 100MV·A、三电平、48 脉冲背靠背的 GTO DC/AC 变流器组成，一个变流器在总线 B1 处并联连接到线路，一个变流器串联在总线 B1 和 B2 之间。并联变流器具有 STATCOM 的作用，补偿线路无功功率或稳定并网点交流电压，维持直流侧电压稳定。串联变流器起 SSSC 的作用，其直流侧与并联变流器的直流侧并联，将直流电压逆变成交流，向线路注入交流电压控制线路潮流，串联变流器可向线路 L2 串联注入最大电压为 10%的标称相电压（28.87kV）。

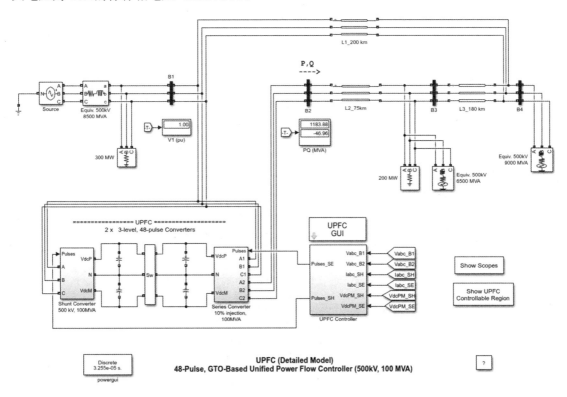

图 8-13 含有 UPFC 的电力系统仿真模型

"UPFC Controller"模块内部结构如图 8-14 所示，包括 3 部分，即 SH Control（STATCOM，并联逆变器控制）、SE Control（SSSC，串联逆变器控制）和 SE Control（UPFC，串联逆变器控制）。两个背靠背变流器有 5 种操作模式：STATCOM（无功控制）、STATCOM（电压控制）、SSSC（电压注入）、STATCOM（电压控制）+SSSC（电压注入）、UPFC（功率流控制）。"UPFC GUI"模块参数设置对话框如图 8-15 所示。"Show Scope"模块有 3 个示波器，显示相关参数波形。

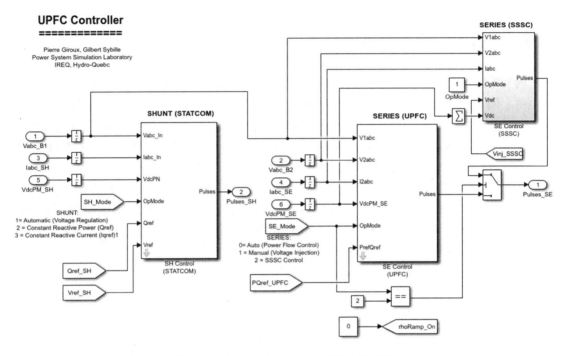

图 8-14　"UPFC Controller"模块内部结构

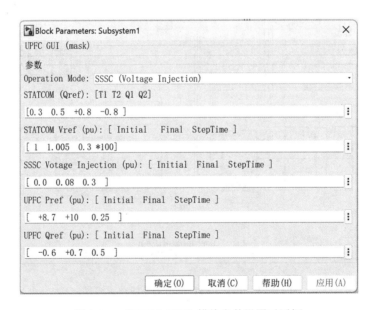

图 8-15　"UPFC GUI"模块参数设置对话框

当串联变流器注入线路零电压时,通过母线 B2 的自然功率流为 P=870MW, Q=-60Mvar。在 UPFC 模式,串联注入电压的幅值和相位都可以改变,从而允许控制 P 和 Q。UPFC 可控区域通过将注入电压保持在其最大值(0.1pu)并将其相位从零改变到 360°而获得。要查看生成的 P-Q 轨迹,双击"显示 UPFC 可控区域",显示运行区域如图 8-16 所示,位于 P-Q 椭圆区域内的任何点都可以在 UPFC 模式下获得。

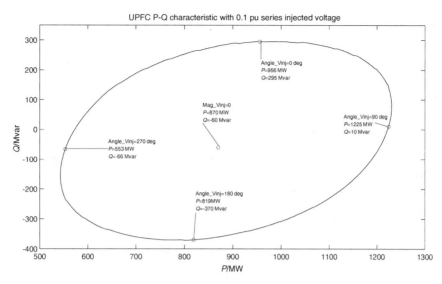

图 8-16　UPFC 模式的 *P-Q* 运行区域（注入电压 0.1pu）

　　操作模式设置为"UPFC（Power Flow Control）"。"UPFC GUI"模块参数设置对话框的最后两行为有功功率和无功功率给定值的设定，初始设定 Pref=8.7pu/100MV·A（870MW），Qref=-0.6pu/100V·A（-60Mvar）。当 *t*=0.25s 时，Pref 变为 10pu（100MW）。然后在 *t*=0.5s 时，Qref 变为 0.7pu（70Mvar）。在整个仿真过程中，并联变流器的参考电压（在"UPFC GUI"模块参数设置对话框的第 2 行中指定）将保持恒定，Vref=1pu（步长=0.3×100>仿真停止时间 0.8s）。当处于 UPFC（Power Flow Control）模式时，不使用 STATCOM（Var Control）和 SSSC（Voltage Injection）（分别在"UPFC GUI"模块参数设置对话框的第 1 行和第 3 行中指定）的变化。仿真 0.8s 后，打开"Show Scope"模块的 UPFC 示波器，波形如图 8-17 所示，第 1 个分图和第 2 个分图分别为有功功率和无功功率给定值（Pref、Qref）的波形。在仿真开始持续约 0.15s 的瞬态过程之后，功率（P、Q）达到稳定状态（P=+8.7pu，Q=-0.6pu）。然后，P 和 Q 给定跃变至新设置（P=+10pu，Q=+0.7pu）。3 条传输线（L1、L2、L3）上 P、Q 的变化曲线分别如第 3 个分图和第 4 个分图所示。

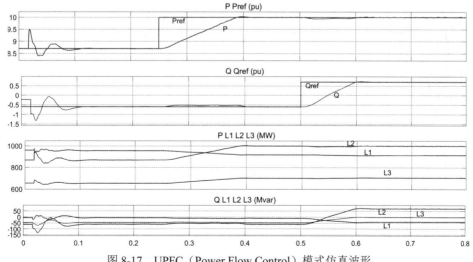

图 8-17　UPFC（Power Flow Control）模式仿真波形

操作模式设置为"SSSC（Voltage Injection）"，设置[Vinj_Initial Vinj_Final StepTime]为"[0.0 0.08 0.3]"。初始电压设置为 0 pu，然后在 t=0.3s 时，它将倾斜至 0.08pu。仿真 0.8s 后，打开 "Show Scope" 模块的 SSSC 示波器，仿真波形如图 8-18 所示，第 3 个分图为注入电压幅值给定值（Vref）和实际值（Vinj）的曲线，第 1 个分图为三相注入电压标幺值（Vinj）波形，第 2 个分图为三相电流（Iabc）波形，电流和电压相差 90°。第 4 个分图为直流侧电压（Vdc）波形。3 条传输线（L1、L2、L3）上 P、Q 的变化曲线分别如第 5 个分图和第 6 个分图所示。

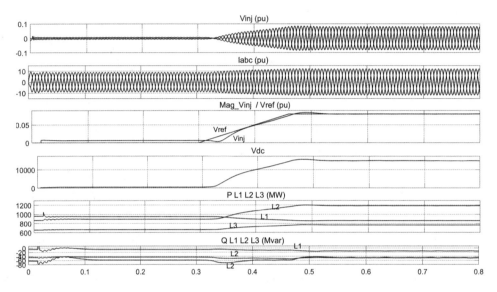

图 8-18　SSSC（Voltage Injection）模式仿真波形

操作模式设置为"STATCOM（Var Control）"，设置[T1 T2 Q1 Q2]为"[0.3 0.5 +0.8 -0.8]"，仿真波形如图 8-19 所示，STATCOM 作为可变无功功率源运行。初始设置 Q 为 0，然后在 0.3s 时，Q 增加到 0.8pu（STATCOM 吸收无功功率），在 0.5s 时，将 Q 反转到-0.8pu（STATCOM 输出无功功率）。

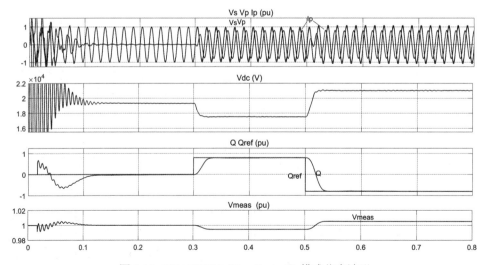

图 8-19　STATCOM（Var Control）模式仿真波形

当 Q=0 时，并联变流器输出电流为 0（Ip=0），Qref=0.8pu 时，STATCOM 的流入电流（Ip）滞后电压 90°，表明 STATCOM 正在吸收无功功率。当 Qref 从 0.8pu 变为-0.8pu 时，STATCOM 的补偿电流（Ip）的相位在一个周期内从滞后 90° 变为超前 90°，Q 为实测的无功功率。无功功率的控制是通过改变并联变流器产生的二次电压（Vs）的幅值获得，Vs 与总线 B1 电压 Vp 同相。通过控制直流母线电压来实现 Vs 幅值的变化。当 Q 从 0.8pu 变为-0.8pu 时，Vdc（第 2 个分图）从 17.5kV 增加到 21kV。Vmeas（第 4 个分图）为线路电压的测量值。

思考题与习题

8.1　简述 UPFC、SSSC 和 DPFC 的工作原理。

8.2　DPFC 的并联变流器和串联变流器间通过 3 次谐波传递有功功率，是否能通过别的次数谐波传递有功功率？

8.3　简述 DPFC 的基波功率控制特性和 3 次谐波控制特性。

8.4　简述生成两个正交信号的方法。

8.5　比较静止坐标系下并网变流器的控制和同步旋转坐标系下并网变流器的控制。

8.6　信号滤波器的作用是什么？信号陷波器的作用是什么？

第9章 柔性直流输电变流器控制系统

内容提要： MMC 的结构和工作原理、稳定运行条件；MMC 的调制技术；MMC 环流产生的原因和抑制技术；MMC 不均压产生的原因和均压技术；MMC 的数学模型；MMC 直流输电变流器控制系统及其仿真。

9.1 MMC 变流器

9.1.1 MMC 变流器结构与工作原理

与交流输电相比，直流输电有许多优点：①当输送相同功率时，直流线路造价低，架空线路杆塔结构较简单，同绝缘水平的电缆可以运行于较高的电压；②直流输电的功率和能量损耗小，稳态运行时没有电容电流，没有电抗压降，沿线电压分布较平稳，线路本身无须无功补偿；③直流输电线联系的两端交流系统不需要同步运行；④直流输电线本身不存在交流输电固有的稳定问题，输送距离和功率也不受电力系统同步运行稳定性的限制。

20 世纪 70 年代以后，高压、大功率晶闸管变流器在高压直流输电（High Voltage Direct Current Transmission，HVDC）工程中大量使用。晶闸管属于半控器件、没有自关断能力，且开关频率较低，变流器的性能受到了限制。晶闸管变流器一般靠电网换流，采用晶闸管的 HVDC 接收端一般要连接交流电源，若接收端为无源系统一般不能使用。以晶闸管作为变流器件的直流输电系统称为传统直流输电。

随着电力电子器件技术的发展，全控型器件绝缘栅双极晶体管（IGBT）开始应用于直流输电中。20 世纪 90 年代后，IGBT 的耐压等级与功率容量明显提升，以高压 IGBT 为开关器件并使用脉冲宽度调制（PWM）技术的电压源型变流器（Voltage Sourced Converter，VSC）开始在 HVDC 工程中得到应用。

基于全控器件电压源型变流器的高压直流输电技术，被国际大电网会议（CIGRE）和 IEEE 定义为"VSC-HVDC"，ABB 公司称其为轻型高压直流输电，注册成商标"HVDC-Light"；西门子公司称其为新型高压直流输电（HVDC-Plus）；我国专家称其为柔性直流输电（HVDC-Flexible）。VSC-HVDC 有效克服了传统直流输电存在的许多固有弊端，如可以独立控制有功功率和无功功率；可以省掉无功补偿装置；系统潮流反转时无须改变直流母线电压极性，只要使直流母线电流反向即可；两换流站运行过程可以独立控制，相互之间的通信要求低。VSC-HVDC 较传统直流输电技术在实际输电工程应用中具有更大的优势。

早期，VSC-HVDC 主要使用二电平电压源型变流器和三电平中点钳位（Neutral point Clamped，NPC）电压源型变流器。为了获得更高的输电电压等级和功率容量，由于单个开关器件的耐压能力有限，桥臂使用的串联开关器件数量越来越多。开关器件的串联要解决均压问题，变流器桥臂中开关器件的串联动态均压技术难度很高，且成熟技术被少数公司垄断，严重阻碍了更高电压等级和更大功率容量柔性直流输电技术的发展。另一方面，由于二电平或三电平电压源型变流器的输出电平数少，可以提高器件的开关频率，使变流器交流侧输出电压不含低次谐波分量，仅存在滤波器较易滤去的高次谐波分量，从而使变流器的交流输出波形更加逼近正弦波。一般应用于柔性直流输电系统二电平或三电平电压源型变流器的开关频率为 1~2kHz，导致变流器开关损耗较大，开关损耗是变流器损耗的主要部分。因此从经济方面考虑，二电平或三电平电压源型变流器较高的开关损耗也成为制约柔性直流输电技术发展的另一个重要原因。

为解决用于柔性直流输电的二电平（三电平）变流器开关损耗高和器件串联动态均压的技术难题，德国学者 R.Marquart 和 Alxsnicar 提出了一种新型的变流器拓扑结构，称为模块化多电平变流器（Modular Multilevel Converter，MMC）。三相模块化多电平变流器的结构如图 9-1a 所示，左边为交流侧，右边为直流侧。MMC 由 a 相桥、b 相桥、c 相桥组成，三相桥的中点分别为 a、b、c，每相桥由上桥臂和下桥臂组成，三相模块化多电平变流器有 6 个桥臂，三相桥的上端连接在一起，为直流电源的正极（p），三相桥的下端连接在一起，为直流电源的负极（n）。每个桥臂由 k 个结构相同的子模块（Single Sub Module，SM）和一个桥臂电抗器 L 组成，桥臂电抗器 L 能够抑制由各并联桥直流电压瞬时值不完全相同而造成的相间环流，同时还能有效减小直流母线发生故障时故障电流的上升率，抑制冲击电流，提高系统的可靠性。三相桥的中点 a、b、c 分别连接三相交流电源 u_A、u_B、u_C，电源的每相电感为 L_s，三相电源中性点 o 和 MMC 直流侧中点 O 接地。MMC 电路具有高度模块化，灵活调整投入换流器的子模块个数就可以满足不同功率和不同电压等级的要求。相比其他多电平变流器，MMC 在硬件拓扑上具有明显的优势。

三相模块化多电平换流器的子模块有多种结构，图 9-1b 为半桥结构子模块，图 9-1c 为全桥结构子模块。半桥结构子模块用的器件少，实际多采用，这里介绍采用半桥结构子模块的三相模块化多电平变流器。半桥结构 MMC 桥臂的多个半桥结构子模块的交流侧串联，半桥结构子模块有 3 种工作状态：投入、切除、闭锁。图 9-1b 中，VT$_1$ 加导通信号、VT$_2$ 加关断信号，子模块工作于投入状态，若子模块电流 i_{sm} 为正，电流流过 VD$_1$，电容器充电，输出电压 u_{sm} 等于电容电压 U_d；若子模块电流 i_{sm} 为负，电流流过 VT$_1$，电容器放电，输出电压 u_{sm} 等于电容电压 U_d。VT$_1$ 加关断信号、VT$_2$ 加导通信号，子模块工作于切除状态，若子模块输出电流 i_{sm} 为正，电流流过 VT$_2$，电容器电压不变，输出电压 u_{sm} 等于 0；若子模块电流 i_{sm} 为负，电流流过 VD$_2$，电容器电压不变，输出电压 u_{sm} 等于 0。VT$_1$ 和 VT$_2$ 都加关断信号，子模块工作于闭锁状态，若子模块输出电流 i_{sm} 为正，电流流过 VD$_1$，电容器充电，输出电压 u_{sm} 等于电容器电压 U_d；若子模块输出电流 i_{sm} 为负，电流流过 VD$_1$，电容器电压不变，输出电压 u_{sm} 等于 0。正常工作时，子模块的工作状态为投入状态（输出 U_d）或切除状态（输出 0）。MMC 能够稳定运行需要满足以下两个前提条件：

1）维持恒定的直流母线电压。为了维持 MMC 换流器直流侧电压恒定，要求变流器每相桥各自投入的子模块总数相同且恒定不变。在不考虑冗余的情况下，MMC 每相上、下桥臂各有 k 个子模块，通过预充电电路控制充电，理想情况下，将每个子模块电容电压充到 U_d，MMC 变流器直流侧电压充到 kU_d，为使每相桥上端与下端的电压等于 MMC 变流器直流侧电压，每相投入子模块数为 k。设 MMC 变流器直流侧两个电容 C 串联，均压的情况下，电容 C 电压等于 $kU_d/2$，忽略桥臂电感和电源电感电压，有

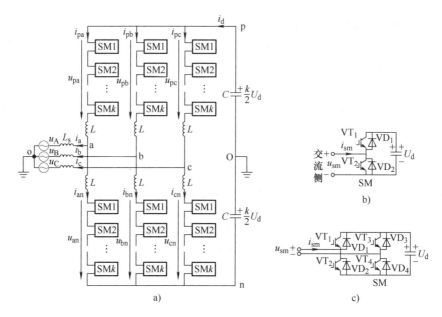

图 9-1　三相 MMC 变流器结构

$$u_{po} = \frac{kU_d}{2} = u_{pa} + u_a \tag{9-1}$$

$$u_{on} = \frac{kU_d}{2} = -u_a + u_{an} \tag{9-2}$$

$$u_a = \left(u_{an} - u_{pa}\right)/2 \tag{9-3}$$

$$u_{po} + u_{on} = kU_d \tag{9-4}$$

以 $k=4$ 为例，a 相上桥臂投入子模块数为 k_{pa}，下桥臂投入子模块数为 k_{an}，子模块直流侧电压为 U_d，忽略桥臂电感 L 的电压，每相可能输出的电压值见表 9-1，有 25 种组合，每个桥臂投入的子模块个数可以取 0、1、2、3、4，每个桥臂投入子模块的总电压可以为 0、U_d、$2U_d$、$3U_d$、$4U_d$。但只有 $k_{pa}+k_{an}=4$ 的组合符合每相投入子模块数为 4 的要求，在表 9-1 中用阴影表示。每相可以输出 5 种有效电压，即 $-4U_d$、$-2U_d$、0、$2U_d$、$4U_d$，有效电压数等于 $k+1$。

表 9-1　输出电压 $u_a(k=4)$

k_{an}	k_{pa}				
	0	1	2	3	4
0	0	$-U_d$	$-2U_d$	$-3U_d$	$-4U_d$
1	U_d	0	$-U_d$	$-2U_d$	$-3U_d$
2	$2U_d$	U_d	0	$-U_d$	$-2U_d$
3	$3U_d$	$2U_d$	U_d	0	$-U_d$
4	$4U_d$	$3U_d$	$2U_d$	U_d	0

2）合理投切桥臂子模块。为了使 MMC 三相交流输出尽可能地逼近正弦波，要求每一时刻合理安排每相上、下桥臂子模块的投切数量，通过处于投入状态的子模块电容电压的叠加获得系统期望输出的电平电压。

9.1.2　MMC 调制技术

应用于模块化多电平变流器的调制技术有很多，如传统的正弦脉宽调制技术、电压空间矢量调制技术、特定谐波消去法和载波移相正弦波脉宽调制等。其中，最近电平逼近调制（Nearest Level Modulation，NLM）、载波移相调制（Carrier Phase shift Pulse Width Modulation，CPS-PWM）和载波层叠调制具有易扩展性和易实现性，广泛用于 MMC 调制中。下面着重介绍载波移相调制和最近电平逼近调制。

1. 载波移相调制

载波移相调制是用多个幅值相同、频率相同、相位不同的等腰三角波，与同一个正弦波进行比较，生成多个 PWM 脉冲波。以 a 相为例，a 相桥下桥臂的调制信号为

$$u_{\mathrm{anr}} = 1 + \alpha\sin\omega_{\mathrm{l}}t \tag{9-5}$$

上桥臂的调制信号为

$$u_{\mathrm{par}} = 1 - \alpha\sin\omega_{\mathrm{l}}t \tag{9-6}$$

式中，α 为调制度，$0 < \alpha < 1$。调制信号的取值范围为 0～2。b、c 相调制信号比 a 相调制信号依次相差 120°，载波信号为 0～2 的单极性等腰三角波，每个桥臂有 k 个子模块、需要相差 $1/k$ 载波周期的 k 个载波信号，每相桥上、下桥臂的两个调制信号分别与 k 个载波信号比较产生上、下桥臂子模块的 PWM 控制信号，在调制信号大于或等于载波信号期间，子模块投入，在调制信号小于载波信号期间，子模块切除。a 相下桥臂 k 个子模块输出电压和的基波电压为

$$u_{\mathrm{an}} = \frac{kU_{\mathrm{d}}}{2}\left(1 + \alpha\sin\omega_{\mathrm{l}}t\right) \tag{9-7}$$

a 相上桥臂 k 个子模块输出电压和的基波电压为

$$u_{\mathrm{pa}} = \frac{kU_{\mathrm{d}}}{2}\left(1 - \alpha\sin\omega_{\mathrm{l}}t\right) \tag{9-8}$$

将式（9-7）、式（9-8）代入式（9-3）可得 a 相桥输出交流基波电压为

$$u_{\mathrm{a}} = \alpha\frac{kU_{\mathrm{d}}}{2}\sin\omega_{\mathrm{l}}t \tag{9-9}$$

当 $\alpha = 1$ 时，输出相电压基波峰值达到最大值，即 $U_{\mathrm{amax}} = kU_{\mathrm{d}}/2$，交流输出电压的最大值为直流母线电压的一半。b 相桥、c 相桥输出交流基波电压分别为

$$u_{\mathrm{b}} = \alpha\frac{kU_{\mathrm{d}}}{2}\sin\left(\omega_{\mathrm{l}}t - 2\pi/3\right) \tag{9-10}$$

$$u_{\mathrm{c}} = \alpha\frac{kU_{\mathrm{d}}}{2}\sin\left(\omega_{\mathrm{l}}t + 2\pi/3\right) \tag{9-11}$$

以每个桥臂 5 个子模块为例分析波形，设子模块电容电压 U_{d}=1000V，调制度 α=0.7 时，

a 相桥的两个正弦调制信号和 5 个载波如图 9-2 所示，a 相桥仿真波形如图 9-3 所示，从上至下依次为 a 相桥输出的交流电压（u_{ao}）波形、上桥臂输出电压（u_{pa}）波形、下桥臂输出电压（u_{an}）波形。

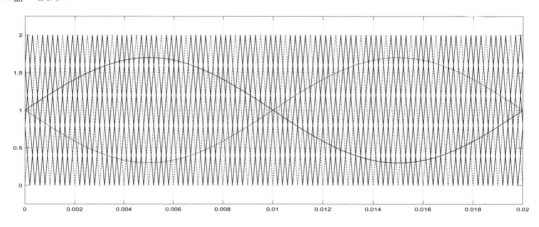

图 9-2　a 相桥的两个正弦调制波信号和 5 个载波

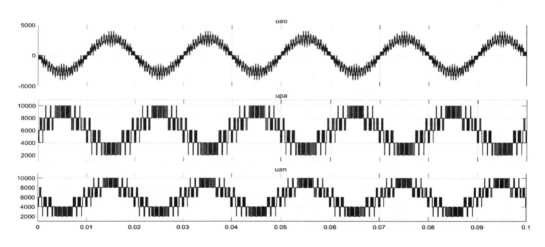

图 9-3　a 相桥仿真波形

2. 最近电平逼近调制

以 a 相为例，每个控制周期，a 相上桥臂需要投入的子模块数计算公式为

$$k_{pa} = \frac{k}{2} - \text{int}\left(\frac{\alpha \frac{k}{2} U_d \sin \omega_1 t}{U_d}\right) = \frac{k}{2} - \text{int}\left(\frac{\alpha k}{2} \sin \omega_1 t\right) \qquad (9\text{-}12)$$

a 相下桥臂需要投入的子模块数计算公式为

$$k_{an} = \frac{k}{2} + \text{int}\left(\frac{\alpha \frac{k}{2} U_d \sin \omega_1 t}{U_d}\right) = \frac{k}{2} + \text{int}\left(\frac{\alpha k}{2} \sin \omega_1 t\right) \qquad (9\text{-}13)$$

每个时刻上、下桥臂投入的子模块数的和为 k，为保证直流母线电压较小波动，MMC 采用 NLM 调制方式可以将交流侧输出电压与期望输出电压之间的差值控制在 $\pm U_d/2$ 范围内。当按式（9-12）、式（9-13）计算得到的 k_{pa} 和 k_{an} 为 $0 \sim k$ 时，称为最近电平逼近的正常工作区。当计算得到的 k_{pa} 和 k_{an} 超出 $0 \sim k$，则此时只能取相应的边界值，NLM 调制方式工作在过调制区。当某些情况下正弦参考波的幅值增大到一定程度后，NLM 调制方式会使得 MMC 交流侧输出电压与期望输出电压之间的差值超出 $\pm U_d/2$ 的范围。鉴于此，应当尽可能避免 NLM 调制方式工作在过调制区，从而保证 MMC 运行的良好特性。

9.1.3　MMC 的环流和均压

1. 环流分析

由于 MMC 上、下桥臂都工作，若某相桥上端到下端的电压与 MMC 变流器直流侧电压不等，电流从 p 极流出，流过该相桥的上、下桥臂，流入 n 极，不流过交流电源，这个电流称为环流，各桥臂既流过交流电流、又流过环流。MMC 的公共直流母线通过子模块的直流电容与交流网侧交换有功和无功能量，并以环流为载体向子模块直流电容提供充电电流。

假设各相桥上、下桥臂流过各相交流侧电流的一半，a 相桥上桥臂电流为 i_{pa}、下桥臂电流为 i_{an}，a 相交流侧电流为 i_a，a 相桥环流为 i_{ac}，忽略桥臂电感电压，则电压和电流方程为

$$u_{pa} = u_{po} - u_a = \frac{kU_d}{2} - \alpha \frac{kU_d}{2} \sin \omega_1 t = \frac{kU_d}{2} - U_m \sin \omega_1 t \tag{9-14}$$

$$u_{an} = u_{on} + u_a = \frac{kU_d}{2} + \alpha \frac{kU_d}{2} \sin \omega_1 t = \frac{kU_d}{2} + U_m \sin \omega_1 t \tag{9-15}$$

$$i_{pa} = i_a / 2 + i_{ac} \tag{9-16}$$

$$i_{an} = -i_a / 2 + i_{ac} \tag{9-17}$$

$$i_{ac} = (i_{pa} + i_{an}) / 2 \tag{9-18}$$

其中，$U_m = \alpha k U_d / 2$。三相上桥臂电流的和等于直流侧电流 i_d，三相下桥臂电流的和也等于直流侧电流 i_d，即

$$i_{pa} + i_{pb} + i_{pc} = i_{an} + i_{bn} + i_{cn} = i_d \tag{9-19}$$

将式（9-16）和式（9-17）代入式（9-19），根据三相对称性，三相环流的和等于直流侧电流，即

$$i_{ac} + i_{bc} + i_{cc} = i_d \tag{9-20}$$

忽略电感和电容储能的变化和能量损耗，认为 MMC 直流侧电流恒定，即 $i_d = I_d$，三相桥对称，流过每相桥的直流电流为 MMC 变流器直流侧电流的 1/3，MMC 直流侧能量与交流侧能量相等，即

$$kU_d I_d = kU_d \left(i_{ac} + i_{bc} + i_{cc} \right) = u_a i_a + u_b i_b + u_c i_c \tag{9-21}$$

单独讨论 a 相，有

$$kU_d i_{ac} = u_a i_b = U_m \sin\omega_1 t \times I_m \sin(\omega_1 t - \varphi) = \frac{U_m I_m}{2}\Big[\cos\varphi - \cos(2\omega_1 t - \varphi)\Big] \tag{9-22}$$

式中，φ 为 MMC 变流器交流测电流滞后电压的相位角；U_m 为交流电压的幅值；I_m 为交流电流的幅值。设 $I_m = \beta I_d/3$，β 为电流调制度，则有

$$i_{ac} = \frac{\alpha\beta I_d}{12}\Big[\cos\varphi - \cos(2\omega_1 t - \varphi)\Big] \tag{9-23}$$

式（9-23）第 1 项为环流的直流分量，为 I_d 的 1/3，可得

$$\alpha\beta\cos\varphi = 4 \tag{9-24}$$

将式（9-24）代入式（9-23），可得 a 相桥环流表达式为

$$i_{ac} = \frac{I_d}{3}\left[1 - \frac{\cos(2\omega_1 t - \varphi)}{\cos\varphi}\right] \tag{9-25}$$

同理，可以推导出 b 相桥、c 相桥环流表达式分别为

$$i_{bc} = \frac{I_d}{3}\left[1 - \frac{\cos(2\omega_1 t - 2\pi/3 - \varphi)}{\cos\varphi}\right] \tag{9-26}$$

$$i_{cc} = \frac{I_d}{3}\left[1 - \frac{\cos(2\omega_1 t + 2\pi/3 - \varphi)}{\cos\varphi}\right] \tag{9-27}$$

理想情况下，环流中的直流分量是引起直流侧与交流侧能量交换的部分，该部分与 MMC 工作状态有关，无法通过控制手段进行抑制；而交流部分是由于功率单元的充放电及相间无功转移所引起，可以通过控制手段进行抑制，交流部分含有 2 次谐波，三相 2 次谐波环流为负序。2 次谐波环流使各相上、下桥臂储能的波动程度加剧，由于每相的能量储存在子模块电容中，故 2 次谐波环流直接影响子模块电容储能。研究表明，2 次谐波环流对 MMC 开关损耗也存在较大影响，若能够对桥臂电流中的 2 次谐波分量进行抑制，则桥臂电流有效值将有所下降，相应地，其流过开关器件所产生的损耗也会有所降低。

2. 子模块电容电压均衡控制

MMC 运行时子模块中的电容时而充电、时而放电，子模块的电容电压时而上升、时而减小。若子模块电容电压上升与下降的值不等，子模块的电容电压会偏离其初始的设定值。若不加以控制，一旦子模块电容电压偏离过大，将影响系统正常稳定工作。针对 MMC 的不同调制方式出现了相应的子模块电容电压均衡技术和相适应的子模块电容电压均衡控制方法，均压策略含在调制方式中。

适应 CPS-PWM 的子模块电容电压反馈控制包括子模块电容平均电压控制和子模块电容电压均衡控制。a 相子模块电容平均电压控制框图如图 9-4a 所示，U_{dref} 为子模块电容电压给定值，$\bar{U}_d$ 为 a 相各子模块电容电压平均值，子模块电容电压 PI 闭环控制得到环流的给定值 i_{refa}，上、下桥臂电流的平均值为环流，环流闭环 PI 控制得到控制量 u_{refa}，叠加到调制信号。若子模块电容平均电压低于给定值，闭环控制使环流给定值 i_{refa} 上升，使得上、下桥臂输出的电压参考值减小。当母线电压一定时，上、下桥臂中子模块输出电压的减小会引起上、下桥臂的环流增大，对该相的子模块电容充电，使得该相电容电压的平均值达到给定值。b、c

相子模块电容电压平均值控制框图与 a 相类似。

子模块电容电压均衡控制策略对每个子模块电容电压闭环控制，a 相上桥臂 k 个子模块电容电压的均衡控制框图如图 9-4b 所示，采用比例调节器，U_{dref} 为子模块电容电压给定值，U_{d1}、U_{d2}、...、U_{dk} 为各子模块电容电压值，k 个输出 u_{refa1}、u_{refa2}、...、u_{refak} 分别叠加到 k 个调制信号。

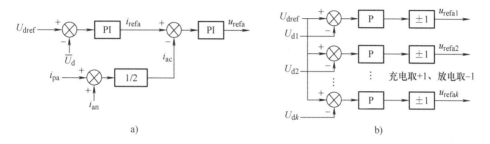

图 9-4　a 相子模块电容平均电压控制及电容电压均衡控制框图

子模块电容电压排序均衡控制适用于 NLM 调制方式，流程是先快速检测单个桥臂内的所有子模块电容电压，并对电容电压进行排序，然后由该桥臂电流的方向来判断子模块电容的充、放电状态，最后根据子模块电容电压的排序结果和充放电状态决定该桥臂内的子模块是投入还是切除。

设桥臂子模块数 $k=5$，a 相上桥臂 5 个子模块电容电压经过排序后，从上到下按电压增加的顺序排列，如图 9-5 所示，假定当前周期 a 相上桥臂需要投入 3 个子模块和切除 2 个子模块。当桥臂电流为正方向时，如图 9-5a 所示，投入子模块 3、2、1，投入的子模块由于桥臂电流的充电使电容电压上升，而切除的子模块电容电压维持不变；桥臂电流为负方向时，如图 9-5b 所示，投入子模块 1、5、4，投入的子模块由于桥臂电流的放电使电容电压下降，切除状态子模块电容电压维持不变。子模块电容电压高了放电、低了充电，从而使 MMC 的桥臂子模块电容电压实现均衡。

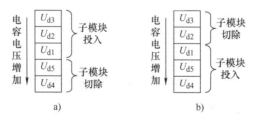

图 9-5　子模块电容电压排序示意图

9.2　柔性直流输电变流器控制系统

MMC 既可以运行在整流状态，也可以运行在逆变状态，MMC 可用于双端或多端柔性直流输电，下面介绍双端柔性直流输电 MMC 控制系统。双端柔性直流输电的每端设有直流换流站，换流站含有 MMC。两个换流站的 MMC 的直流侧通过直流线路相连，发送端 MMC 交流侧接有源交流电网，接收端 MMC 接有源或无源交流电网。这里研究发送端 MMC 和接收端 MMC 的控制系统。

9.2.1 MMC 的数学模型

a 相交流侧电流与桥臂电流的关系为

$$i_a = i_{pa} - i_{an} \tag{9-28}$$

设桥臂电阻为 R，a 相上桥臂电压方程为

$$\frac{k}{2}U_d - u_A - u_{pa} = L\frac{di_{pa}}{dt} + Ri_{pa} + L_s\frac{di_a}{dt} \tag{9-29}$$

下桥臂电压方程为

$$\frac{k}{2}U_d + u_A - u_{an} = L\frac{di_{an}}{dt} + Ri_{an} - L_s\frac{di_a}{dt} \tag{9-30}$$

式（9-29）、式（9-30）相减除以 2，得 a 相电压方程为

$$u_a - u_A = \left(L_s + \frac{L}{2}\right)\frac{di_a}{dt} + \frac{R}{2}i_a = L_{eq}\frac{di_a}{dt} + \frac{R}{2}i_a \tag{9-31}$$

同样，b 相和 c 相电压方程分别为

$$u_b - u_B = L_{eq}\frac{di_b}{dt} + \frac{R}{2}i_b \tag{9-32}$$

$$u_c - u_C = L_{eq}\frac{di_c}{dt} + \frac{R}{2}i_c \tag{9-33}$$

式（9-31）～式（9-33）为 ABC 坐标系下的 MMC 数学模型，桥臂电阻和电感等效到交流侧减半，$L_{eq} = L_s + L/2$ 为交流侧等效电感。MMC 的数学模型与二电平并网逆变器的数学模型（式 4-3）相似，MMC 动态结构与并网逆变器动态结构相似，MMC 动态结构如图 9-6 点画线框内部分，电流内环控制结构如图 9-6 所示，电流内环控制含有电流负反馈 PI 控制、交流电压前馈控制和电流交叉反馈解耦控制，u_{cd1}、u_{cq1} 经 Park 逆变换，得到电流控制所需的三相调制信号。

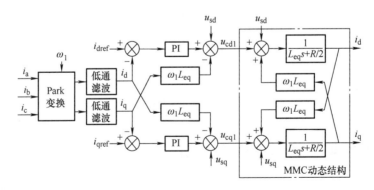

图 9-6　电流内环控制结构

9.2.2 外环控制系统

MMC 外环控制器是基于 dq 坐标系下的 MMC 数学模型，计算内环电流的 dq 轴电流参

考值。根据系统的控制目标及功能要求，设计 MMC-HVDC 的外环控制系统。

1. 给定功率控制

给定可以是有功功率和（或）无功功率，给定值由调度系统确定。在按电压定向的 dq 坐标系下，三相系统的有功功率和无攻功率计算公式分别为

$$\begin{cases} P = \dfrac{3}{2} U_d I_d \\ Q = -\dfrac{3}{2} U_d I_q \end{cases} \tag{9-34}$$

在系统电压一定的情况下，有功功率与 I_d 成正比，无功功率与 I_q 成正比。给定功率控制可以用开环控制，也可以用闭环控制。开环控制时，直接用式（9-34）求出有功电流和无功电流，分别作为内环电流的给定。功率闭环控制结构如图 9-7 所示，功率闭环控制得到修正值（Δi_{dref}、Δi_{qref}），修正值分别叠加到按式（9-34）计算得到的 d 轴电流值和 q 轴电流值，得到内环电流给定值。

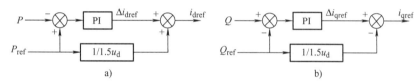

图 9-7　功率闭环控制结构

2. 稳压控制

稳压控制可以稳定直流电压，也可以稳定交流电压。MMC 采用稳定直流电压来维持系统的有功功率平衡和直流侧电压的稳定，MMC-HVDC 系统必须有一个换流端处于定直流电压控制，一般是稳定能量接收端 MMC 的直流侧电压。稳定直流电压是通过调节 MMC 的有功电流使直流电压稳定于给定值。稳定交流电压是通过调节 MMC 的无功电流使交流电压稳定于给定值。稳压控制结构如图 9-8 所示。图 9-8a 为控制 MMC 直流侧电压的结构图，U_{dref} 为 MMC 直流侧电压给定值，nU_d 为 MMC 直流侧电压测量值。图 9-8b 为控制交流侧电压的结构图，U_{aref} 为交流侧电压给定值，U_a 为交流侧电压测量值。

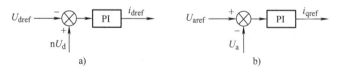

图 9-8　稳压控制结构

9.2.3　2 次谐波环流抑制技术

桥臂电感具有抑制环流的作用，合理选择桥臂电感的值可以抑制环流。下面介绍通过控制策略抑制 2 次谐波环流。式（9-29）与式（9-30）相加除以 2，得到 a 相环流 i_{ac} 的方程为

$$\frac{kU_d}{2} - \frac{(u_{pa} + u_{an})}{2} = L\frac{di_{ac}}{dt} + Ri_{ac} \tag{9-35}$$

类似的，b 相环流 i_{bc} 和 c 相环流 i_{cc} 的方程分别为

$$\frac{kU_d}{2} - \frac{\left(u_{pb} + u_{bn}\right)}{2} = L\frac{di_{bc}}{dt} + Ri_{bc} \tag{9-36}$$

$$\frac{kU_d}{2} - \frac{\left(u_{pc} + u_{cn}\right)}{2} = L\frac{di_{cc}}{dt} + Ri_{cc} \tag{9-37}$$

式（9-35）~式（9-37）等号右边为环流流过桥臂电感和电阻的压降，分别用 u_{ac}、u_{bc}、u_{cc} 表示，有

$$\begin{cases} u_{ac} = L\dfrac{di_{ac}}{dt} + Ri_{ac} \\[2mm] u_{bc} = L\dfrac{di_{bc}}{dt} + Ri_{bc} \\[2mm] u_{cc} = L\dfrac{di_{cc}}{dt} + Ri_{cc} \end{cases} \tag{9-38}$$

三相环流含有直流分量和 2 次谐波分量，2 次谐波环流分量按负序分布。将 2 次谐波环流分量变换到 2 倍频逆向旋转 dq 坐标内，2 次谐波环流分量变为直流量。2 倍频逆向旋转 dq 变换式为

$$T'_{abc/da} = \frac{2}{3}\begin{bmatrix} \cos\left(-2\omega_1 t\right) & \cos\left(-2\omega_1 t - \dfrac{2\pi}{3}\right) & \cos\left(-2\omega_1 t + \dfrac{2\pi}{3}\right) \\[3mm] -\sin\left(-2\omega_1 t\right) & -\sin\left(-2\omega_1 t - \dfrac{2\pi}{3}\right) & -\left(-2\omega_1 t + \dfrac{2\pi}{3}\right) \end{bmatrix} \tag{9-39}$$

对式（9-38）进行 2 倍频逆向旋转 dq 变换，可得

$$\begin{bmatrix} u_{c2d} \\ u_{c2q} \end{bmatrix} = L\frac{d}{dt}\begin{bmatrix} i_{c2d} \\ i_{c2q} \end{bmatrix} + \begin{bmatrix} 0 & -2\omega L \\ 2\omega L & 0 \end{bmatrix}\begin{bmatrix} i_{c2d} \\ i_{c2q} \end{bmatrix} + R\begin{bmatrix} i_{c2d} \\ i_{c2q} \end{bmatrix} \tag{9-40}$$

2 次谐波环流动态结构如图 9-9 点画线框内部分，2 次谐波环流分量的 d 值与 q 值有耦合关系，用交叉反馈可以解耦，如图 9-9 所示，三相环流 i_{ac}、i_{bc}、i_{cc} 经 2 倍频逆向旋转 dq 变换，变换的结果经低通滤波得 2 次谐波环流 d 值 i_{c2d} 和 q 值 i_{c2q}，对 2 次谐波环流 d 值、q 值按给定值为 0 的负反馈控制和交叉解耦控制，得到控制量 u_{c2d}、u_{c2q}，控制量经 2 倍频逆向旋转 dq 逆变换得到抑制环流所需的三相调制信号，叠加到电流控制的调制信号。

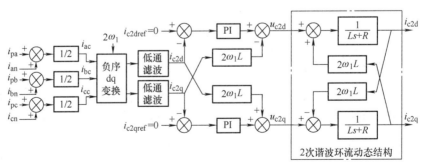

图 9-9　2 次谐波环流抑制控制结构

9.3　柔性直流输电变流器控制系统仿真

在 MATLAB 命令窗口中输入"power_hvdc_ vsc"，打开如图 9-10 所示 VSC-HVDC 仿真模型。图中上半部分为系统主电路，两个 230kV、2000MV·A 的交流系统"AC System 1"模块和"AC System 2"模块通过 VSC-HVDC 相连，传输电能。"AC System 2"模块使用普通三相电压源，"AC System 1"模块采用可编程三相电源产生电压波动。"Station 1（Rectifier）"模块与"Station 2（Inverter）"模块各使用一个二极管钳位式三电平 VSC，分别作为整流器和逆变器运行。两个 VSC 之间的 75km 直流电缆采用Π形等效电路。图 9-10 中两个"VSC Pole Control"模块下方是各自的控制器模块，两侧为测量模块。

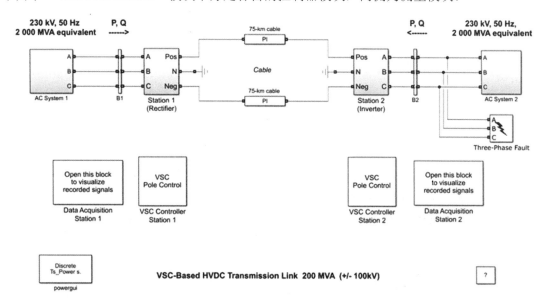

图 9-10　VSC-HVDC 仿真模型

图 9-11 为"Station 1（Rectifier）"模块内部结构，"Station 2（Inverter）"模块内部结构与之完全相同。主电路交流侧部分首先经过变压器降压至 100kV，然后经电抗器接入三电平 VSC，变压器与电抗器间还装有 27 次和 54 次滤波器。直流侧除了直流电容，还有 RLC 滤波器及平波电抗器。

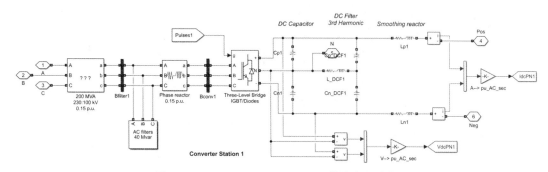

图 9-11　"Station 1（Rectifier）"模块内部结构

图 9-12 为"VSC Controller Station 1"模块内部结构。输入信号经过低通滤波器进行滤波，再经过零阶保持器后送入"Discrete VSC Controller"（VSC 离散控制器）模块，输出为 VSC 交流侧三相电压调制信号，调制信号送入三相 PWM 波发生器，产生 PWM 脉冲。

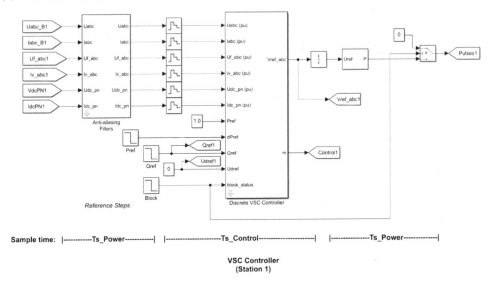

图 9-12   "VSC Controller Station 1"模块内部结构

图 9-12 中的"Discrete VSC Controller"模块内部结构如图 9-13 所示。"PLL"模块获得同步旋转坐标变换所需的网侧电压相位，"Clark Transformations"模块和"dq Transformations"模块分别为 Clark 变换与 Park 变换模块，将三相静止坐标系下的电压电流变换到两相同步旋转坐标系下，"Signal Calculations"模块计算输入信号的平均值。

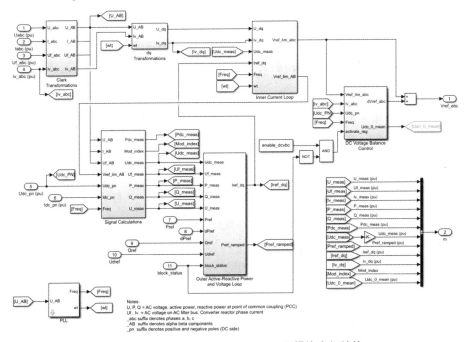

图 9-13   "Discrete VSC Controller"模块内部结构

"Discrete VSC Controller" 模块采用双闭环控制，根据控制目的不同，外环为直流电压环或有功功率环。在本例中，Station 1 为给定有功功率控制，其 VSC 控制器包括无功功率控制环节，其外环由有功功率环和无功功率环构成。Station 2 为给定直流电压控制，其 VSC 控制器包括直流电压控制，其外环由直流电压环和无功功率环构成。外环得到 dq 轴电流的指令，内环为电流环。内、外环均使用 PI 调节器，无稳态误差。图 9-13 还包括二极管钳位式三电平变流器中性点电位平衡控制部分。

标幺值基准：有功功率 1pu=200MW，无功功率 1pu=200Mvar，直流电压 1pu=200kV。0.3s VSC 离散控制器开始运行，0.3s 之前封锁。0.3s 开始 Station 1 的有功功率按斜坡规律增加，1s 时增加到额定值。仿真过程中 Station 1 参数的变化为：1.3～1.44s 电源电压下降 10%，1.7s 有功功率由 1pu 下降到 0.8pu，2s 无功功率由 0 下降到-0.1pu；Station 2 参数的变化为：2.3～2.42s 发生三相接地短路故障，2.8s 直流电压给定值由 1pu 下降到 0.9pu。

Station 1 的仿真波形如图 9-14 所示，从上至下分别为交流电压测量值（U_meas）、直流电压测量值（Udc_meas）、有功功率给定值（Pref，虚线）和测量值（P_meas，实线）、无功功率给定值（Qref，虚线）和测量值（Q_meas，实线）。0.3～1s 有功功率给定增加时，有功功率跟随给定。在 "AC System 1" 模块电源电压突降后，Station 1 的无功功率受到较大影响，而其他几个物理量变化较小，且能较快地恢复稳态。在 1.7s 时，Station 1 的有功功率指令发生突变后，其实际的有功功率能够迅速跟随指令变化，在 0.3s 内达到稳定，同时 Station 2 的有功功率也相应变化。由于 Station 1 为定有功功率控制，而 Station 2 为定直流电压控制，因此 Station 1 的直流电压并不固定，而与 Station 2 的直流电压及直流电阻上的压降有关，将随功率发生变化。由于本例中直流电阻较小，因此这一趋势并不明显。Station 2 的有功功率与 Station 1 的有功功率及线路损耗有关，不受 Station 2 自身控制系统的控制。2s 时 Station 1 的无功功率指令突变后，无功功率迅速发生相应变化，而对直流电压和有功功率的影响很小，说明控制系统的解耦性能良好。

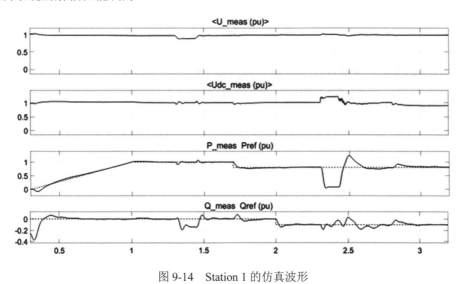

图 9-14　Station 1 的仿真波形

Station 2 的仿真波形如图 9-15 所示，从上至下分别为交流电压测量值（U_meas）、直流电压给定值（Udref，虚线）和测量值（Udc_meas，实线）、有功功率测量值（P_meas）、无功功率给定值（Qref，虚线）和测量值（Q_meas，实线）。Station 2 交流侧发生三相短路后，其输出有功基本为零，直流电压将上升，Station 1 需将定有功功率控制改为定直流电压控制，以避免两侧功率不平衡造成的电压上升。在故障结束后，系统能够迅速恢复故障前的运行状态。

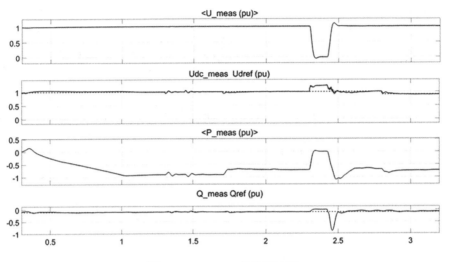

图 9-15　Station 2 的仿真波形

思考题与习题

9.1　查阅资料，了解国内 HVDC 输电和柔性直流输电的应用情况。

9.2　查阅 GB/T 35727—2017《中低压直流配电电压导则》、T/CABEE 030—2022《民用建筑直流配电设计标准》。

9.3　交流断路器能否应用于直流系统，为什么？

9.4　直流断路器与交流断路器的异同是什么？

9.5　直流输电的优点是什么？比较半桥结构子模块和全桥结构子模块。

9.6　简述 MMC 均压技术、环流技术和控制策略。

附　录　基于 Simulink 模型的电机控制 MBD

1. 实时仿真

计算机控制系统包含控制器和控制对象，控制器包含硬件（如 DSP 或 CPU、存储器、I/O 接口、人机接口、通信接口）和软件，实现控制算法，对控制对象进行控制。控制对象是物理装置（如电机、发动机），控制对象可以用数学模型描述。控制算法加对象的数学模型构成闭环系统数学模型。控制系统计算机仿真是基于所建立的系统数学模型，在计算机上借助数值计算方法求解系统数学模型，进行仿真实验，对系统进行分析、研究的技术与方法，其特点是计算与仿真的精度较高。

Simulink 是图形化的计算机仿真平台，本书各章介绍了基于此平台的变流器控制系统仿真模型，变流器控制系统的 Simulink 仿真模型包括控制算法模型和变流器模型。计算机仿真是离线的、虚拟的、非实时仿真。实时仿真可以使控制系统仿真逼近实际的计算机控制系统，实时仿真分为快速控制原型与硬件在环仿真。

快速控制原型（Rapid Control Prototype，RCP）是实时硬件运行控制算法（模拟控制器），控制程序可以由 Simulink 控制算法模型生成，控制真实控制对象（如电磁阀、电机、发动机等），快速验证控制算法。此时实时硬件可以看作是原型的控制器，通过这种方式快速地得到一个原型控制器，对原型的控制算法进行测试，称为快速控制原型。快速控制原型的硬件功能丰富，具备底层驱动软件，且硬件和底层驱动软件无错误。原型控制器不是控制系统的控制器，控制系统的控制器一般由用户开发，有适应控制系统要求的硬件和软件，控制器的硬件或者底层软件开发没有完成前，如硬件或底层软件存在错误，或者可能存在潜在的错误，不具备正确测试控制程序的硬件条件，又需要实时硬件测试控制算法，可以选择在原型控制器上测试。

如图 A-1 所示，EasyGo 的 CBox 是一款快速原型控制器产品，采取 CPU+FPGA 的硬件架构，帮助用户在安全舒适的实验室快速调试和验证控制算法。CBox 技术参数见表 A-1。该平台的独特优势在于丰富的模拟与数字信号接口，以及灵活的人机交互配置界面，助力先进控制算法在电力电子与电力传动领域科研教学中的创新实践，可灵活地将算法模型程序部署到 CPU 或者 FPGA 硬件平台上运行，控制速率最快可达 1MHz，可满足不同应用需求的客户。

图 A-1　EasyGo 的 CBox

表 A-1　CBox 技术参数

项目	规格描述
硬件架构	CPU+FPGA 架构
CPU	2.4G 四核处理器
操作系统	Linux Real-Time×64
内存	4GB DDR4
硬盘	32GB SSD
以太网接口	2×RJ45
显示接口	1×HDMI，1×VGA
USB 接口	4×USB 3.0
供电	12V/2A
额定功率	30W
FPGA 芯片	Xilinx Spartan-6 LX75
模拟输入	16 通道 16bit，±10V，每通道每秒 200 千次采样，同步采集
模拟输出	4 通道 16bit，±10V，每通道每秒 125 千次采样，同步输出
PWM 输出通道	32 路 LVTTL，3.3V 电平电压，10MHz 更新率
数字输出	8 路 LVTTL，3.3V 电平电压，10MHz 更新率
数字输入	16 路 LVTTL，5V 电平电压，10MHz 更新率
Encoder in	2 组，可支持差分输入或者单端输入
外观尺寸	208.5mm×56mm×109mm

硬件在环仿真（Hardware-In-Loop，HIL）与快速控制原型相反，实时硬件运行 Simulink 被控对象模型（模拟被控对象），受控制器的控制，对控制器进行测试。控制器是真实的，被控对象是模拟的，但是实时的。如在实车测试之前，先对控制器做一个全面的功能测试。采用模拟被控对象，HIL 比实车测试安全、高效，而且可以测试一些实车测试中不容易实现的情况（如汽车在 180km/h 下运行）和不能在真实环境进行实车测试的情况（如航天飞船）。

用真实的被控对象去测真实的控制器是必不可少的，但硬件在环仿真是对实物测试的一种有效补充。在实物测试之前，通过硬件在环仿真充分、全面地对控制器进行测试，提前暴露和解决控制器的错误，让实物测试更省时、省力、省钱。

如图 A-2 所示，EasyGo 的 UBox 是一款用于实验教学的入门级 FPGA 实时仿真器，可辅助本科生和研究生进行"电力电子技术""电机控制""新能源发电技术"等电力电子与电机相关专业课程、设计课程的教学和创新实验，UBox 技术参数见表 A-2。

图 A-2　EasyGo 的 UBox

表 A-2　UBox 技术参数

项目	规格描述
硬件架构	FPGA 架构
上位机接口	千兆以太网接口
供电	DC 9~28V
额定功率	<6W
FPGA 芯片	XC7A200T
模拟输出	8 通道 16bit，±10V，每通道每秒 1 兆次采样，同步输出
数字输入	32 路 LVTTL，3.3V 电平电压，40MHz 更新率
Encoder out	1 组，可支持差分输入或者单端输入

如图 A-3 所示，EasyGo 的 NetBox 是一款基于 FPGA 的电力电子实时仿真产品，应用于电力电子系统的 FPGA 小步长仿真领域，无须编译，直接运行。配置上 EasyGo DeskSim 软件，方便完成系统模型下载运行、实时调参、数据记录等功能，从而进行半实物仿真。NetBox 技术参数见表 A-3。

图 A-3　EasyGo 的 NetBox

表 A-3　NetBox 技术参数

项目	规格描述		
硬件架构	FPGA 芯片		
FPGA 芯片	Kintex-7325T		
DRAM	256MB		
供电	12V/2A		
额定功率	30W		
通信接口	Ethernet 千兆网口		
	标准配置 NetBox-01	标准配置 NetBox-02	NetBox-CD（Custom Device）
模拟输入	8 通道 16bits，1MS/s，±10V		根据用户需求定制
模拟输出	16 通道 16bits，1MS/s，±10V	24 通道 16bits，1MS/s，±10V	

（续）

项目	规格描述		
数字输入	76 通道，通道隔离，TTL 电平，40MHz 更新率	76 通道，通道隔离，TTL 电平，40MHz 更新率	根据用户需求定制
数字输出	12 通道，通道隔离，TTL 电平，40MHz 更新率	12 通道，通道隔离，TTL 电平，40MHz 更新率	
编码器输出	1 组		
外观尺寸	275mm×127mm×341mm		

上述硬件产品及其配套软件的使用和相关实验参见公众号：EasyGo 实时仿真。

2. MBD

快速控制原型和硬件在环仿真都需要控制程序，传统的控制程序开发用语句（如 C 语言）需要逐条编写，效率低、易出错、难调试。基于模型的设计（Model Based Design，MBD）提供了全新的控制程序设计方法。MBD 基于仿真模型生成控制程序，可对控制程序进行测试，如模型在环（Model In the Loop，MIL）、软件在环（Software In the loop，SIL）、处理器在环（Processor In the Loop，PIL）。

在Simulink中，将控制算法模型和被控对象模型连起来形成闭环，就是 MIL，是在模型层面上实现闭环测试。这种测试通常发生在两种场景：一是系统工程师为了验证算法，使用控制算法模型控制被控对象模型；还有就是软件工程师做模型级别的集成测试。MIL 测试的前提是要有被控对象模型，需要搭建被控对象模型或者采购现成的被控对象模型。

SIL 测试中的软件是指控制算法模型转换得到的 C 代码编译后的软件。把控制算法模型替换成由控制算法模型转换得到的 C 代码编译后的 DLL 文件，如果使用了和 MIL 测试时相同的、足够多的测试用例，得到和 MIL 测试相同的结果，那么可以认为生成的 C 代码和控制算法模型一致。

SIL 测试是验证代码和模型的一致性，代码运行在 Windows 平台上，但并不能保证代码在目标处理器上的运行结果也能够和模型保持一致，而 PIL 是将生成的代码运行在目标处理器上。两种模式使用的编译器也是不同的，SIL 使用的是 Windows 下的编译器，如 Visual Studio C++或者 LCC 编译器，而 PIL 使用的是目标编译器。

编译过程也可能出错，综合模型测试、SIL 测试和 PIL 测试的结果，有助于发现编译器出错。希望 SIL 和 PIL 的测试数据量足够大，能够覆盖各种情况。PIL 测试除了可以验证代码和模型是否一致，还可以获得算法在实际控制器的运行时间。

3. 基于 Simulink 模型的电机控制 MBD

（1）Motor Control Blockset（电机控制模块库）

Motor Control Blockset 提供电机控制 MBD 的模块和示例，根据 MATLAB 的帮助文件，简要介绍 Motor Control Blockset 中模块的功能。

1）Motor Parameter Estimation and Plant Modeling（电机参数估计与对象建模）。

Average Value Inverter：根据逆变器直流电压计算三相交流电压。

Interior PMSM：三相嵌入式永磁同步电机，具有正弦反电动势。

Surface Mount PMSM：三相表面贴装式永磁同步电机，具有正弦反电动势。

Induction Motor：三相感应电动机。

2）Control Reference（控制参考）。

ACIM Control Reference：计算交流感应电机磁场定向控制的参考电流。

ACIM Feed Forward Control：解耦交流感应电机的 d 轴和 q 轴电流以消除干扰。

ACIM Slip Speed Estimator：计算交流感应电机的转差速度。

ACIM Torque Estimator：估算交流感应电机的转矩和功率。

DQ Limiter：产生 dq 参考坐标系中的电压（或电流）饱和值。

MTPA Control Reference：计算最大每安培转矩（MTPA）和弱磁操作的参考电流。

PMSM Feed Forward Control：解耦 d 轴和 q 轴电流以消除干扰。

PMSM Torque Estimator：估算永磁同步电动机电转矩和功率。

Position Generator：生成固定频率的位置斜坡。

Six Step Commutation：为无刷直流电机（BLDC）的六拍换向生成开关序列。

Vector Control Reference：计算参考矢量的 d 轴和 q 轴分量。

3）Controllers（控制器）。

Derating Function：计算降额系数。

Discrete PI Controller：离散 PI 控制器。

Discrete PI Controller with anti-windup and reset：具有抗积分饱和和复位功能的离散 PI 控制器。

Field Oriented Control Autotuner：在磁场定向控制应用中自动调整 PID 控制。

4）Math Transforms（数学变换）。

3-Phase Sine Voltage Generator：产生平衡的三相正弦调制电压信号。

atan2：计算四象限反正切值。

Clark Transform：实现 ab 到 αβ 变换。

Inverse Clark Transform：实现 αβ 到 abc 变换。

Inverse Park Transform：实现 dq 到 αβ 变换。

Park Transform：实现 αβ 到 dq 变换。

Sine-Cosine Lookup：使用查表法实现正弦和余弦函数。

PWM Reference Generator：从两相正交信号生成三相调制信号。

5）Protection and Diagnostics（保护与诊断）。

Protection Relay：实施具有明确最小时间（DMT）跳闸特性的保护继电器。

Host Serial Receive：主机串行接收，配置主机端串行通信接口以从串行端口接收数据。

Host Serial Setup：配置主机串行接收和主机串行传输块使用的通信端口。

Host Serial Transmit：配置主机端串行通信接口，将数据传输到串行端口。

（2）电机控制 MBD 示例

Motor Control Blockset 提供电机控制 MBD 的多个示例，包括异步电机、无刷直流电机（BLDC）和永磁同步电机（PMSM）。这里以 Field-Oriented Control for PMSM with QEP sensor 为例介绍其中的 MCU 代码生成部分。

打开示例，出现如图 A-4 所示的模型，此模型有计算机仿真部分、MCU 代码生成部分和公共部分。用此模型生成代码运行在 TI2000 系列 TMS320F28069m MCU，配合 DRV312 驱动板和永磁同步电机，可以进行永磁同步电机闭环控制实验，实验用光电编码器检测转子的位置和转速。单击图 A-4 中的 host medel，出现如图 A-5 所示上位机界面，上位机通过 RS232 与 MCU 通信，在上位机界面可以设置通信参数和电动机转速给定值、控制电机起动/停止、显示电机控制相关参数的波形。图 A-4 模型使用"Variant Source"模块和"Variant Sink"模块，使计算机仿真部分模型（sim）在计算机仿真时起作用、MCU 代码生成部分模型（codegen）在生成 MCU 代码时起作用，公共部分在计算机仿真时和代码生成时都起作用。这里仅介绍 MCU 代码生成部分和公共部分。图 A-4 左上角的"Code Generator"模块属于 MCU 代码生成部分，内部为 C28x 中断模块，功能是当 MCU 接收上位机发来数据时的中断使"Serial Receive"模块运行、ADC 转换结束时的中断使"Current Control"模块运行，ADC 每产生一次中断，"Current Control"模块运行一次。"Serial Receive"模块的 Code generator 功能是读取上位机发给 MCU 的速度给定值和起停指令。"Speed Control"模块为计算机仿真部分和 MCU 代码生成部分共用，其内部结构如图 A-6 所示，"PI_Controller_Speed"模块内部为具有抗积分饱和 PI 调节器，抗积分饱和 PI 调节器的输出为 q 轴电流给定（Iq_ref），令 d 轴电流给定 Id_ref=0。

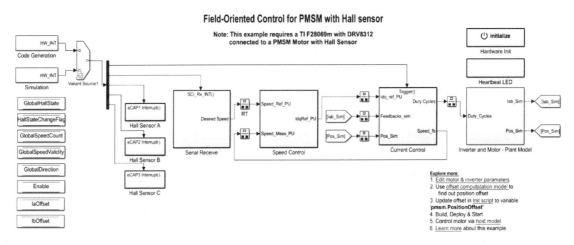

图 A-4　仿真模型

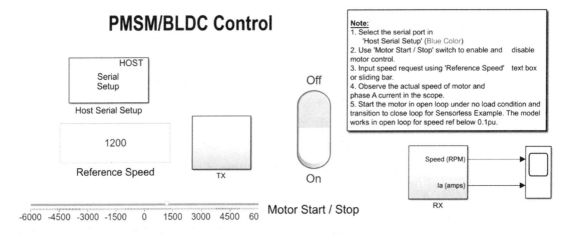

图 A-5　上位机界面

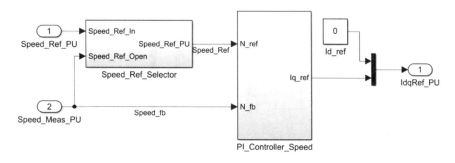

图 A-6　　"Speed Control"模块内部结构

"Current Control"模块内部结构如图 A-7 所示，"HW Driver Blocks"内部的"Sensor Driver Block"（codegen）读取永磁电机的 a 相电流和 b 相电流数字量和 QEP 脉冲计数值等参数，"Input Scaling"模块根据 a 相和 b 相电流计算其标幺值（Iab_meas_PU）、转子速度标幺值（speed_PU）和转子位置标幺值（Pos_PU）。"Control_System"模块内部有闭环控制和开环控制两种控制方式，闭环控制结构如图 A-8 所示，电机的 a 相电流和 b 相电流经过 Clark 变换和 Park 变换得到电机的 d 轴电流和 q 轴电流，对 d 轴电流和 q 轴电流闭环 PI 控制且限幅后，得到 Vd_ref 和 Vq_ref，经过 Park 逆变换和"PWM Reference Generator"模块得到控制 SVPWM 脉冲所需的三相马鞍波 Vao、Vbo、Vco。图 A-7 中"Output Scaling"模块对其输入除以 2 后加 0.5，得到三相 PWM 脉宽调制占空比（PWM_Duty_Cycles）。图 A-7 中"Inverter（Code Generation）"模块内部结构如图 A-9 所示，占空比乘开关周期得到高电平时间，高电平时间输入 MCU 的"ePWM1""ePWM2""ePWM3"模块产生控制三相逆变器的 PWM 脉冲。电机停止运行时（stop），占空比为 0。

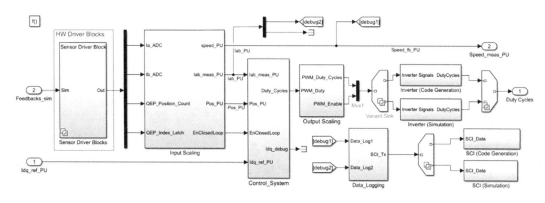

图 A-7　　"Current Control"模块内部结构

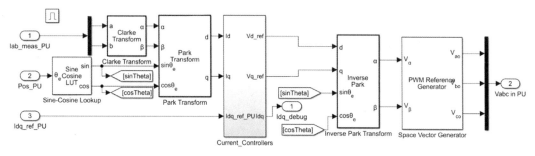

图 A-8　　"Control_System"模块闭环控制结构

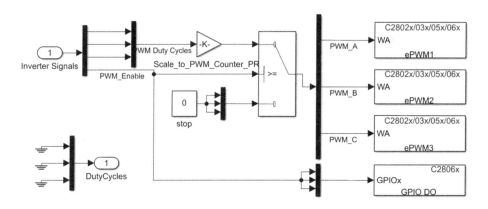

图 A-9 "Inverter （Code Generation）"模块内部结构

参 考 文 献

[1] 王兆安，刘进军. 电力电子技术[M]. 5 版. 北京：机械工业出版社，2009.

[2] 陈伯时. 电力拖动自动控制系统：运动控制系统[M]. 3 版. 北京：机械工业出版社，2017.

[3] 阮毅，陈伯时. 电力拖动自动控制系统：运动控制系统[M]. 4 版. 北京：机械工业出版社，2017.

[4] 阮毅，杨影，陈伯时. 电力拖动自动控制系统：运动控制系统[M]. 5 版. 北京：机械工业出版社，2016.

[5] 胡寿松. 自动控制原理[M]. 6 版. 北京：科学出版社，2013.

[6] 陈伯时. 电力拖动自动控制系统[M]. 2 版. 北京：机械工业出版社，1993.

[7] 张晓江. 电机及拖动基础：上册[M]. 5 版. 北京：机械工业出版社，2016.

[8] 张晓江. 电机及拖动基础：下册[M]. 5 版. 北京：机械工业出版社，2016.

[9] 林飞，杜欣. 电力电子技术的 MATLAB 仿真[M]. 北京：中国电力出版社，2009.

[10] 刘钰. 电动汽车用永磁同步电机的弱磁控制研究[D]. 大连：大连交通大学，2019.

[11] 赵启. 电动汽车用永磁同步电机弱磁控制策略研究[D]. 武汉：华中科技大学，2020.

[12] 周波. 车用永磁同步电机弱磁控制策略分析[D]. 上海：上海交通大学，2014.

[13] 林伟. 电动车用永磁同步电机弱磁调速控制策略研究[D]. 大连：大连理工大学，2016.

[14] 张传谱. 电动汽车永磁同步电机弱磁控制研究[D]. 长春：吉林大学，2019.

[15] 张兴. 新能源发电变流技术[M]. 北京：机械工业出版社，2018.

[16] 张兴，曹仁贤，等. 太阳能光伏并网发电及其逆变控制[M]. 2 版. 北京：机械工业出版社，2018.

[17] 张兴，张崇巍. PWM 整流器及其控制[M]. 北京：机械工业出版社，2012.

[18] 杨擎宇. 光伏并网发电系统孤岛检测的研究[D]. 太原：山西大学，2018.

[19] 曹笃峰. 光伏逆变器并网稳定控制与防孤岛保护技术研究[D]. 北京：北京交通大学，2016.

[20] 王俊杰. 光伏并网发电系统 MPPT 和孤岛检测技术研究[D]. 汉中：陕西理工大学，2021.

[21] 谢震. 变速恒频双馈风力发电模拟平台的研究[D]. 合肥：合肥工业大学，2005.

[22] 杨淑英. 双馈型风力发电变流器及其控制[D]. 合肥：合肥工业大学，2007.

[23] 桂存兵. 有源滤波器关键技术研究[D]. 广州：华南理工大学，2016.

[24] 陈慢林. 并联型有源电力滤波器谐波检测及控制关键技术研究[D]. 武汉：华中科技大学，2019.

[25] 李来保. 三相四线制 APF 中关键问题的研究[D]. 合肥：合肥工业大学，2020.

[26] BARRENA J A，MARROYO L，VIDAL M A R，et al. Individual voltage balancing strategy for PWM cascaded H-bridge converter-based STATCOM[J]. IEEE Trans. on Industrial Electronics，2008，55(1):21-29.

[27] MAHARJAN L，INOUE S，AKAGI H. A transformerless energy storage system based on a cascade multilevel PWM converter with star configuration[J]. IEEE Transactions on Industry Applications，2008，44(5): 1621-1630.

[28] 陈丽兵. 基于级联 H 桥的 STATCOM 及其控制策略研究[D]. 北京：中国矿业大学，2014.

[29] 苗长新. 中压级联型多电平 STATCOM 关键技术研究[D]. 北京：中国矿业大学，2012.

[30] 陆道荣. 星形级联 H 桥 STATCOM 关键技术研究[D]. 南京：南京航空航天大学，2018.

[31] 李家旺. 新型通用配电网静止同步补偿器拓扑及其直流电压控制策略研究[D]. 合肥：安徽大学，2018.

[32] 袁纬. 分布式潮流控制器的控制特性研究[D]. 武汉：武汉理工大学，2013.

[33] 罗金山. 分布式潮流控制器应用于输电网的优化配置策略研究[D]. 武汉：武汉大学，2020.

[34] 王冲. 基于多目标优化的分布式潮流控制器研究[D]. 武汉：武汉理工大学，2019.

[35] 王巧鸽. 面向配电网的分布式潮流控制器控制技术研究 [D]. 武汉：武汉理工大学，2020.

[36] 王新颖. MMC-HVDC 直流输电系统控制策略研究[D]. 合肥：合肥工业大学，2013.

[37] 倪双舞. MMC型高压直流输电系统控制策略研究[D]. 合肥：合肥工业大学，2018.

[38] 徐政，等. 柔性直流输电系统[M]. 2 版. 北京：机械工业出版社，2021.

[39] 屠卿瑞，徐政，等. 模块化多电平换流器环流抑制控制器设计[J]. 电力系统自动化，2010, 34(18): 57-61.

[40] 范声芳. 模块化多电平变换器(MMC)若干关键技术研究[D]. 武汉：华中科技大学，2014.